최신

시퀀스와 PLC 제어 이론 및 실습

문순환 지음

光文閣
www.kwangmoonkag.co.kr

머리글

최근 대부분의 제조 산업 현장은 Industry 4.0, 즉 4차 산업혁명의 핵심으로 제조 공장의 자동화인 스마트 팩토리 구축에 큰 관심을 보이고 있습니다. 스마트 팩토리의 기본이 되는 기초 기술로서 자동제어 기술은 훨씬 이전부터 변함없이 중요한 부분을 차지하고 있었습니다. 자동제어 기술은 응용 범위도 넓고 보편화되어 거의 모든 분야의 산업 현장에서 광범위하게 활용되고 있습니다.

본 교재는 자동제어 분야의 현장에서 많이 활용하고 있는 릴레이 및 PLC 기반 시퀀스 제어 기술과 관련된 역량을 제고하기 위해서 작성되었습니다.

1부는 릴레이 기반 시퀀스 제어 기술에 대해서 이론 및 실습 교육을 할 수 있도록 그 내용들을 수록하였습니다.

2부는 PLC 기반 시퀀스 제어 기술에 대해서 이론 및 실습 교육을 할 수 있도록 그 내용들을 포함하였습니다.

3부에서는 PLC 제어 실습 장치를 직접 제작하여 실습을 할 수 있도록 그 제작 과정을 상세하게 기술하였습니다. PLC 제어 프로그램 실습은 실습 장치가 없어도 컴퓨터 상에서 시뮬레이션을 통해서도 가능합니다. 그러나 직접 제작한 실습 장치의 활용으로 보다 효과적인 실습이 가능하리라 판단됩니다.(광문각출판사 홈페이지 자료실 동영상 참고)

추가로 부록(광문각출판사 홈페이지 자료실 참고)에는 전기기능사 실기 시험을 준비할 수 있도록 실기 관련 문제들도 기술하였습니다. 또한, 릴레이 및 PLC 시퀀스 제어와 관련된 전기(산업)기사 실기 시험에 출제된 내용들도 포함하였습니다.

본 교재가 자동제어 기술을 학습하고자 하는 학생들이나 관련 분야 기술자들이 자동제어 기술을 체계적으로 습득하는데 많은 도움이 됐으면 합니다.

이 책이 나오기까지 함께 애써주시고, 많은 도움을 주신 광문각 출판사 박정태 회장님과 임직원들께 깊은 감사의 말씀을 드립니다.

2021년 12월

저자 씀

CONTENTS

차 례

1부 릴레이 기반 전기 시퀀스 제어

2부 PLC 기반 전기 시퀀스 제어

CONTENTS

CONTENTS

3부 PLC 제어 실습 장치

※ **전기기능사, 전기(산업)기사 대비 실기 문제와 PLC 제어 실습 장치 제작 과정(동영상) 부분은 광문각 홈페이지(http://www.kwangmoonkag.co.kr) 자료실에서 다운로드 받을 수 있습니다.**

I부

릴레이 기반 전기 시퀀스 제어

1장 자동 제어
2장 시퀀스 제어용 접점 및 기구
3장 시퀀스 제어 논리회로
4장 시퀀스 제어 회로 실습

CHAPTER 01

자동 제어

1 제어와 제어계(control system)

- **제어(control)**

  어떤 시스템이 목표한 동작을 제대로 수행할 수 있도록 시스템에 조작을 가하는 것을 말한다.

- **제어 대상(controlled object)**

  제어를 행하려는 대상물로써 시스템의 전체 또는 일부를 말한다.

- **제어계(control system)**

  제어를 행하는 제어장치(control device)와 제어되는 제어 대상 등으로 구성된다.

- **수동 제어계(manual control system)**

  사람이 직접 시스템을 제어하는 것을 말한다.

- **자동 제어계(automatic control system)**

  사람을 대신하여 어떠한 동작을 하도록 만들어진 장치가 목적에 따라 자동적으로 제어하는 것을 말한다.

2 제어계의 종류

1) 제어 신호 흐름 방향에 따른 분류

제어 신호가 목표값(입력)을 주고 출력값을 얻을 때까지의 신호 흐름의 방향에 따라 제어계는 크게 개루프 제어계(open-loop control system)와 폐루프 제어계(closed-loop control system)로 구분할 수 있다.

(1) **개루프 제어계**(open-loop control system)

개루프 제어계는 구조가 간단한 제어계로서 제어 동작이 입력에 대해 나타난 출력을 입력 방향으로 궤환시키지 않고, 출력과 관계없이 신호의 흐름이 열려 있어 출력이 입력에 전혀 영향을 미치지 않는 제어계이다. 제어대상의 출력값이 원하는 목표값(입력)과 일치하는지를 비교하는 과정이 없어 부정확하여 신뢰성은 없지만 저렴한 가장 간단한 제어계이다. 이 제어계는 제어의 각 단계가 미리 정해진 순서에 따라 순차적으로 진행되어 시퀀스 제어(sequence control) 또는 순차제어라고도 한다.

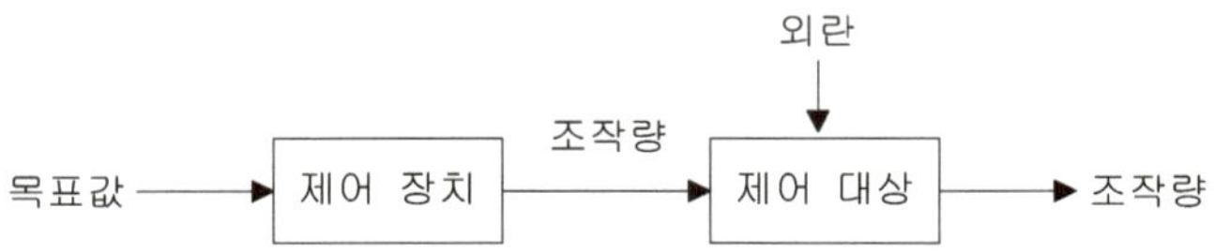

[그림 1-1] 개루프 제어계 구성도

(2) **폐루프(궤환 루프) 제어계**(closed-loop control system)

폐루프 제어계는 임의의 입력에 의하여 나타나는 출력의 일부를 입력 방향으로 궤환(피드백)시켜 실제 출력값과 목표값이 일치하는지를 항상 비교하도록 한다. 출력값과 목표값 사이에 오차가 발생하는 경우에는 그 오차에 비례하는 동작 신호를 시스템에 다시 보내 오차를 수정하도록 하여 정확성을 증가하도록 한다. 이러한 궤환 경로가 있는 제어계로서 궤환제어계(feedback contorl system)라고도 한다.

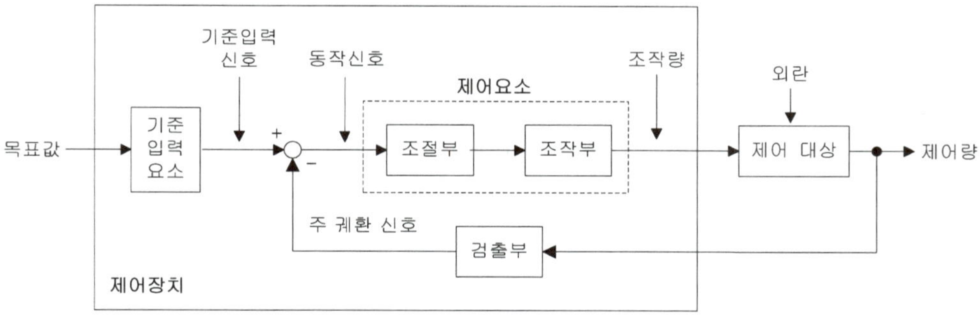

[그림 1-2] 폐루프 제어계 구성도

폐루프 제어계의 구성 요소를 정리하면 다음과 같다.

구성요소	설 명
목표값	제어계의 입력, 제어량이 목표로 하는 값
기준 입력 요소	목표값을 전기적인 신호로 변화하는 요소
기준 입력 신호	제어계를 동작시키는 기준, 직접 제어계에 가해지는 입력 신호
주 궤환신호	제어량의 값을 목표값과 비교하기 위해 피드백되는 신호
동작신호 (제어 편차)	기준 입력과 제어량의 차이로 제어 동작을 일으키는 신호, 제어 편차
제어 요소	조절부와 조작부로 구성되고, 동작신호를 조작량으로 변화하는 요소
조절부	동작신호를 제어계에 필요한 신호로 만들어 조작부에 내보내는 부분
조작부	조절부로부터의 신호를 받아 조작량으로 변환하여 제어 대상을 구동시키는 부분
조작량	제어량을 조정하기 위하여 제어장치가 제어 대상에 주는 양
외란	제어계의 상태를 교란 하는 외적 작용
제어 대상	제어를 행하려는 대상물로서 시스템의 전체 또는 일부
검출부	제어량을 검출하고 기준 입력과 비교할 수 있는 주 피드백 신호를 만드는 부분
제어량	제어 대상에서의 출력, 제어계의 출력
제어장치	제어량이 목표값과 일치하도록 어떠한 조작을 가하는 장치 (기준 입력 요소, 제어 요소, 피드백 요소를 포함한 장치)

2) 제어량의 성질에 의한 분류

(1) **프로세스 제어**(process control)

- 온도, 압력, 유량, 액위, 농도, 밀도 등의 플랜트나 생산 공정 중의 상태량을 제어량으로 하는 제어계
- 프로세스에 가해지는 외란의 억제를 주목적하여 목표값을 일정하게 유지하는 제어계
- 적용 예 : 온도 제어장치, 압력 제어장치, 점도 제어장치 등

(2) **서보 기구**(servo machanism)

- 물체의 위치, 방위, 자세 등의 기계적 변위를 제어량으로 하는 제어계
- 임의의 목표값 변화에 추종하도록 구성된 제어계
- 적용 예 : 미사일 발사대의 자동 위치 제어계, 비행기 및 선박의 방향 제어계, 추적용 레이다, 자동 평형 기록계 등

(3) **자동 조종**(automatic regulator)

- 전압, 전류, 주파수, 회전 속도, 힘 등 전기적, 기계적인 양을 제어량으로 하는 제어계
- 제어량을 일정하게 유지하는 것을 목적으로 하는 제어계
- 적용 예 : 정전압 장치, 발전기의 조속기 제어 등

3) 목표값의 시간적 성질과 제어 목적에 의한 분류

(1) **정치 제어**(constant value control) : **목표값이 항상 일정한 제어**

- 제어량을 어떤 일정한 목표값으로 유지하는 것을 목적으로 하는 제어
- 프로세스 제어, 자동 조정 등

(2) **추치 제어**(variable value control) : **목표값이 변화하는 경우 제어**

① 프로그램 제어(program control)

- 목표값이 변화가 미리 정해진 프로그램 순서에 따라 제어량을 변화시키는 것을 목적으로 하는 제어

- 무인 열차 운전, 자동 엘리베이터 제어 등

② 추종 제어(follow-up control)

- 목표값이 시간에 따라 변화하면서 목표값에 제어량을 추종시키는 것을 목적으로 하는 제어
- 서보 기구, 인공위성 추적 제어 등

③ 비율 제어(ratio control)

- 목표값이 어떤 다른 양과 일정한 비율 관계를 가지고 변화하는 경우의 추치 제어
- 예를 들면 화학반응을 일으켰을 때 혼합 기체 또는 액체의 유량의 비율이 일정하게 되도록 한쪽의 유량을 측정하여 목표치로 하고, 이것과 다른 유량이 항상 일정 비율로 되도록 하는 제어

4) 조절부의 제어 동작에 의한 분류

조절부의 제어 동작신호에 따라 분류하면 연속제어와 불연속 제어로 분류된다.

(1) 연속 제어

① 비례 제어(P 제어)

- 제어량과 목표값의 편차(동작신호)의 크기에 비례하여 조작부를 제어하는 방식
- 잔류 편차 발생하는 결점 존재

② 적분 제어(I 제어)

- 제어량과 목표값의 편차(동작신호)의 적분값 크기에 비례하여 조작부를 제어하는 방식
- 잔류편차 제거하여 정상 응답 특성 개선

③ 미분 제어(D 제어)

- 제어량과 목표값의 편차(동작신호)의 미분값 크기에 비례하여 조작부를 제어하는 방식
- 응답 속도(속응성) 개선하여 비례제어 단점 보완
- 미분 시간이 길면 사이클링이 발생하고, 짧으면 오버슈트 발생

④ 비례 적분 제어(PI 제어)

- 비례 제어에 의한 잔류 편차를 제거하기 위해 비례 제어에 적분 제어를 추가한 방식
- 잔류 편차 제거할 수 있지만 진동 현상(간헐 현상) 발생

⑤ 비례 미분 제어(PD 동작)

- 목표값에 빨리 도달할 수 있도록 비례제어에 미분 제어를 추가한 방식
- 응답 속도(속응성) 개선

⑥ 비례 적분 미분 제어(PID 제어) :

- 조절부의 동작식

$$y(t) = K_p\left[z(t) + \frac{1}{T_I}\int z(t)dt + T_D\frac{d}{dt}z(t)\right]$$

- 잔류 편차 제거
- 응답의 오버슈트 감소
- 응답 속도(속응성) 개선

(2) 불연속 제어

① ON-OFF 제어(2위치 제어) :

- 제어량이 목표값에서 벗어나면 ON 또는 OFF 동작에 의한 제어
- 가정용 냉장고의 온도 조절, 전기다리미 등

② 샘플링 제어

- 연속적인 동작신호를 시간적으로 샘플링한 샘플값 신호의 조작량에 의한 제어

CHAPTER 02

시퀀스 제어용 접점 및 기구

시퀀스 제어(sequence control)는 미리 정해 놓은 순서, 또는 일정한 논리에 의하여 정해진 순서에 따라 제어의 각 단계를 순차적으로 진행하는 제어를 말한다. 폐루프 제어계를 포함하는 경우도 있지만 일반적으로 개루프 제어계이다. 교통신호등, 세탁기, 엘리베이터, 주차장 설비, 공조 설비, 급배수 설비, 자동화 설비 등 광범위한 분야에 사용되고 있다.

1 접점(Contact)

접점은 회로를 접속하거나 차단하는 동작이 이루어지는 곳을 말한다. 그 동작 상태에 따라 a접점, b접점, c접점으로 구분된다.

1) a접점

- 평상시에 열려 있으며 제어신호가 있는 경우 동작하여 닫히는 접점
- 메이크 접점(make contact)
- 노멀 오픈 접점(normally open contact, NO)

	수동 조작 접점		릴레이 접점		타이머 접점		기계적 접 점	수동조작 잔류식
	수동복귀	자동복귀	수동복귀	자동복귀	한시동작 순시복귀	순시동작 한시복귀		
가로								
세로								

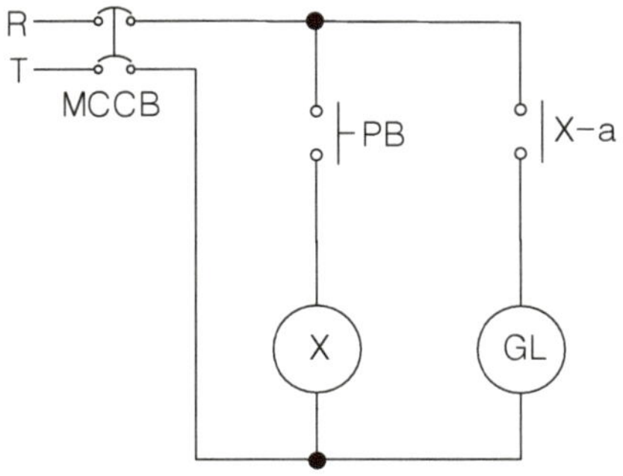

[그림 2-1] a접점 회로도

2) b접점

- 평상시에는 닫혀(연결되어) 있으나 제어신호가 있는 경우 동작하여 열리는 접점
- 브레이크 접점(break contact)
- 노멀 클로즈 접점(normally close contact, NC 접점)

	수동 조작 접점		릴레이 접점		타이머 접점		기계적 접 점	수동조작 잔류식
	수동복귀	자동복귀	수동복귀	자동복귀	한시동작 순시복귀	순시동작 한시복귀		
가로								
세로								

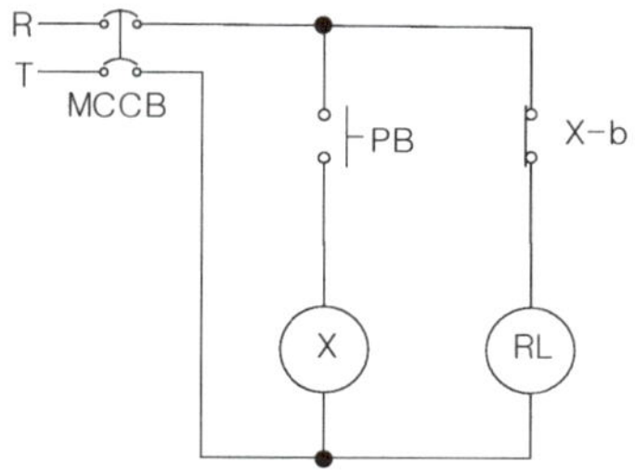

[그림 2-2] b접점 회로도

3) c접점

- a접점과 b접점과의 절체 접점
- a접점과 b접점을 공유한 접점
- 전환 접점(change-over contact)
- 브레이크 메이크 접점(break make contact)
- 트랜스퍼 접점(transfer contact)

	수동 조작 접점		릴레이 접점		타이머 접점		기계적 접 점	수동조작 잔류식
	수동복귀	자동복귀	수동복귀	자동복귀	한시동작 순시복귀	순시동작 한시복귀		
가로	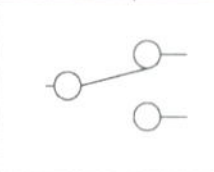	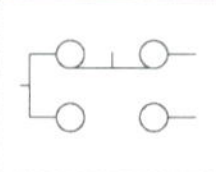	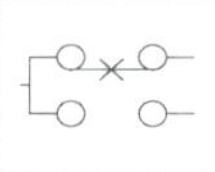	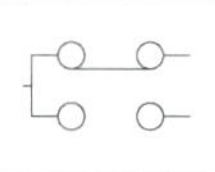	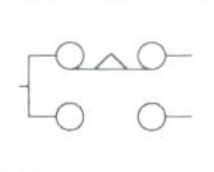	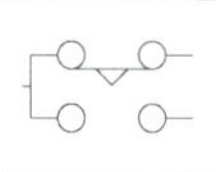	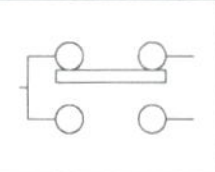	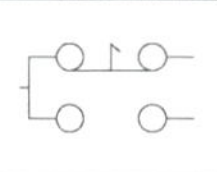
세로	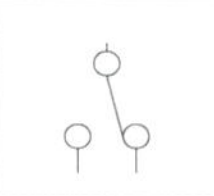	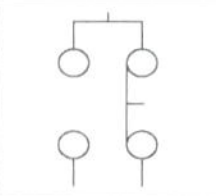	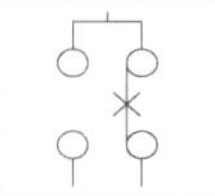	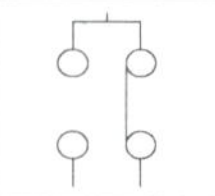	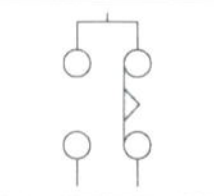	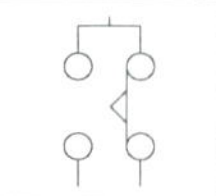	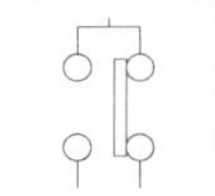	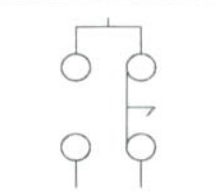

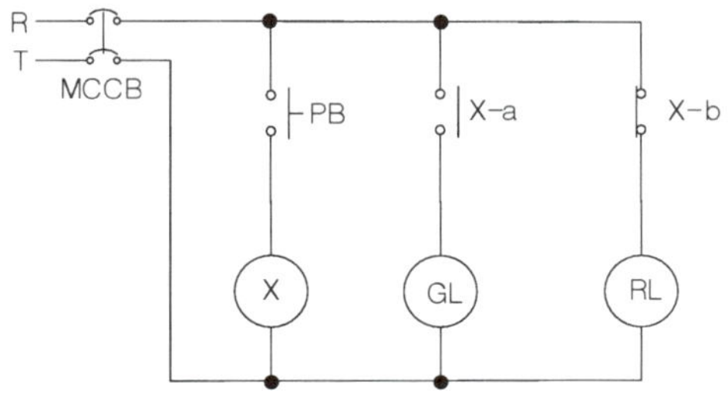

[그림 2-3] c접점 회로도

2 시퀀스 제어용 기구

시퀀스 제어에 사용되는 기구들을 용도에 따라 분류하면 다음과 같다.

- 입력 기구
  - 조작용 스위치(푸시버튼 스위치, 셀렉터 스위치, 마이크로 스위치, 텀블러 스위치, 비상 스위치, 정·역 스위치 등)
  - 검출용 스위치 및 센서(리미트 스위치, 마이크로 스위치, 광전 스위치, 근접 스위치, 온도 스위치, 레벨 스위치 등)
- 출력 기구
  - 표시 램프(파일럿 램프), 경보용 기구(부저, 벨)
  - MC(전자 접촉기), 전자 밸브(SV), 솔레노이드(Sol) 등
- 보조(제어용) 기구
  - 제어회로를 구성하는 보조 릴레이, 타이머 릴레이, 논리 IC 소자, PLC 장치 등

1) 누름 버튼 스위치(PBS : Push Button Switch)

누름 버튼 스위치는 버튼을 누르면 접점이 닫혀 전기회로가 연결된다. 손을 놓으면 스프링의 힘에 의해 즉시 전기회로가 열리는 제어용 스위치이다. 수동 조작 자동 복귀형 조작스위치이다.

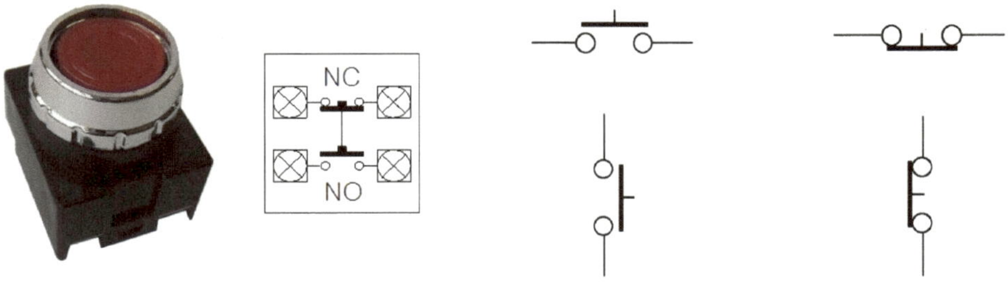

(a) 외형과 단자구조 (b) a접점(PB-a) (c) b접점(PB-b)

[그림 2-4] 누름 버튼 스위치

[표 2-1] 버튼 색상에 의한 기능의 분류

색 상	기 능	적 용
녹 색	기 동	시퀀스 제어 기동, 전동기 기동
적 색	정 지	시퀀스 제어 정지, 전동기 정지
	비상 정지	모든 시스템의 정지
황 색	리 셋	부분적인 리셋 동작
백 색		상기 색상에서 규정되지 않은 이외의 동작

2) 셀렉터 스위치(Selector Switch)

셀렉터 스위치는 수동 조작을 가하면 다른 조작이 있을 때까지 조작 접점 상태를 유지하는 유지형 스위치이다.

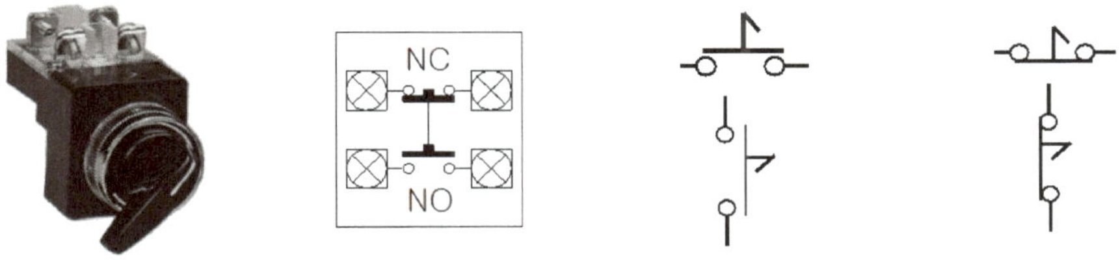

(a) 외형과 단자 구조 (b) a접점 (c) b접점

[그림 2-5] 셀렉터 스위치

3) 검출용 스위치

검출용 스위치는 회로 외부에서 제어 대상의 상태량 또는 변화량을 검출하는 스위치이다. 구조에 따라 리미트 스위치, 마이크로 스위치, 근접 스위치, 광전 스위치, 온도 스위치, 압력 스위치, 레벨 스위치, 플로우트 스위치, 플로트레스 스위치 등이 있다.

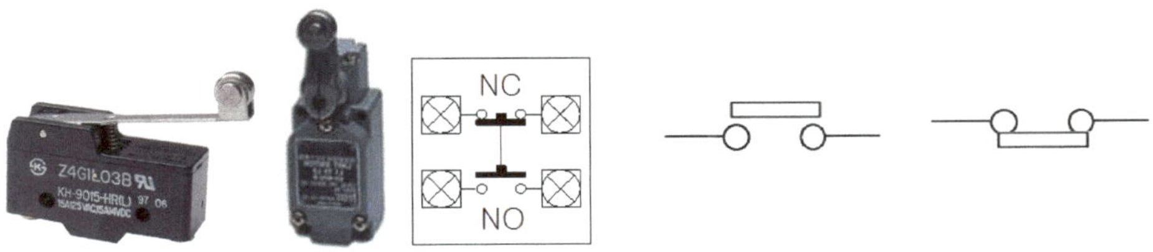

(a) 외형과 단자 구조 (b) a접점 (c) b접점

[그림 2-6] 리미트 스위치

4) 표시 경보용 기구

(a) 파일럿 램프　　　　(b) 부저

[그림 2-7] 표시 경보용 기구

표시등 및 경보용 기구로 파일럿 램프 또는 부저를 접속하여 회로의 동작 상태 및 고장 등을 구별하기 위하여 사용된다. 그 상태에 따라 다음과 같이 색상을 구분하여 사용한다.

[표 2-2] 표시등 색상에 의한 동작 상태 분류

색 상	동작상태	기 호	영 문
백 색	전　원	WL	White lamp
적 색	운　전	RL	Red lamp
녹 색	정　지	GL	Green lamp
등 색	경　보	OL	Orange lamp
황 색	고　장	YL	Yellow lamp

5) 계전기(Relay)

계전기는 철심에 감겨 놓은 코일에 전류를 흘리면 전자석이 되고, 이 전자력을 이용하여 금속편 접점을 개폐할 수 있는 기능을 갖는 제어 기구이다. 계전기 접점은 계전기 코일에 전류를 흘려주면 동작하고, 전류가 흐르지 않게 되면 스프링의 힘에 의해 원래의 상태로 복귀한다. 릴레이 핀수 종류는 8핀, 11핀, 14핀이 있고, 소켓에 끼워서 사용한다. 기호로는 R, Ry, X 등으로 표시한다.

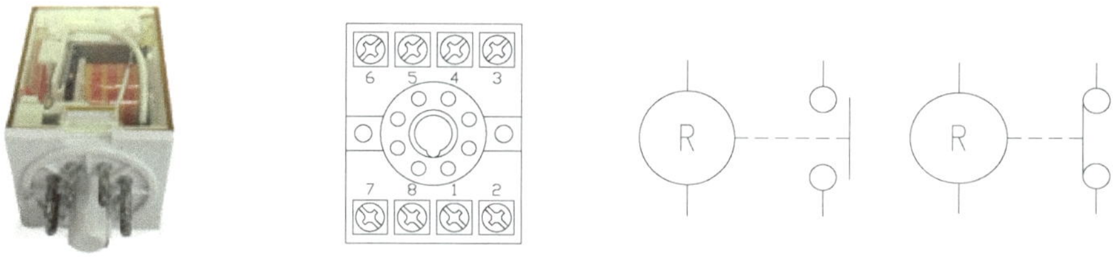

(a) 외형과 소켓 구조(8핀)　　(b) a접점　　(c) b접점

[그림 2-8] 전자계전기(전자 릴레이)

핀수	내부 결선도	내 용
8핀	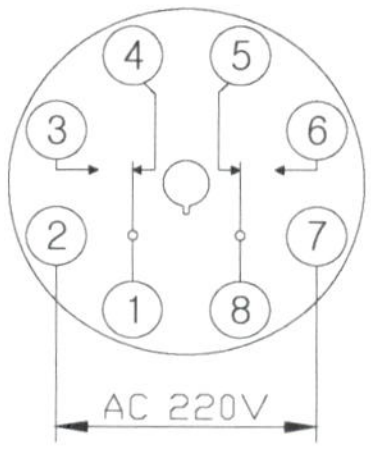	① 전원 단자 : 2번−7번 ② 접점 구성 • 공통(1번) : a접점(1번−3번), b접점(1번−4번) • 공통(8번) : a접점(8번−6번), b접점(8번−5번) • a접점, b접점 2개 : 2a2b
11핀	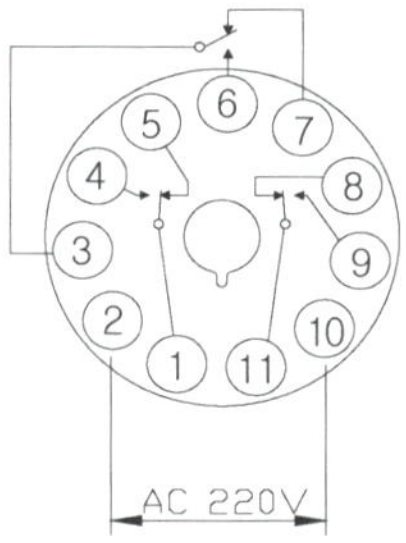	① 전원 단자 : 2번−10번 ② 접점 구성 • 공통(1번) : a접점(1번−4번), b접점(1번−5번) • 공통(3번) : a접점(3번−6번), b접점(8번−7번) • 공통(11번) : a접점(11번−9번), b접점(11번−8번) • a접점, b접점 3개 : 3a3b
14핀	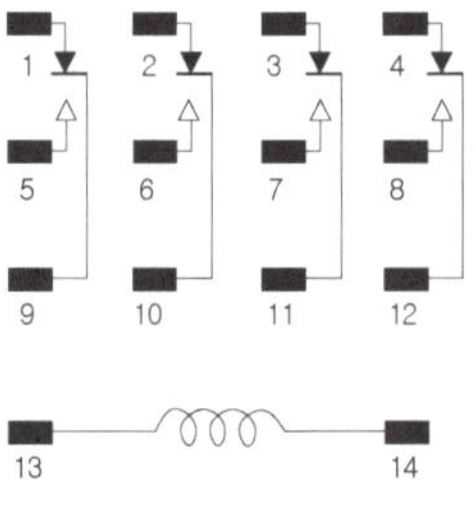	① 전원 단자 : 13번−14번 ② 접점 구성 • 공통(9번) : a접점(9번−5번), b접점(9번−1번) • 공통(10번) : a접점(10번−6번), b접점(10번−2번) • 공통(11번) : a접점(11번−7번), b접점(11번−3번) • 공통(12번) : a접점(12번−8번), b접점(12번−4번) • a접점 4개, b접점 4개 : 4a4b

6) 타이머(T : Timer)

타이머는 전기적 또는 기계적 입력을 부여하면, 이미 정해진 시간이 경과한 후에 그 접점이 폐로 또는 개로하는 것을 말한다. 계전기의 접점은 순시 접점과 한시 접점이 있다. 접점 동작 형태에 따라 순시 동작 순시 복귀, 한시 동작 순시 복귀, 순시 동작 한시 복귀, 한시 동작 한시 복귀로 구분될 수 있다.

- 순시 동작 순시 복귀형
  - 전원이 투입되면 즉시 동작되고, 전원이 차단되면 즉시 복귀하는 접점
  - 일반 계전기 접점
- 한시 동작 순시 복귀형(ON-delay timer relay)
  - 전원이 투입(타이머 여자)되면 설정 시간이 지난 후 접점이 동작하며 전원 차단(타이머 소자)시 접점이 즉시 복귀
  - a접점 : 코일이 여자되면서부터 설정 시간이 지난 후 닫히는 접점
  - b접점 : 코일이 여자되면서부터 설정 시간이 지난 후 열리는 접점
  - 코일이 소자되면 즉시 접점이 여자되기 전의 상태로 복귀
- 순시 동작 한시 복귀형(OFF-delay timer relay)
  - 전원 투입 시 순간적으로 접점이 동작하며, 전원 차단되면 접점이 설정 시간이 지난 후 동작
- 한시 동작 한시 복귀형
  - 한시 동작 순시 복귀형과 순시 동작 한시 복귀형을 합성한 형태
  - 한시 접점이 일정 주기로 a접점, b접점을 교대로 동작하는 것(플리커 릴레이)

접점 종류	접점 기호		내 용
	a접점	b접점	
순시 동작 순시 복귀			일반 계전기
한시 동작			타이머 계전기(ON-delay)
한시 복귀			타이머 계전기(OFF-delay)

외 형	내부 결선도	내 용
	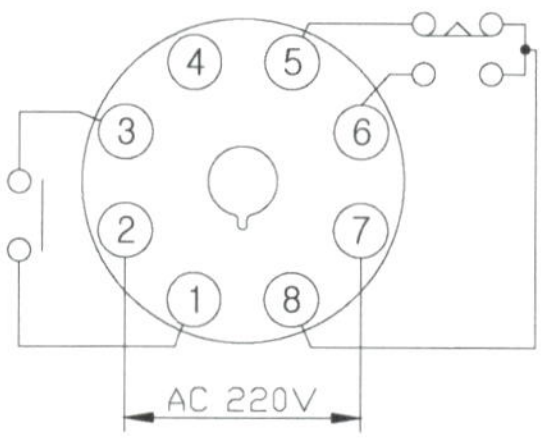	① 전원 단자 : 2번-7번 ② 접점 구성 • 순시 접점 : a접점(1번-3번) • 한시 접점(한시 동작 순시 복귀) - 공통(8번) : a접점(8번-6번) b접점(8번-5번)

[그림 2-9] 타이머

7) 플리커 릴레이(FR : Flicker Relay)

전원이 투입되면 a접점과 b접점이 설정 시간 간격으로 교대로 점멸하는 계전기이다. 주로 경보 및 신호용으로 사용된다. 타이머와 같이 8핀 소켓을 사용한다.

외 형	내부 결선도	내 용
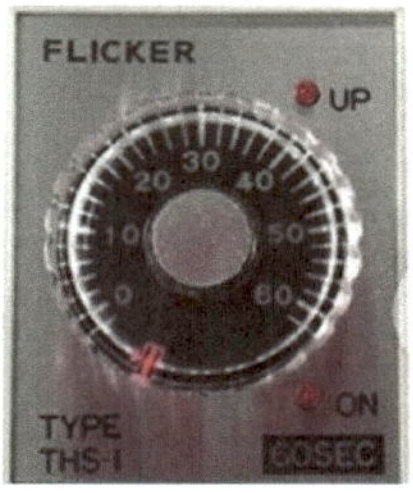	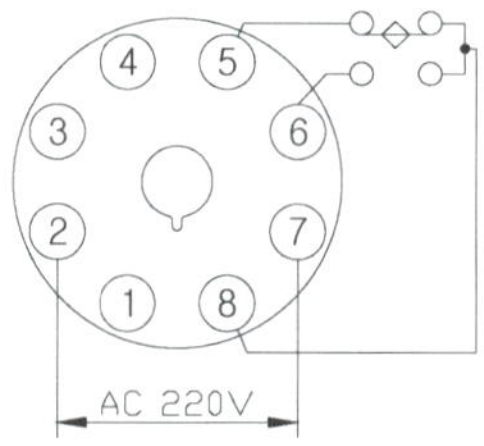	① 전원 단자 : 2번-7번 ② 접점 구성 • 공통(8번) : a접점(8번-6번), b접점(8번-5번)

[그림 2-10] 플리커 릴레이

8) 파워 릴레이(PR : Power Relay, MC)

전자석의 흡입력을 이용하여 접점을 개폐하는 기능을 수행하는 계전기이다. 전자계전기의 동작 원리와 같지만, 대전류가 흐르는 전력회로의 개폐에 주로 사용되고 있는 점이 다르다. 주회로 접점과 보조회로 접점을 가지고 있다.

- 주회로 접점 : 전동기 운전 등 큰 전류가 흘러도 안전한 대용량의 개폐 접점
- 보조회로 접점 : 전자 계전기와 같은 작은 전류 용량의 개폐 접점

외 형	내부 결선도	내 용
	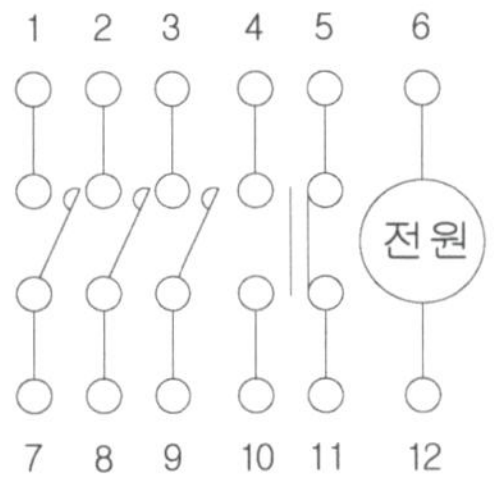	① 전원 단자 : 6번-12번 ② 접점 구성 • 주회로 : 1-7, 2-8, 3-9(a접점) • 보조회로 4-10(a접점), 5-11(b접점)

[그림 2-11] 파워 릴레이

9) 전자식 과전류 계전기(EOCR : Electronic Over Current Relay)

전동기의 과부하 운전 등으로 설정한 허용 전류 이상의 과전류가 일정시간 지속되면, 열에 의한 바이메탈 원리를 이용하여 점점을 동작시켜 회로를 차단하는 기능을 수행하는 과부하 보호용 계전기이다.

- 회로에 과전류가 흘렀을 때 회로를 보호하는 역할 수행
- 전자개폐기 기능을 수행하며 12핀 소켓에 끼워서 사용
- 일반적으로 파워 릴레이(PR, MC)와 함께 사용

외 형	내부 결선도	내 용
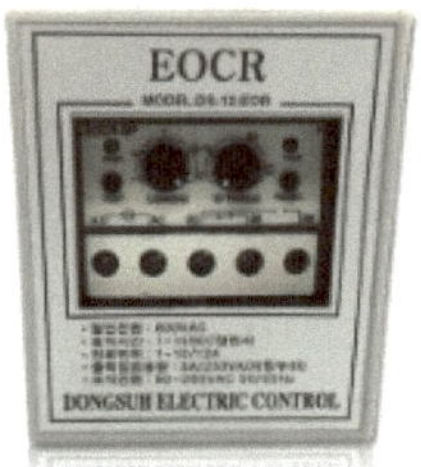	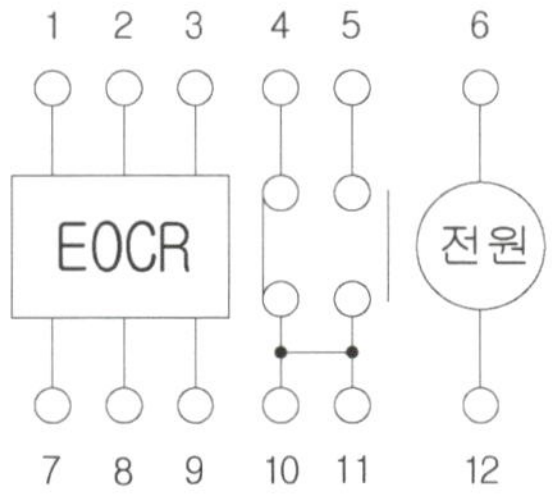	① 전원 단자 : 6번-12번 ② 접점 구성 • 주회로 : 1-7, 2-8, 3-9 • 보조회로 : 공통(10, 11) - 4번(b접점), 5번(a접점)

[그림 2-12] 전자식 과전류계전기(EOCR)

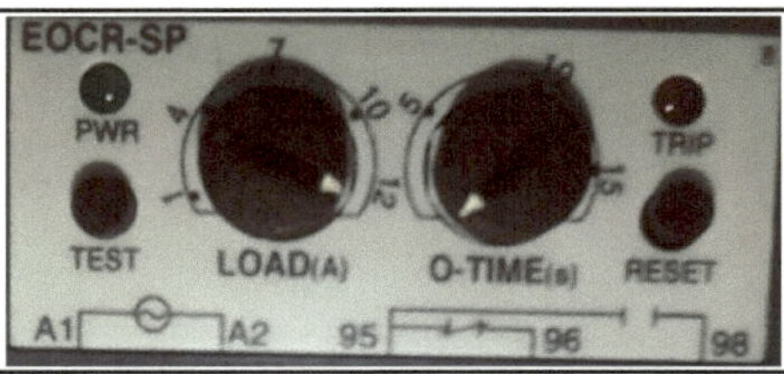	• PWR : 전원 투입 시 점등 • TEST : 누르면 동작, OL 점등 • RESET : 복귀 버튼 • LOAD : 동작 전류 설정 • O-TIME : 과부하 시 트립이 되는 시간 설정

10) 온도 계전기(TC)

열전쌍이라는 검출 소자가 온도를 검출해 온도 계전기의 접점이 동작하는 계전기이다.

- 측정 온도가 설정 온도 이하이면 a접점 동작
- 측정 온도가 설정 온도 이상이면 b접점 동작

외 형	내부 결선도	내 용
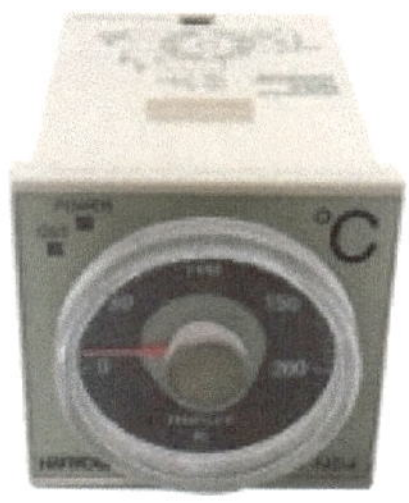	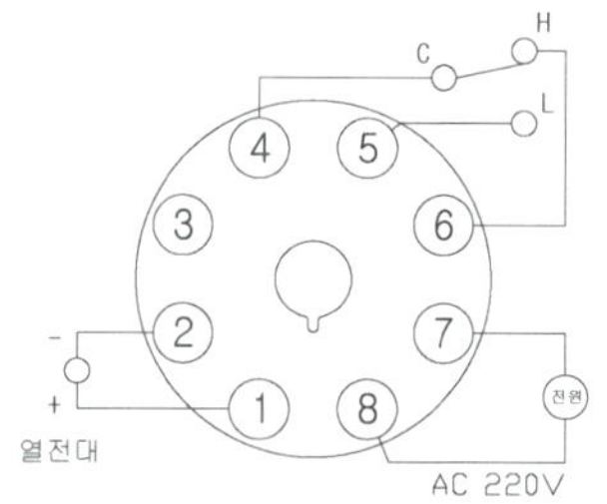	① 전원 단자 : 7번–8번 ② 접점 구성 • 공통(4번) : – a접점(4번–5번) – b접점(4번–6번) • 열전쌍 : – 1번(+), 2번(–) – 극성 주의

[그림 2-13] 온도 계전기

11) 플로트레스 스위치(Floatless Level Switch, FLS)

플로트레스 계전기라고도 하며, 일반 가정이나 공장 등에서 E1, E2, E3 전극봉에 의해 수위를 감지하여 액면제어 용도로 사용되는 계전기이다. 농업용수, 정수장, 오수처리장 및 일반 가정의 상하수도 제어에 다목적으로 사용된다.

외 형	내부 결선도	내 용
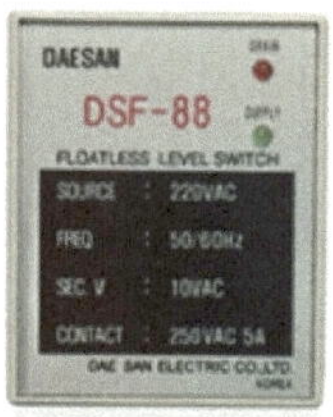	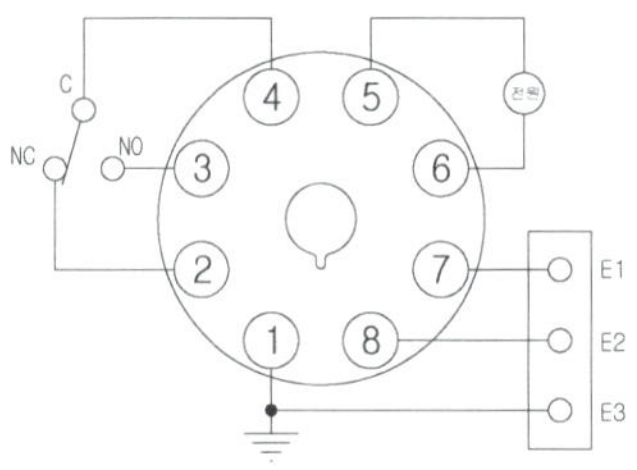	① 전원 단자 : 5번–6번 ② 접점 구성 • 공통(4번) – a접점(3번), b접점(2번) • 4번–2번 : 급수로 사용 • 4번–3번 : 배수로 사용

[그림 2-14] 플로트레스 스위치

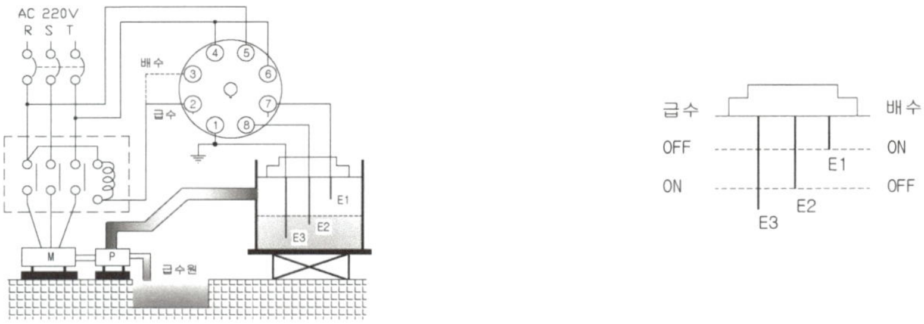

[그림 2-15] 플로트레스 스위치 결선도

- 급수 동작
  - E3 반드시 접지
  - 수위가 E2 전극봉 이하면 모터가 동작하여 급수 동작
  - 수위가 E1 전극봉 이상이면 모터가 정지하여 급수 정지
- 배수 동작
  - E3 반드시 접지
  - 수위가 E1 전극봉 이상이면 모터가 동작하여 배수 동작
  - 수위가 E2 전극봉 이하면 모터가 정지하여 배수 정지

12) 카운터(counter)

각종 센서와 연결하여 물체의 위치나 상태를 검출하여 계수하고, 설정값과 같으면 접점을 동작시키는 기기이다.

- 적산식 카운터 : '0'에서 계수 시작, 설정값에 도달하면 접점 동작
- 감산식 카운터 : 설정값에서 계수 시작, '0'에 도달하면 접점 동작

외 형	내부 결선도	내 용
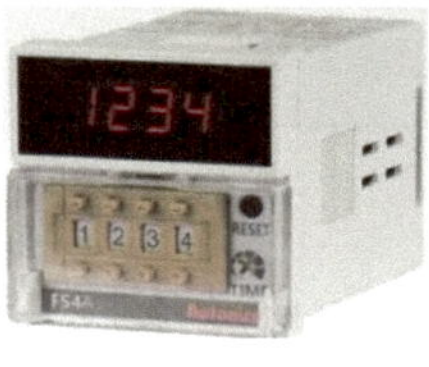	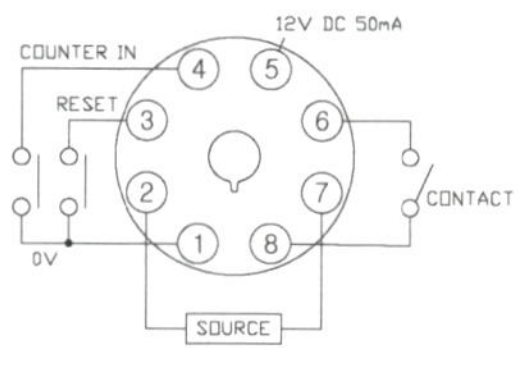	① 전원 단자 : 2번-7번 ② 접점 구성 • a접점(8번-6번) • 카운터 IN : 1번-4번 • RESET : 1번-3번

[그림 2-16] 카운터

CHAPTER 03

시퀀스 제어 논리회로

1 부울 대수

시퀀스 제어 회로의 논리적 처리와 간소화는 부울 대수의 정리를 이용함으로써 가능하다.

1) 부울 대수 기본 연산

부울 대수는 두 가지 변수 '0'과 '1'만을 갖는 논리 변수를 이용하여 논리연산을 수행한다. 논리회로의 해석, 설계 및 응용 등에 이용된다.

시퀀스 제어 회로에서도 스위치 ON(1)과 OFF(0), 계전기 접점의 개로(0)와 폐로(1), 전압의 인가 유무 등과 같이 '0'과 '1'만의 논리 변수를 가지고 있기 때문에 논리연산을 수행하는 부울 대수 연산을 적용할 수 있다.

부울 대수에서 사용하는 연산자는 AND(dot, '·'), OR(plus, '+'), NOT(bar, '-' 또는 prime, ''') 등 3가지가 있다.

(1) AND(논리곱)

AND 연산자 또는 논리곱이라 한다. 두 개 이상의 입력신호 중 하나라도 '0'이 있으면,

출력은 '0'이고, 모두 '1'일 때만 출력 신호가 '1'이 된다.

$X = A \cdot B, \quad 0 \cdot 0 = 0, 0 \cdot 1 = 0, 1 \cdot 0 = 0, 1 \cdot 1 = 1$

(2) OR(논리합)

OR 연산자 또는 논리합이라 한다. 두 개 이상의 입력신호 중 하나라도 '1'이 있으면, 출력은 '1'이고, 모두 '0'일 때만 출력신호가 '0'이 된다.

$$X = A + B, \quad 0 + 0 = 0, 0 + 1 = 1, 1 + 0 = 1, 1 + 1 = 1$$

(3) NOT(부정)

NOT 연산자 또는 논리 부정이라 한다. 입력신호가 '0'이면 출력은 '1', 입력이 '1'이면 출력은 '0'이 된다. 입력신호와 출력신호가 서로 반대가 되는 연산이다.

$X = \overline{A}, \quad \overline{0} = 1, \overline{1} = 0$

2) 부울 대수 공리

부울 대수는 보통 대수나 기하학에서처럼 몇 가지 기본적인 가설에서 유도된 법칙들로 이러한 가설들을 공리라고 한다. [표 3-1]의 공리들 중에서 좌측과 우측 간에는 쌍대성이 성립된다. '0'은 '1'로 바꾸고, ' • '은 '+' 로 바꾸면 다른 쪽이 얻어지고, 서로 쌍대 관계라 한다.

[표 3-1] 부울 대수 공리

$\overline{A} = 0$ 이면, $A = 1$	$\overline{A} = 1$ 이면, $A = 0$
$0 \cdot 0 = 0$	$1 + 1 = 1$
$0 \cdot 1 = 0$	$1 + 0 = 1$
$1 \cdot 0 = 0$	$0 + 1 = 1$
$1 \cdot 1 = 1$	$0 + 0 = 0$
$\overline{0} = 1$	$\overline{1} = 0$

3) 부울 대수 기본 정리

부울 대수의 정리는 부울 대수의 공리를 토대로 해서 유도된 것들이고, 아래와 같다.

$A \cdot 0 = 0$		$A + 1 = 1$	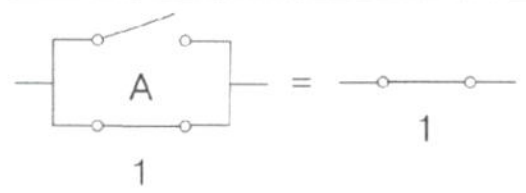
$A \cdot 1 = A$	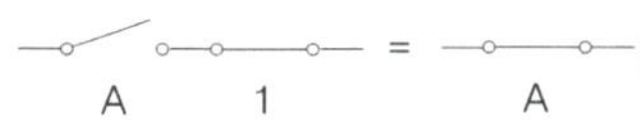	$A + 0 = A$	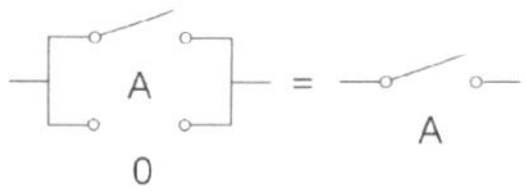
$A \cdot A = A$	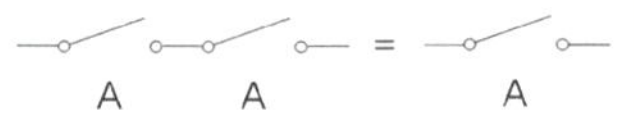	$A + A = A$	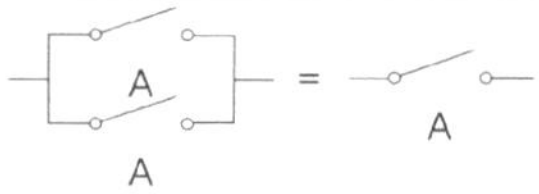
$A \cdot \overline{A} = 0$		$A + \overline{A} = 1$	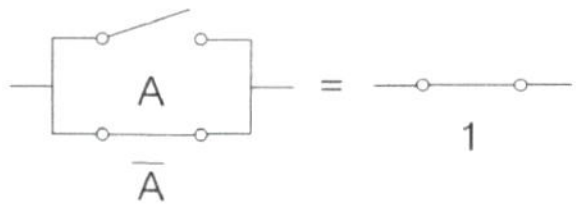

[교환법칙] $A + B = B + A \quad A \cdot B = B \cdot A$

[결합법칙] $A + (B + C) = (A + B) + C$

$A \cdot (B \cdot C) = (A \cdot B) \cdot C$

[분배법칙] $A \cdot (B + C) = A \cdot B + A \cdot C$

$A + (B \cdot C) = (A + B) \cdot (A + C)$

[흡수법칙] $A \cdot (A + B) = A + A \cdot B = A \ (\because A \cdot A = A, 1 + B = 1)$

$A + A \cdot B = A \cdot (1 + B) = A \ (\because 1 + B = 1)$

4) 드모르간(De-Morgan) 정리와 쌍대 관계

(1) 드모르간 정리

① 모든 AND 연산은 OR 연산으로 변환한다.

② 모든 OR 연산은 AND 연산으로 변환한다.

③ 모든 상수 1은 0으로 변환한다.

④ 모든 상수 0은 1로 변환한다.

⑤ 모든 변수는 그의 보수로 나타낸다.

드 모르간의 정리는 논리합과 논리곱을 상호 교환하는데 편리한 정리이고, NAND 회로와 NOR 회로의 논리회로를 간략화하는데 자주 사용된다. 다음의 식을 드모르간 정리하고 한다.

$$\overline{A \cdot B} = \overline{A} + \overline{B}$$

$$\overline{A + B} = \overline{A} \cdot \overline{B}$$

위 관계는 A, B 의 모든 값에서 성립함을 다음의 진리표를 통해서 확인할 수 있다.

A	B	$A \cdot B$	$\overline{A \cdot B}$	$\overline{A}$	$\overline{B}$	$\overline{A} + \overline{B}$
0	0	0	1	1	1	1
0	1	0	1	1	0	1
1	0	0	1	0	1	1
1	1	1	0	0	0	0

(a) $\overline{A \cdot B} = \overline{A} + \overline{B}$

A	B	$A + B$	$\overline{A + B}$	$\overline{A}$	$\overline{B}$	$\overline{A} \cdot \overline{B}$
0	0	0	1	1	1	1
0	1	1	0	1	0	0
1	0	1	0	0	1	0
1	1	1	0	0	0	0

(b) $\overline{A + B} = \overline{A} \cdot \overline{B}$

[그림 3-1] 드모르간 정리 진리표

(2) 쌍대(duality) 관계

① 모든 AND 연산은 OR 연산으로 변환한다.

② 모든 OR 연산은 AND 연산으로 변환한다.

③ 모든 상수 1은 0으로 변환한다.

④ 모든 상수 0은 1로 변환한다.

⑤ 모든 변수는 보수를 만들지 않고 그래도 둔다.

쌍대 회로의 변환 방법은 직렬을 병렬로 병렬은 직렬로 바꾸고, a접점은 b접점으로 b접점은 a접점으로 바꾸면 된다.

논리식 $\overline{A \cdot B}$와 $\overline{A} + \overline{B}$ 를 유접점 시퀀스 제어 회로로 표현하면 아래와 같다. 진리표를 통해서도 동일한 결과가 발생하는 회로임을 알 수 있다.

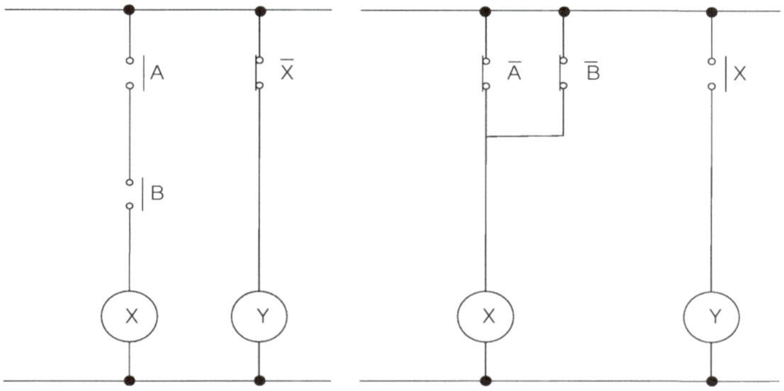

(a) $\overline{A \cdot B}$ (b) $\overline{A}+\overline{B}$

[그림 3-2] $\overline{A \cdot B}$와 $\overline{A}+\overline{B}$의 시퀀스 제어 회로

논리식 $\overline{A+B}$와 $\overline{A} \cdot \overline{B}$ 를 유접점 시퀀스 제어 회로로 표현하면 아래와 같다. 진리표를 통해서도 동일한 결과가 발생하는 회로임을 알 수 있다.

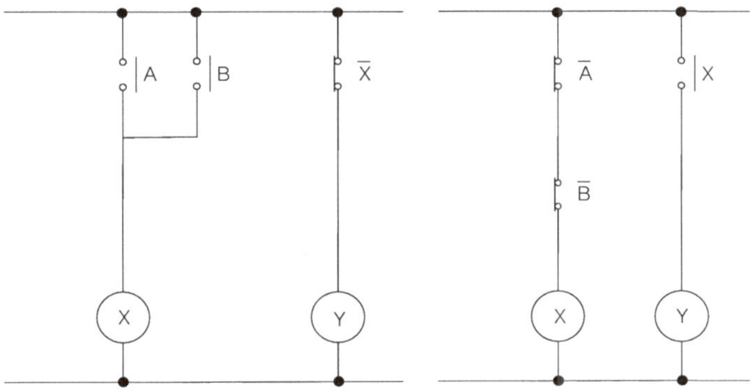

(a) $\overline{A+B}$ (b) $\overline{A} \cdot \overline{B}$

[그림 3-3] $\overline{A+B}$와 $\overline{A} \cdot \overline{B}$ 의 시퀀스 제어 회로

2 기본 논리회로

시퀀스 제어회로는 유접점 계전기 또는 무접점 소자 접점과 스위치 등에 의해 구성된다. 유접점 시퀀스 제어회로는 전자력에 의해 접점이 개폐하는 기능을 가진 회로이다. 접점의 용량이 작은 것은 릴레이, 접점의 용량이 큰 것은 전자 접촉기 또는 전자개폐기라고 하는 전자 계전기를 사용한 회로이다. 무접점 시퀀스 제어회로는 반도체의 스위칭 회로를 무접점으로 이용하여 무접점 시퀀스 제어회로를 구성하여 사용하게 된다. 다이오드와 트랜지스터 등의 반도체 소자, 전용 IC들이 이용되고 있다.

시퀀스 제어회로의 전기신호는 유(1)와 무(0), 스위치 ON(1)과 OFF(0), 접점의 개폐 상태 등 두 가지 변수 '1'과 '0'을 갖는 논리변수를 갖는다. 논리변수 '1'과 '0' 만의 조합으로 구성되는 시퀀스 제어회로를 논리회로라고 한다.

한 개 또는 그 이상의 입력 신호의 조합으로 한 개의 출력신호를 발생하는 논리회로를 게이트(gate)라고 한다. 기본적인 논리연산회로는 AND 회로(gate), OR 회로, NOT 회로, NAND 회로, NOR 회로, XOR 회로, XNOR 회로 등이 있다.

1) AND 회로(AND gate)

AND 회로는 2개의 입력 X1와 X2가 모두 '1'일 때 출력이 '1'이 되는 회로이다. 입력 접점이 모두 직렬로 구성되고, 논리곱회로라고도 한다. 이 회로의 논리기호와 논리식, 해당되는 스위치 회로는 다음과 같다.

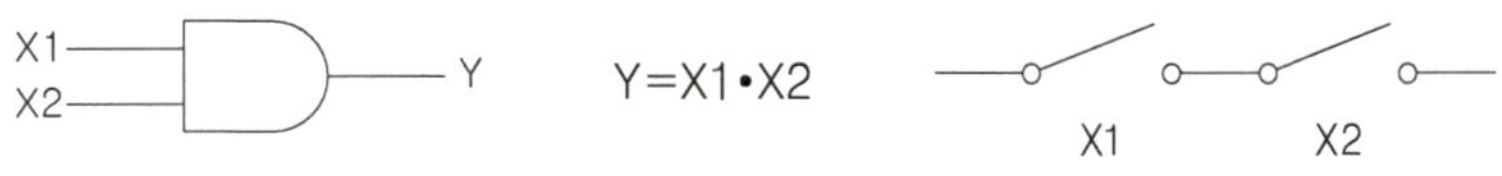

(a) 논리기호 (b) 논리식 (c) 스위치 직렬연결

[그림 3-4] AND 회로의 논리기호, 논리식, 스위치 연결

논리회로의 입출력 관계를 나타낸 것을 진리표라 하고, AND 회로의 진리표와 동작 타임차트는 다음과 같다. 입력신호 X1, X2가 모두 '1' 인 경우에 대해서만 출력 Y가 '1'이 된다.

입 력		출 력
X1	X2	Y
0	0	0
0	1	0
1	0	0
1	1	1

(a) 진리표

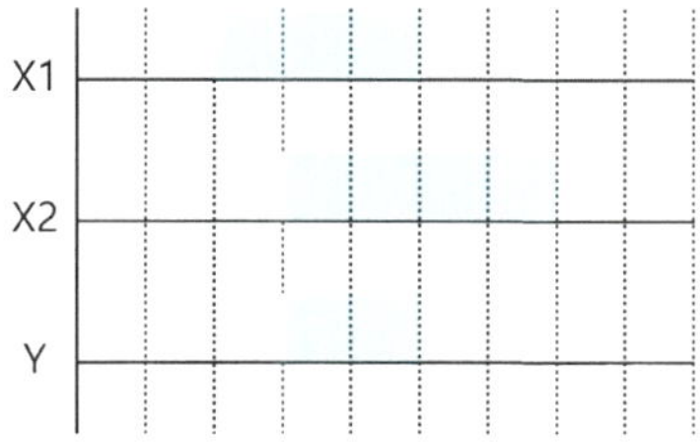

(b) 타임 차트

[그림 3-5] AND 회로의 진리표와 타임 차트

다음은 AND 회로의 유접점과 무접점 회로도를 나타낸 것이다.

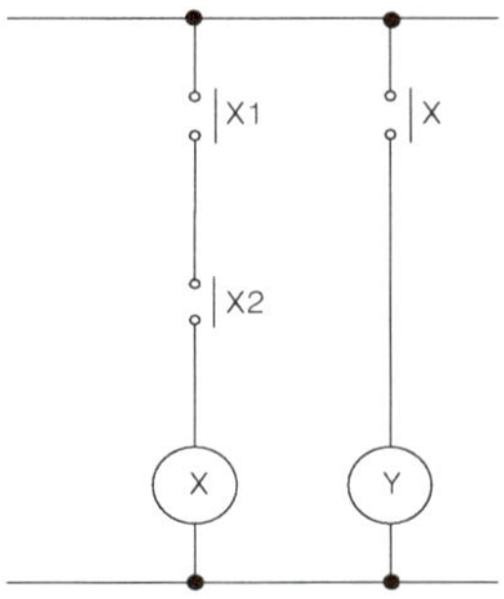

(a) 유접점 회로

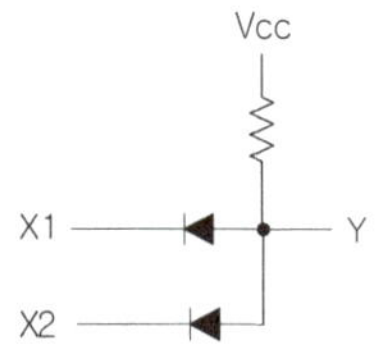

(b) 무접점 회로

[그림 3-6] AND 회로 유접점과 무접점 회로도

- 유접점 회로 동작
  - 입력 접점 X1, X2가 모두 닫히면(1) 계전기 코일 X에 전류가 흘러 계전기 코일 X가 여자된다. 동시에 계전기 X의 a접점이 닫혀 출력 Y가 ON 된다
  - 입력 접점 X1, X2 중 어느 한 개라도 열리면(0), 계전기 코일 X가 소자된다. 동시에 계전기 X의 a접점이 열려 출력 Y가 OFF 된다
- 무접점 회로 동작
  - 전압 X1=0[V], X2=0[V] : 두 다이오드에 순방향 전압이 인가되므로 모두 동작하여 전류가 흐른다. 출력전압 Y=0[V], 논리 결과 '0'이 된다.
  - 전압 X1=0[V], X2=5[V] 또는 X1=5[V], X2=0[V] : 두 다이오드 중 한 개가 동작하여 전류가 흐른다. 출력전압 Y=0[V], 논리 결과 '0'이 된다.
  - 전압 X1=5[V], X2=5[V] : 전원과 같은 전위가 되어 두 다이오드 모두 동작하지 않고, 전류가 흐르지 않는다. 출력전압 Y=5[V], 논리 결과 '1'이 된다.

2) OR 회로(OR gate)

OR 회로는 2개의 입력 X1, X2 중 한 개라도 '1'일 때 출력 Y가 '1' 되는 회로이다. 입력 접점이 모두 병렬로 구성되고, 논리합회로라고도 한다. 이 회로의 논리기호와 논리식, 해당하는 스위치 회로는 다음과 같다.

(a) 논리기호 (b) 논리식 (c) 스위치 병렬 연결

[그림 3-7] OR 회로의 논리기호, 논리식, 스위치 연결

논리회로의 입출력 관계를 나타낸 것을 진리표라 한다. OR 회로의 진리표와 동작 타임 차트는 다음과 같다. 두 입력 신호 X1, X2 중 한 개라도 '1'인 경우 출력 Y가 '1'이 된다.

입 력		출 력
X1	X2	Y
0	0	0
0	1	1
1	0	1
1	1	1

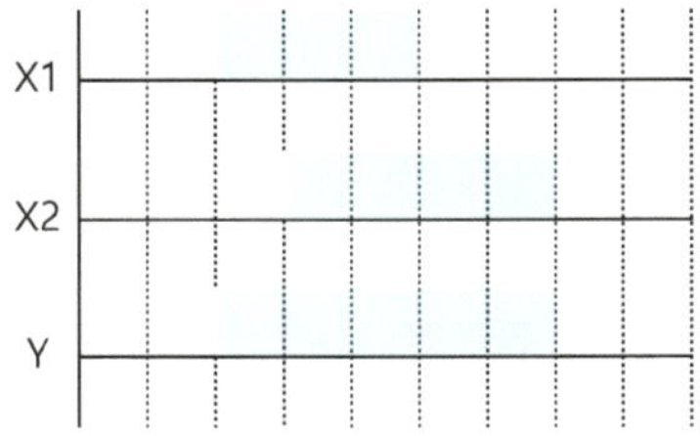

(a) 진리표 (b) 타임 차트

[그림 3-8] OR 회로의 진리표와 타임 차트

다음은 OR 회로의 유접점과 무접점 회로도를 나타낸 것이다.

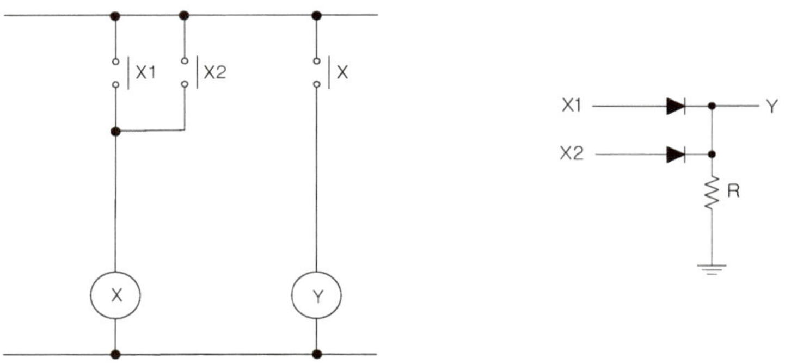

(a) 유접점 회로 (b) 무접점 회로

[그림 3-9] OR 회로의 유접점과 무접점 회로도

• 유접점 회로 동작

- 입력 접점 X1, X2 중 한 개라도 닫히면(1) 계전기 코일 X에 전류가 흘러 계전기 코일 X가 여자된다. 동시에 계전기 X의 a접점이 닫혀 출력 Y가 ON 된다.
- 입력 접점 X1, X2 모두 열리면(0), 계전기 코일 X가 소자된다. 동시에 계전기 X의 a접점이 열려 출력 Y가 OFF 된다.

• 무접점 회로 동작

- 전압 X1=0[V], X2=0[V] : 회로에 인가전압이 없기 때문에 출력전압 Y=0[V], 논리 결과 '0'이 된다.
- 전압 X1=0[V], X2=5[V] 또는 X1=5[V], X2=0[V] : 두 다이오드 중 한 개가 동작하여 전류가 흐른다. 출력전압 Y=5[V], 논리 결과 '1'이 된다.
- 전압 X1=5[V], X1=5[V] : 두 다이오드 모두 동작하여 전류가 흐른다. 출력전압 Y=5[V], 논리 결과 '1'이 된다.

3) NOT 회로(부정, NOT gate)

NOT 회로는 입력 X가 '1'이면 출력 Y는 '0'이고, 반대로 입력 X가 '0'이면 출력 Y는 '1'이 되는 회로이다.

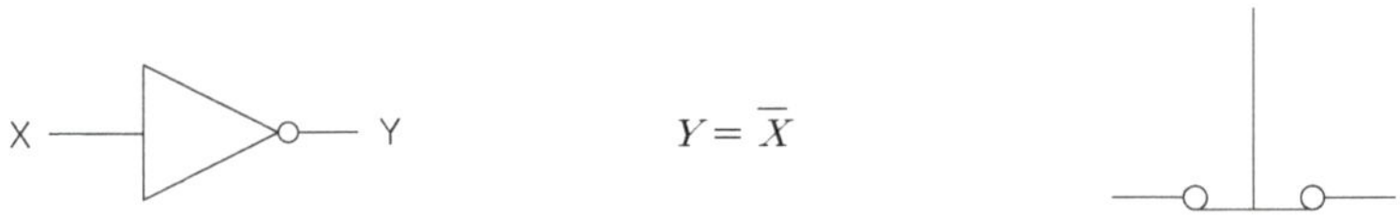

(a) 논리기호 (b) 논리식 (c) 스위치 연결

[그림 3-10] NOT 회로의 논리기호, 논리식, 스위치 연결

NOT 회로의 진리표와 동작 타임 차트는 다음과 같다. X가 '0'이면 출력 Y는 '1', X가 '1'이면 출력 Y는 '0'이 된다.

입 력	출 력
X	Y
0	1
1	0

(a) 진리표

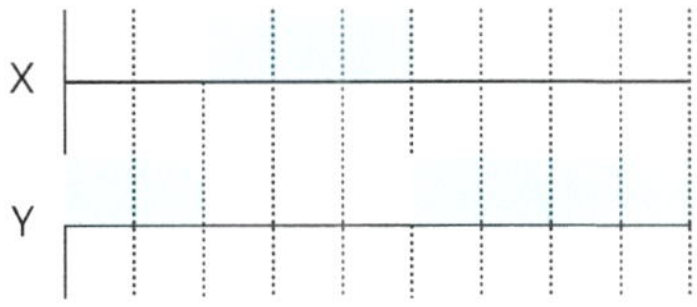

(b) 타임 차트

[그림 3-11] NOT 회로의 진리표와 타임 차트

다음은 NOT 회로의 유접점과 무접점 회로도를 나타낸 것이다.

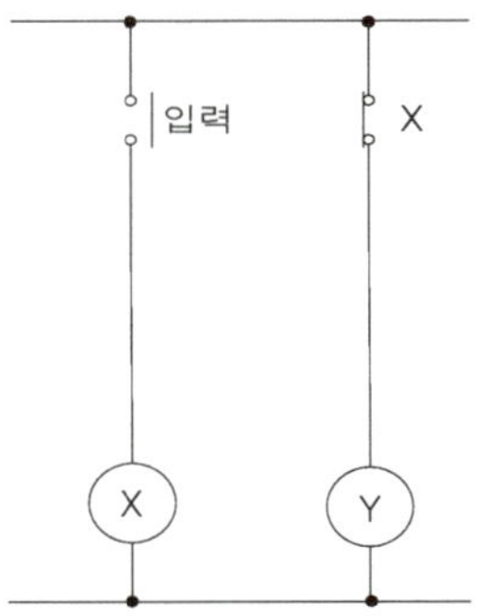

(a) 유접점 회로

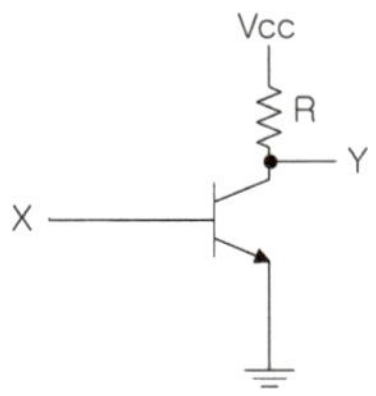

(b) 무접점 회로

[그림 3-12] NOT 회로의 유접점과 무접점 회로도

- 유접점 회로 동작
  - 입력 접점이 닫히면(1), 계전기 코일 X에 전류가 흘러 계전기 코일 X가 여자된다. 동시에 출력 X의 b접점이 열려 출력 Y가 OFF 된다.
  - 입력 접점 A가 열리면(0), 계전기 코일 X가 소자된다. 동시에 출력 X의 b접점이 닫혀 출력 Y가 ON 된다.
- 무접점 회로 동작
  - 전압 X=0[V] : 베이스 전류가 흐르지 않아 트랜지스터 Tr은 동작하지 않고, 컬렉터 전류도 흐르지 않는다. Tr은 개방 상태로 출력전압 X=5[V], 논리 결과 '1'이 된다.
  - 전압 X=5[V] : 베이스 전류가 흘러 트랜지스터 Tr이 동작하고, 컬렉터 전류도 흐르게 된다. Tr은 단락 상태로 출력전압 X=0[V], 논리 결과 '0'이 된다.

4) NAND 회로(NAND gate)

NAND 회로는 AND 회로와 NOT 회로를 조합한 AND+NOT 회로이고, AND 회로의 부정(NOT) 회로로 논리곱 부정회로라고도 한다. 2 개의 입력 X1와 X2가 모두 '1'일 때만 출력이 '0'이 되는 회로이다.

NAND 회로의 논리식은 $Y = \overline{X1 \cdot X2}$이고, 논리기호는 다음과 같다.

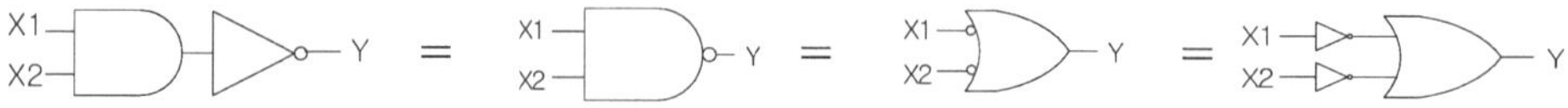

[그림 3-13] NAND 회로의 논리기호

논리회로의 입출력 관계를 나타낸 것을 진리표라 하고, NAND 회로의 진리표와 동작 타임 차트는 다음과 같다. 입력신호 X1, X2가 모두 '1'인 경우만 출력 Y가 '0'이 된다.

입 력		출 력
X1	X2	Y
0	0	1
0	1	1
1	0	1
1	1	0

(a) 진리표

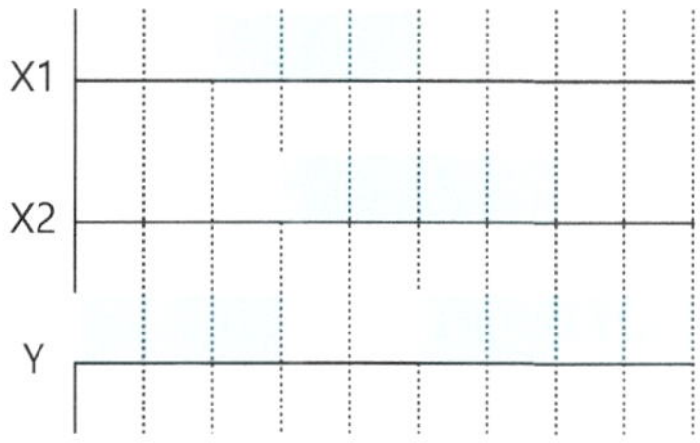

(b) 타임 차트

[그림 3-14] NAND 회로의 진리표와 타임 차트

다음은 NAND 회로의 유접점과 무접점 회로도를 나타낸 것이다.

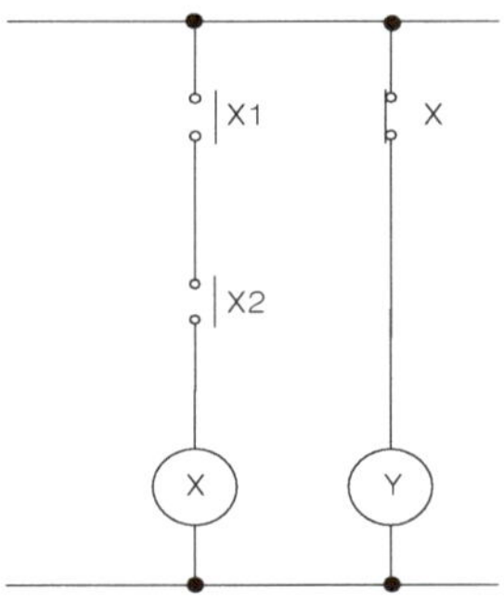

(a) 유접점 회로

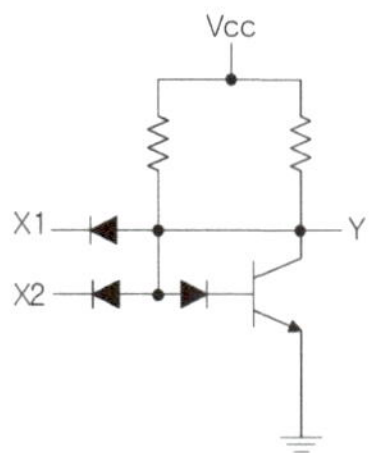

(b) 무접점 회로

[그림 3-15] NAND 회로의 유접점과 무접점 회로도

- 유접점 회로 동작
  - 입력 접점 X1, X2 가 모두 닫히면(1) 계전기 코일 X에 전류가 흘러 계전기 코일 X가 여자된다. 동시에 출력 X의 b접점이 열려 출력 Y가 OFF 된다.
  - 입력 접점 X1, X2 중 어느 한 개라도 열리면(0), 계전기 코일 X가 소자된다. 동시에 X의 b접점이 닫혀 출력 Y가 ON 된다.

• 무접점 회로 동작

- 전압 X1=0[V], X2=0[V], X1=0[V], X2=5[V] 또는 X1=5[V], X2=0[V] : 두 다이오드 중 한 개 또는 두 개에 순방향 전압이 인가되므로 동작하여 전류가 흐른다. Vcc=5[V]에 의한 전류는 입력 측 다이오드 방향으로만 흘러서 $+V_b$=0[V], 베이스 전류 I_b=0, Tr은 동작하지 않고 개방 상태가 된다. 출력전압 Y=5[V], 논리 결과 '1'이 된다.
- 전압 X1=5[V], X2=5[V] : 전원과 같은 전위가 되어 두 다이오드 모두 동작하지 않는다. Vcc=5[V]에 의한 베이스 전류 I_b에 의해 Tr 동작하여 단락 상태가 되고 컬렉터 전류 Ic도 흐르게 된다. 출력전압 Y=0[V], 논리 결과 '0'이 된다.

5) NOR 논리회로(NOR gate)

NOR 회로는 OR 회로와 NOT 회로를 조합한 OR+NOT 회로이고, OR 회로의 부정(NOT) 회로로 논리합 부정회로라고도 한다. 2 개의 입력 X1과 X2 중 어느 하나가 '1'일 때만 출력이 '0'이 되는 회로이다.

NOR 회로의 논리식은 $Y=\overline{X1+X2}$ 이고, 논리기호는 다음과 같다.

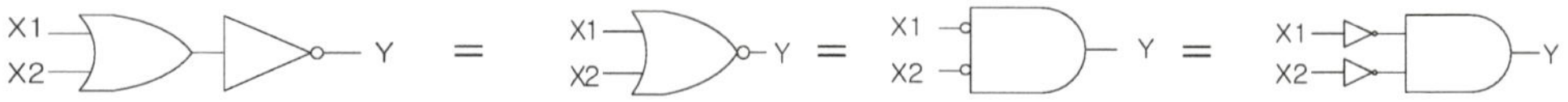

[그림 3-16] NOR 회로의 논리기호

논리회로의 입출력 관계를 나타낸 것을 진리표라 하고, NOR 회로의 진리표와 동작 타임 차트는 다음과 같다. 입력신호 X1, X2가 모두 '0'인 경우 출력 Y가 '1'이고, 어느 하나가 '1'일 때 출력이 '0'이 된다.

입 력		출 력
X1	X2	Y
0	0	1
0	1	0
1	0	0
1	1	0

(a) 진리표

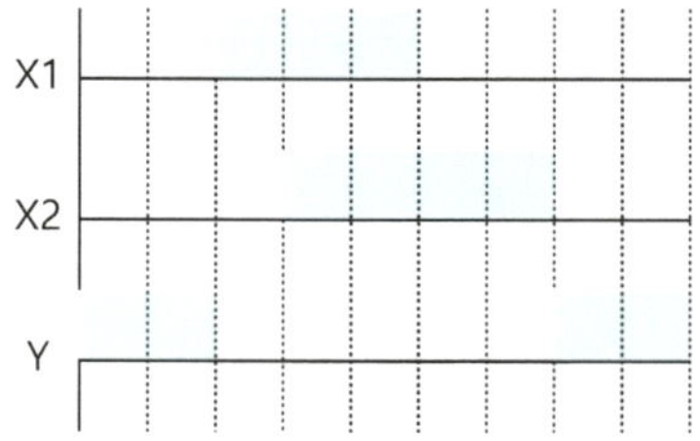

(b) 타임 차트

[그림 3-17] NOR 회로의 진리표와 타임 차트

다음은 NOR 회로의 유접점과 무접점 회로도를 나타낸 것이다.

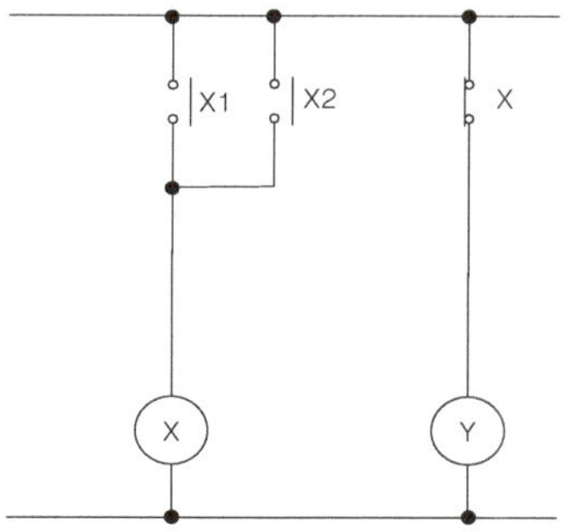

(a) 유접점 회로

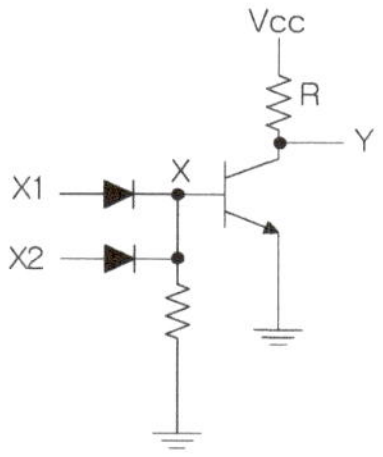

(b) 무접점 회로

[그림 3-18] NOR 회로의 유접점과 무접점 회로도

- 유접점 회로 동작
  - 입력 접점 X1, X2 중 하나 이상 닫히면(1) 계전기 코일 X에 전류가 흘러 계전기 코일 X가 여자된다. 동시에 출력 X의 b접점이 열려 출력 Y는 OFF 된다.
  - 입력 접점 X1, X2 모두 열리면(0), 계전기 코일 X가 소자된다. 동시에 X의 b접점이 닫혀 출력 Y가 ON 된다.

- 무접점 회로 동작
  - 전압 X1=0[V], X2=5[V], X1=5[V], X2=0[V] 또는 X1=5[V], X2=5[V] : 두 다이오드 중 한 개 또는 두 개에 순방향 전압이 인가되므로 동작하여 Tr 베이스 전류가 흘러 Tr 동작하고 단락 상태가 된다. 출력전압 Y=0[V], 논리 결과 '0'이 된다.
  - 전압 X1=0[V], X2=0[V] : 두 다이오드 모두 동작하지 않고 Tr 베이스 전류가 흐르지 않아 Tr은 동작하지 않으며 개방 상태가 된다. 출력전압 Y=0[V], 논리 결과 '0'이 된다.

6) 베타적 논리합 논리회로(Exclusive OR gate, XOR gate)

베타적 논리합 XOR 회로는 두 개의 입력이 서로 다른 경우에만 출력이 '1'이 되는 논리회로이다.

XOR 회로의 논리식은 $Y = X1 \oplus X2 = \overline{X1} \cdot X2 + X1 \cdot \overline{X2}$ 이고, 논리기호는 다음과 같다.

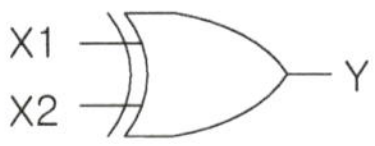

[그림 3-19] XOR 회로의 논리기호

XOR 회로의 진리표와 동작 타임 차트는 다음과 같다. 입력신호 X1, X2가 다른 경우에만 출력 Y가 '1'이 된다.

입 력		출 력
X1	X2	Y
0	0	0
0	1	1
1	0	1
1	1	0

(a) 진리표

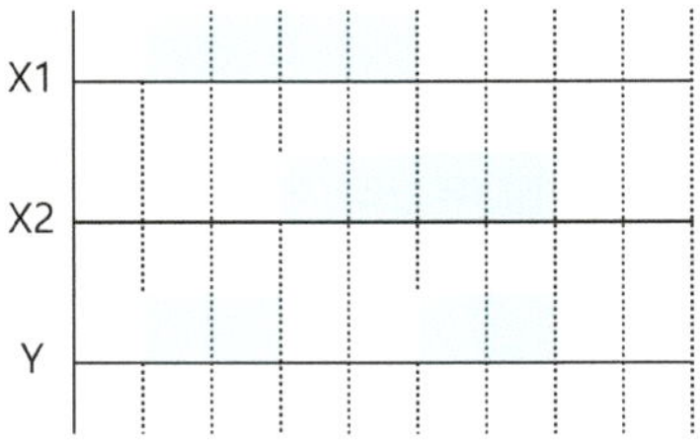

(b) 타임 차트

[그림 3-20] XOR 회로의 진리표와 타임 차트

다음은 XOR 회로의 유접점과 무접점 회로도를 나타낸 것이다.

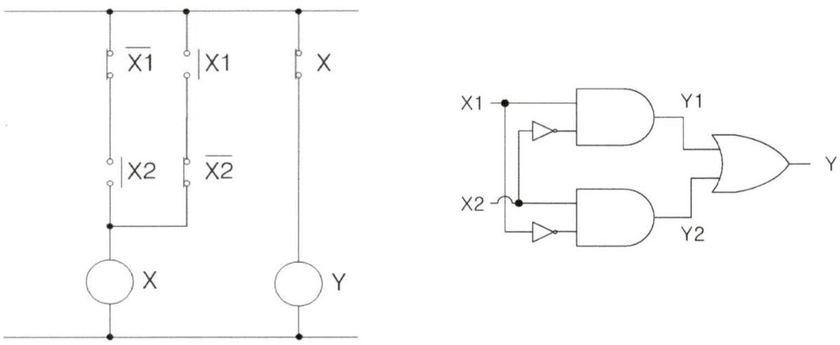

(a) 유접점 회로 (b) 무접점 회로

[그림 3-21] XOR 회로의 유접점과 무접점 회로도

7) Exclusive NOR 회로(XNOR gate)

XNOR 회로는 두 개의 입력이 서로 동일할 경우에만 출력이 '1'이 되는 판단 기능을 가진 논리회로로서, 배타적 OR 회로(XOR 회로)의 반대가 된다.

XNOR 회로의 논리식은 $Y = \overline{X1 \oplus X2}$ 이고, 논리기호는 다음과 같다.

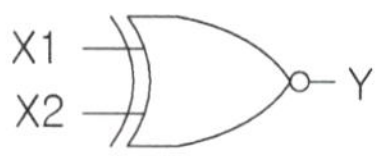

[그림 3-22] XNOR 회로 회로의 논리기호

XNOR 회로의 진리표와 동작 타임 차트는 다음과 같다. 입력신호 X1, X2가 동일한 경우에만 출력 Y가 '1'이 된다.

입 력		출 력
X1	X2	Y
0	0	1
0	1	0
1	0	0
1	1	1

(a) 진리표

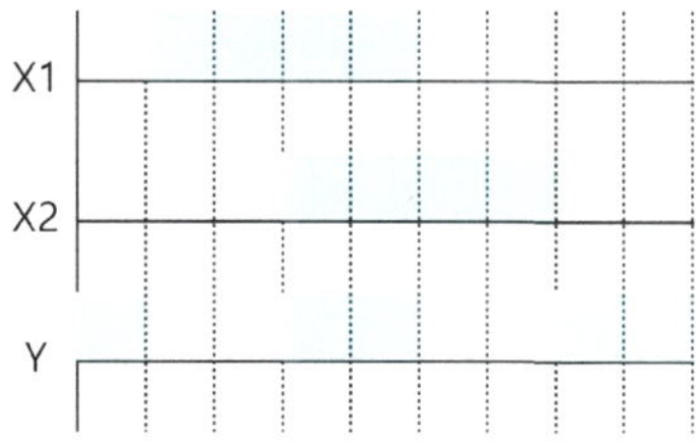

(b) 타임 차트

[그림 3-23] XNOR 회로의 진리표와 타임 차트

다음은 XNOR 회로의 유접점과 무접점 회로도를 나타낸 것이다.

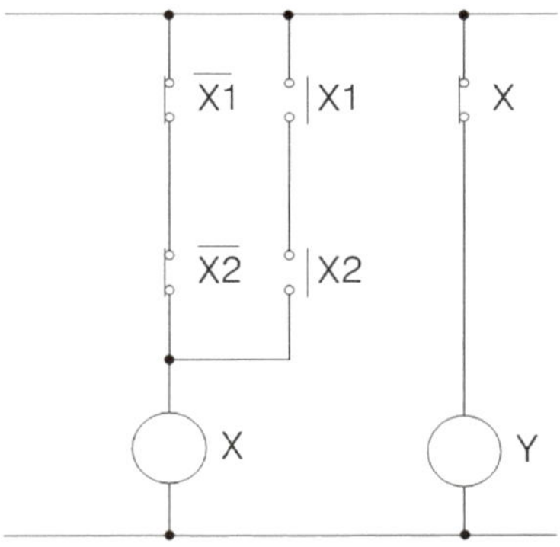

(a) 유접점 회로

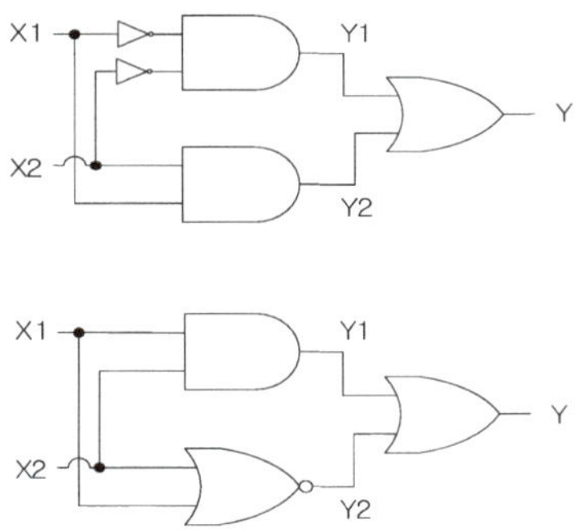

(b) 무접점 회로

[그림 3-24] XNOR 회로의 유접점과 무접점 회로도

CHAPTER

04 시퀀스 제어 회로 실습

1 제어 부품 내부 결선도 및 접점번호

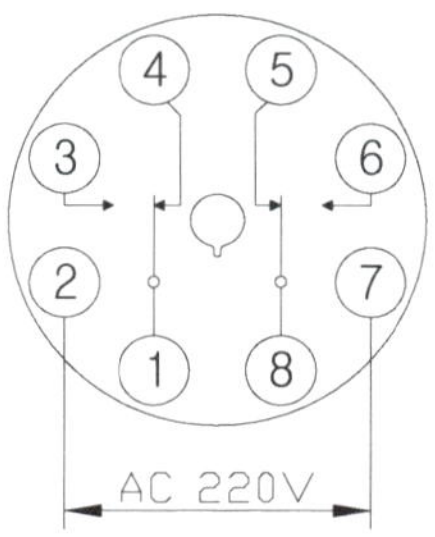

8핀 릴레이

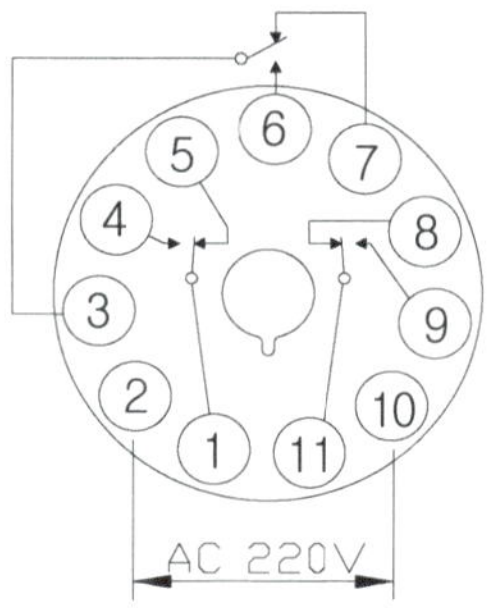

11핀 릴레이

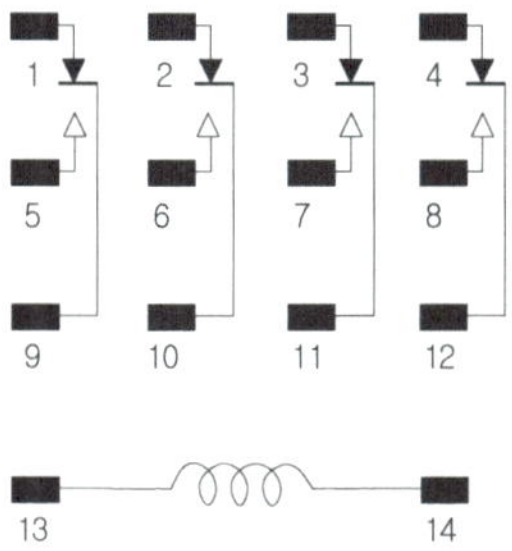

14핀 릴레이

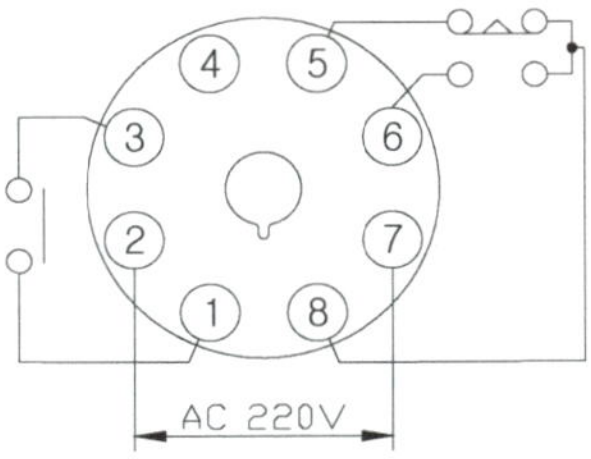

타이머(T)

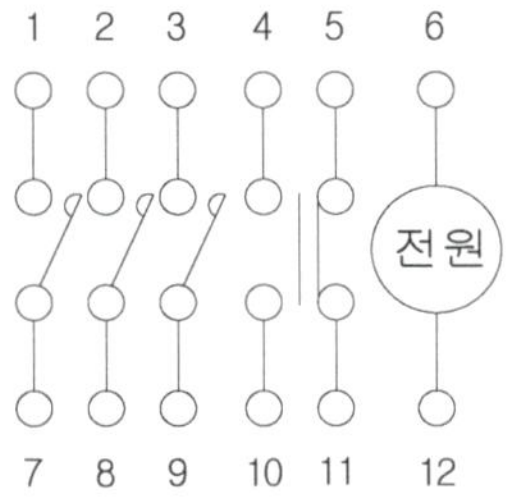

파워 릴레이(PR)

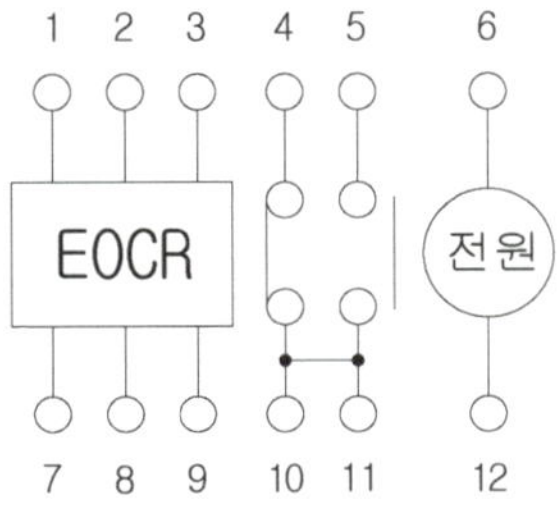

전자식과전류계전기(EOCR)

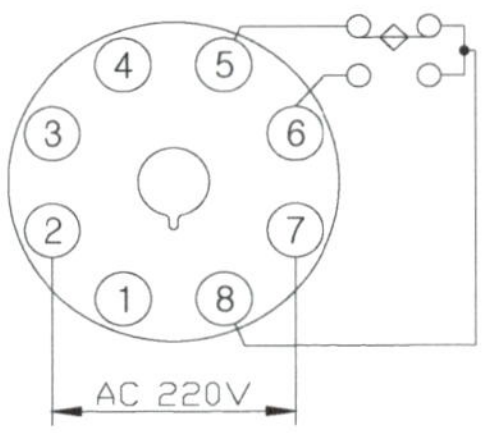

플리커 릴레이(FR)

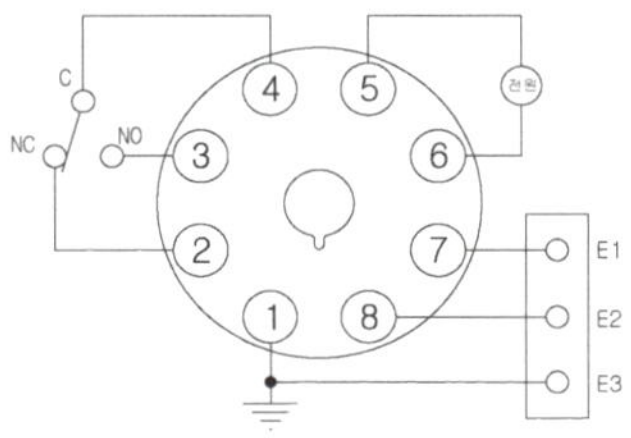

플로트레스 스위치(FLS)

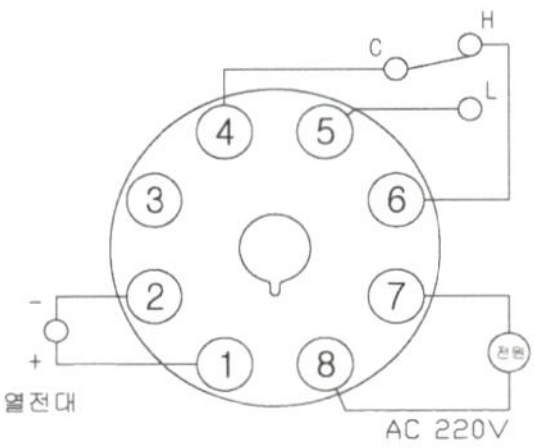

온도 릴레이(TC)

2 릴레이 ON 회로 (a접점 회로)

1) 기능

릴레이 코일 R에 전류가 흐르면 코일이 여자되어 코일 R의 a접점이 닫히고(ON), 전류를 끊으면 접점이 열리는(OFF) 가장 기본적인 회로이다. ON 회로는 a접점을 이용하므로 a접점 회로라고 한다.

2) 동작 설명

① 전원을 투입하면 : PB가 차단되어 릴레이 코일 R이 동작하지 않아 릴레이 a접점 R-a 접점에 의해 램프 RL은 소등한다.

② PB를 눌렀을 때 : 릴레이 코일 R이 여자된다. 동시에 R의 a접점이 닫혀 램프 RL이 점등된다.

③ PB를 누르지 않았을 때 : 릴레이 코일 R의 a접점이 열려 램프 RL이 소등된다.

3) 타임 차트

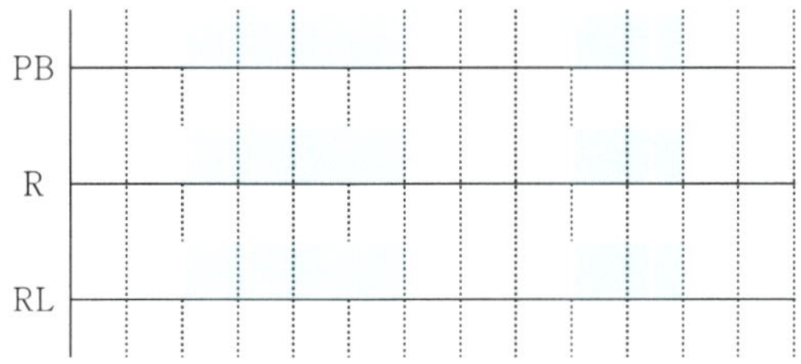

4) 시퀀스 제어 회로도

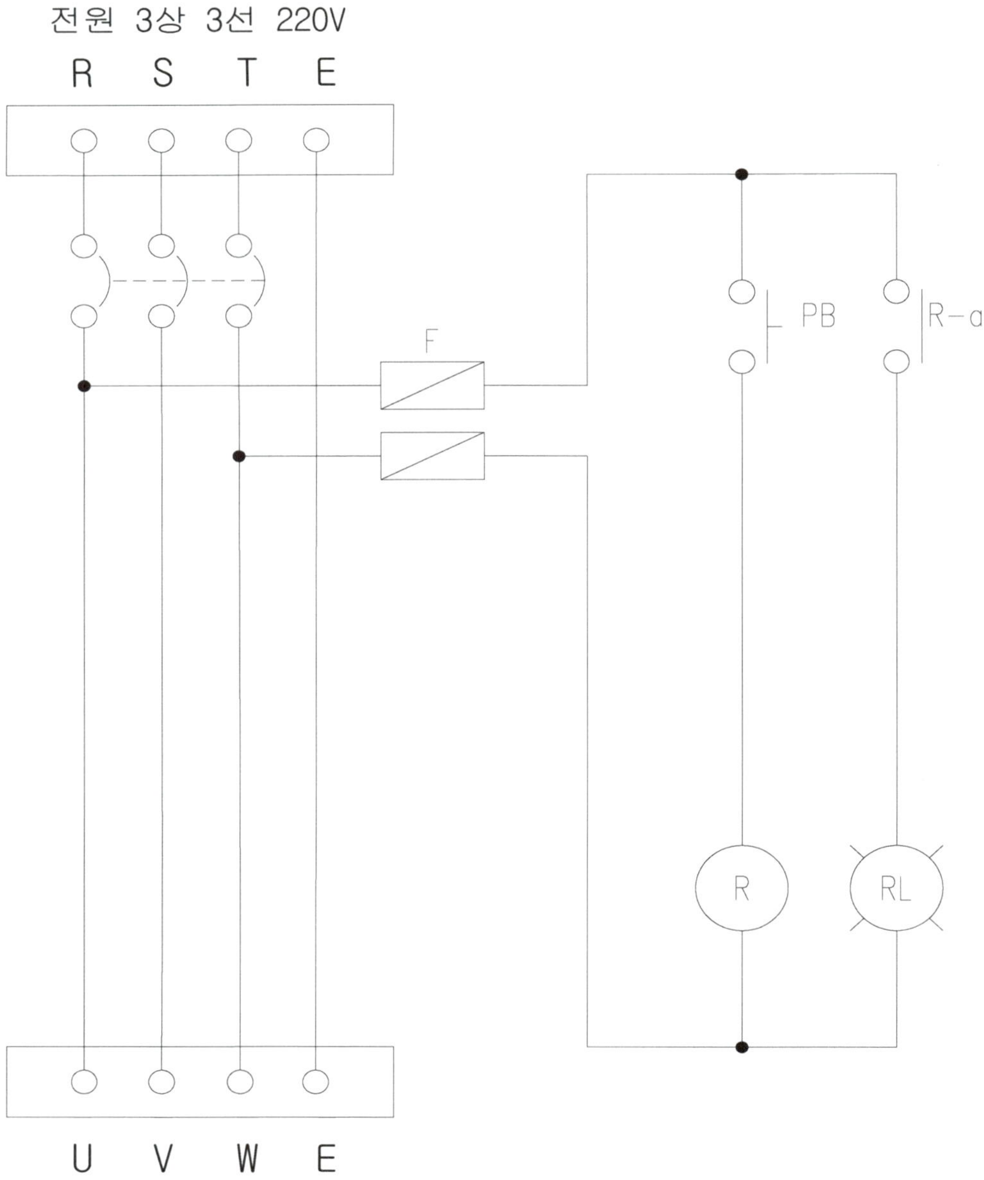

5) 실제 배선도

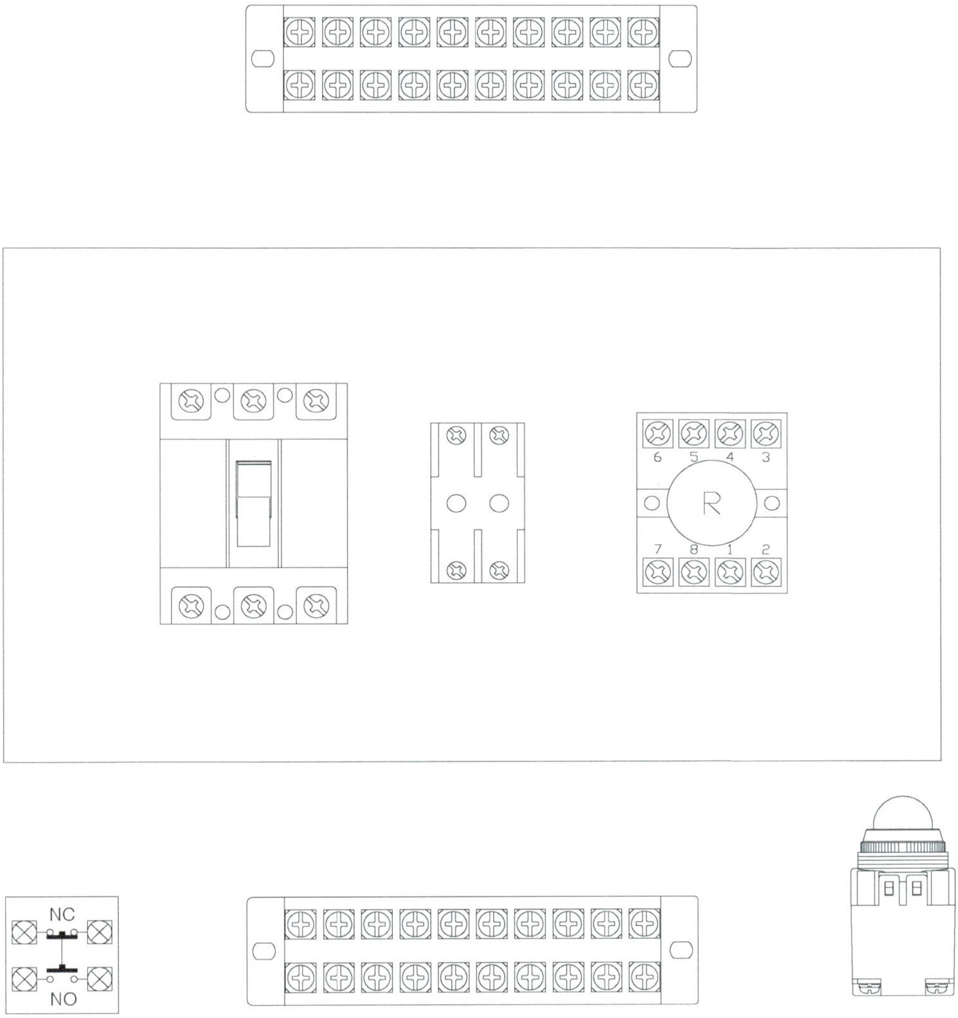

3 릴레이 OFF 회로(b접점 회로)

1) 기능

ON 회로의 동작과 반대로 릴레이 코일 R에 전류가 흐르면 코일이 여자되어 코일 R의 b접점이 열리고(OFF), 전류를 끊으면 닫히는(ON) 회로이다. OFF 회로는 b접점 회로라고도 한다.

2) 동작 설명

① 전원을 투입하면 : PB가 차단되어 릴레이 코일 R이 동작하지 않지만 릴레이 R의 b접점에 의해 램프 RL은 점등된다.

② PB를 눌렀을 때 : 릴레이 코일 R이 여자된다. 동시에 R의 b접점이 열려 램프 RL이 소등된다.

③ PB를 누르지 않았을 때 : 릴레이 코일 R의 b접점이 닫혀 램프 RL이 점등된다.

3) 타임 차트

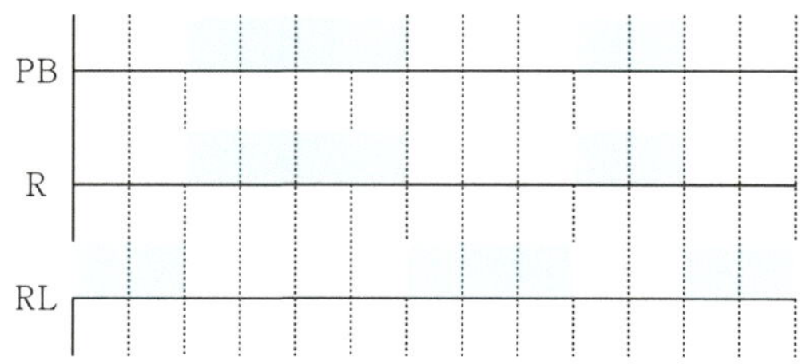

4) 시퀀스 제어 회로도

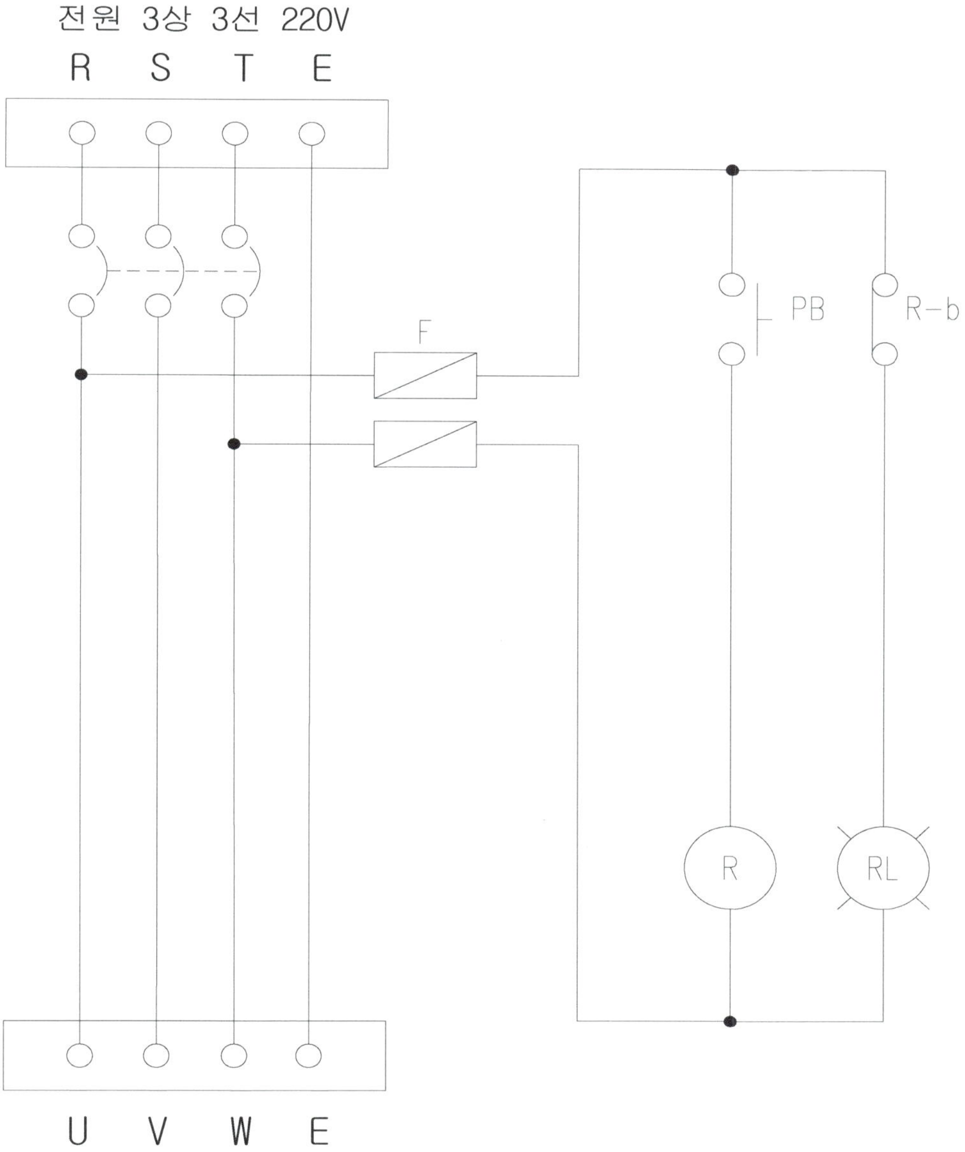

5) 실제 배선도

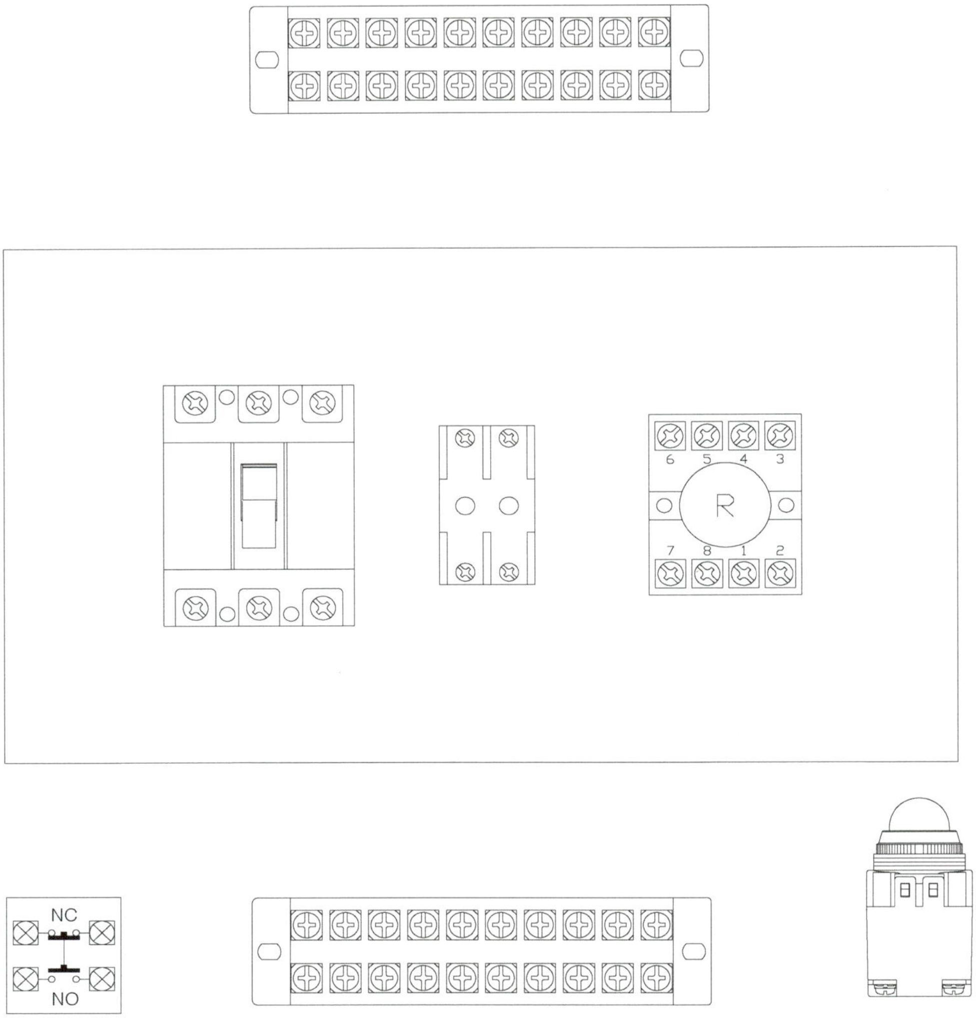

4 직렬회로(AND 회로)

1) 기능

직렬회로는 다수의 입력이 직렬로 연결된 것이다. 릴레이 코일 R의 입력이 모두 닫혔을 때만 작동한다. AND 회로라고도 한다.

2) 동작 설명

① 전원을 투입 후 스위치 PB1, PB2 모두 누르지 않았을 때 : 릴레이 코일 R에 전류가 흐르지 않으므로 릴레이가 소자된 상태이다. 적색 램프(RL)는 a접점이 열려 소등되고, 녹색 램프(GL)는 b접점이 닫혀 점등된다.

② 스위치 PB1만 눌렀을 때 : PB2가 열려 있으므로 릴레이 코일 R에 전류가 흐르지 않으므로 릴레이가 소자된 상태이다. RL은 a접점이 열려 소등되고, GL은 b접점이 닫혀 점등된다.

③ 스위치 PB2만 눌렀을 때 : PB1이 열려 있으므로 릴레이 코일 R에 전류가 흐르지 않으므로 릴레이가 소자된 상태이다. RL은 a접점이 열려 소등되고, GL은 b접점이 닫혀 점등된다.

④ 스위치 PB1, PB2 모두 눌렀을 때 : 릴레이 코일 R이 여자, a접점이 닫히고, RL 점등, GL은 b접점이 열려 소등된다.

3) 타임 차트

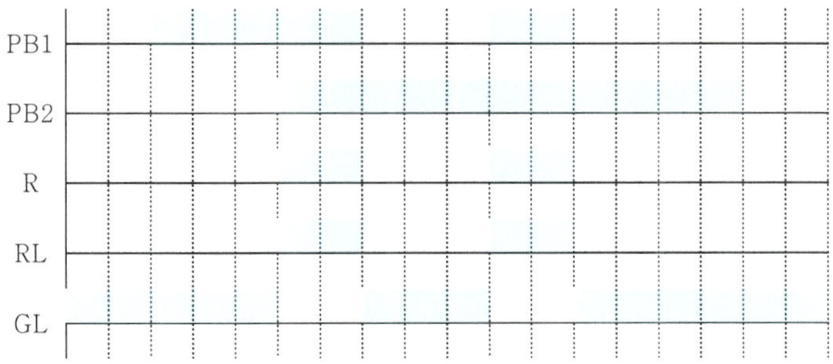

4) 시퀀스 제어 회로도

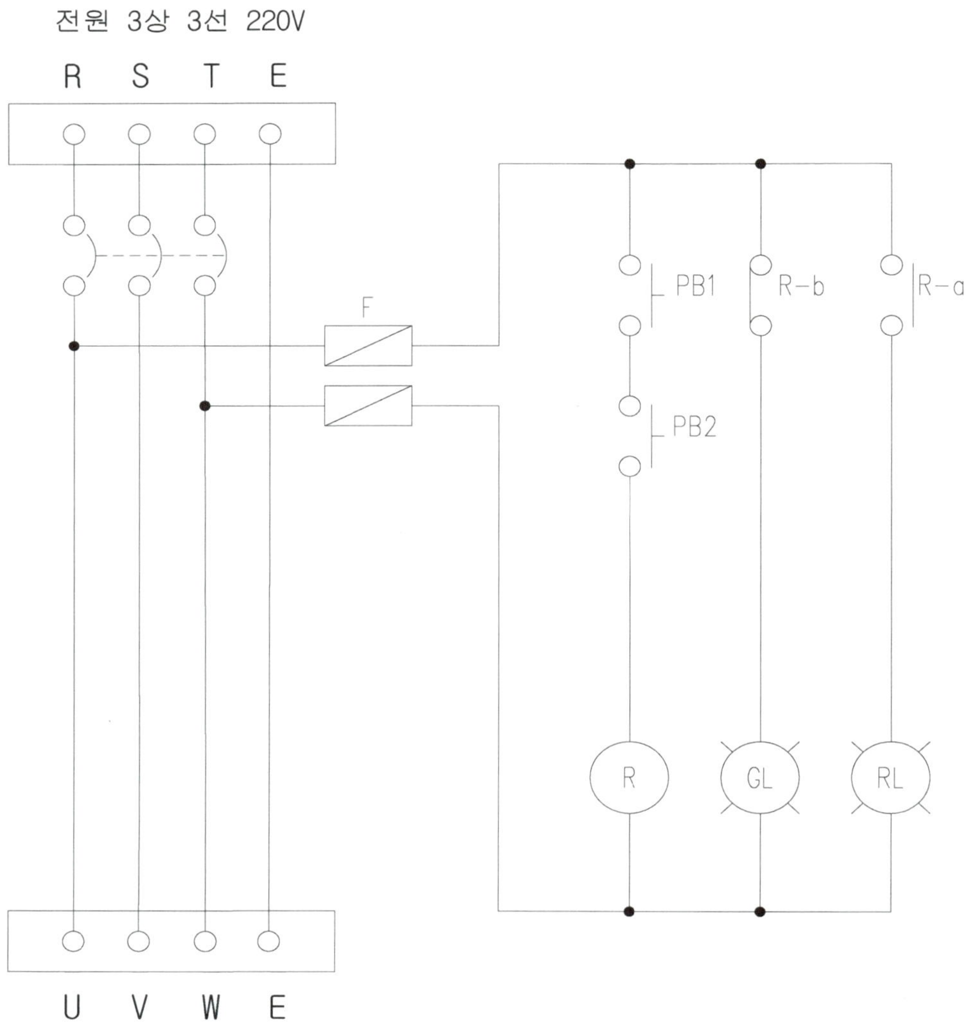

5) 실제 배선도

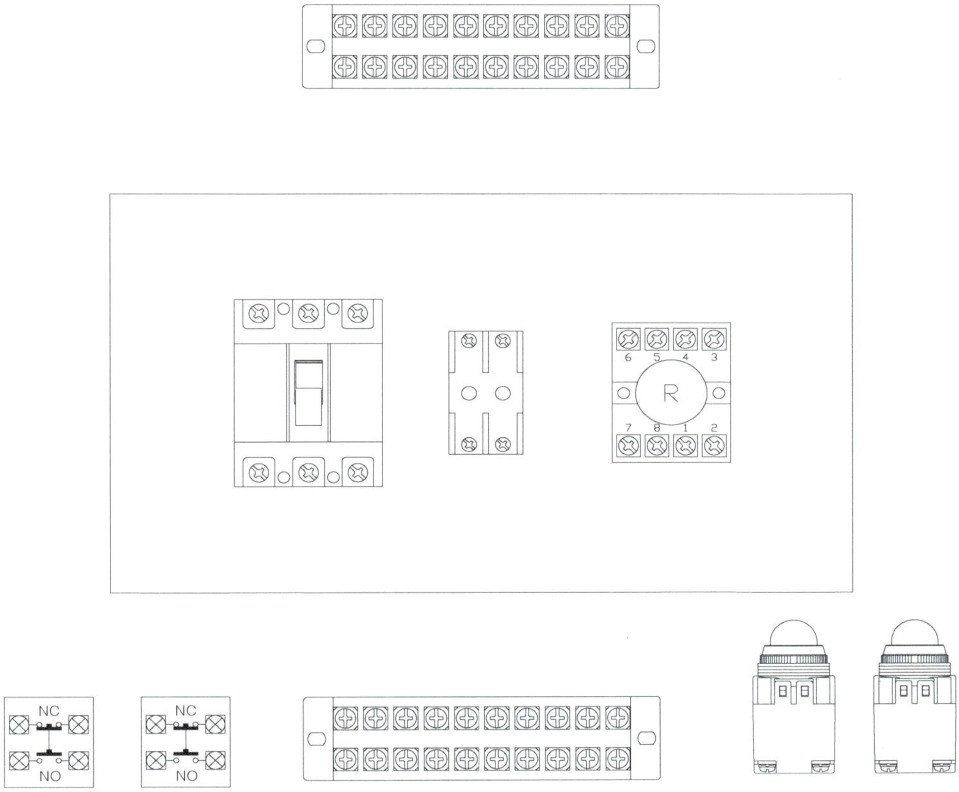

5 병렬회로(OR 회로)

1) 기능

병렬회로는 여러 개의 입력신호 중 하나 또는 그 이상의 신호가 ON 되었을 때 출력을 내는 회로이다. OR 회로라고도 한다.

2) 동작 설명

① 전원을 투입하고 스위치 PB1, PB2 모두 누르지 않았을 때 : 릴레이 코일 R에 전류가 흐르지 않으므로 릴레이가 소자된 상태이다. 적색 램프(RL)는 a접점이 열려 소등되고, 녹색 램프(GL)은 b접점이 닫혀 점등된다.

② 스위치 PB1만 눌렀을 때 : 릴레이 코일 R이 여자되고 릴레이 코일 R의 a접점이 닫히고 표시등 RL 점등, GL은 b접점이 열려 소등된다.

③ 스위치 PB2만 눌렀을 때 : 릴레이 코일 R이 여자되고 릴레이 코일 R의 a접점이 닫히고 표시등 RL 점등, GL은 b접점이 열려 소등된다.

④ 스위치 PB1, PB2 모두 눌렀을 때 : 릴레이 코일 R이 여자되고 릴레이 코일 R의 a접점이 닫히고 표시등 RL이 점등되고, GL은 b접점이 열려 소등된다.

3) 타임 차트

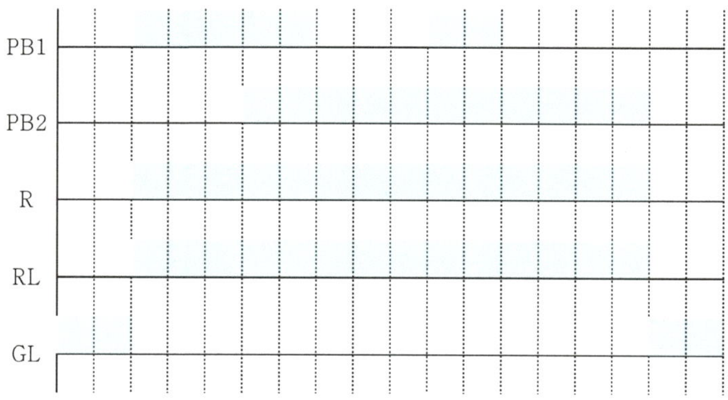

4) 시퀀스 제어 회로도

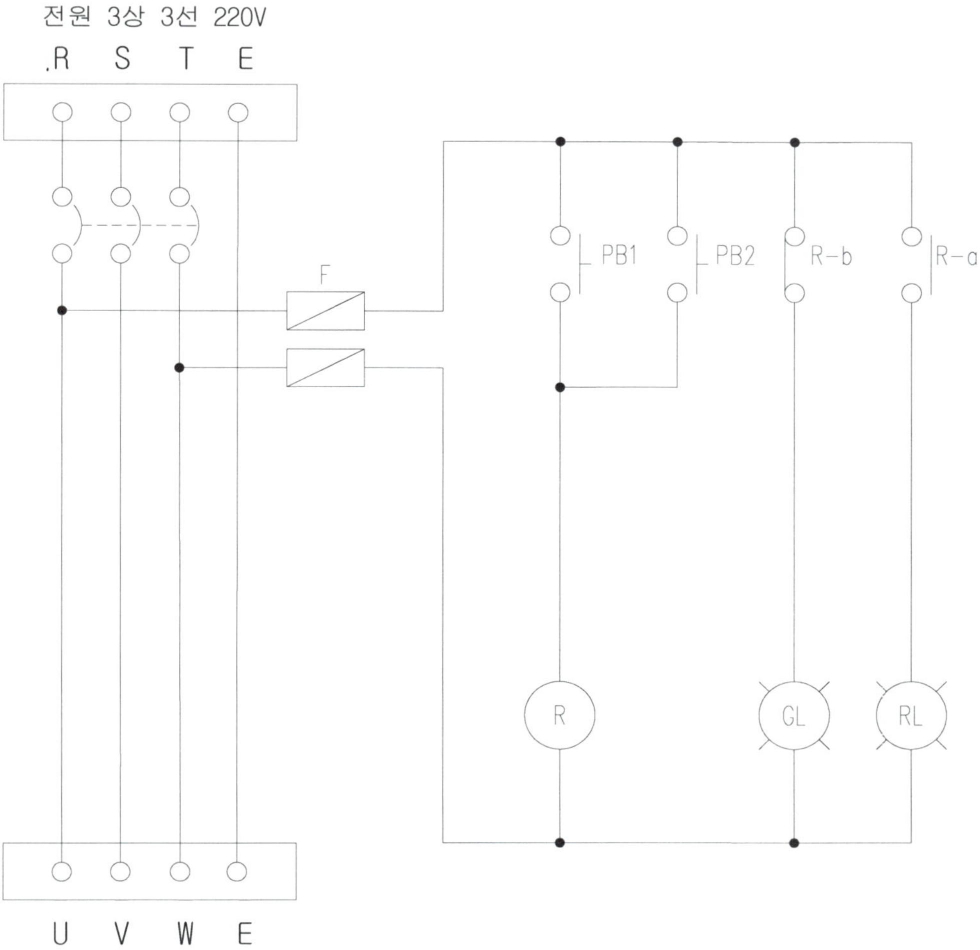

5) 실제 배선도

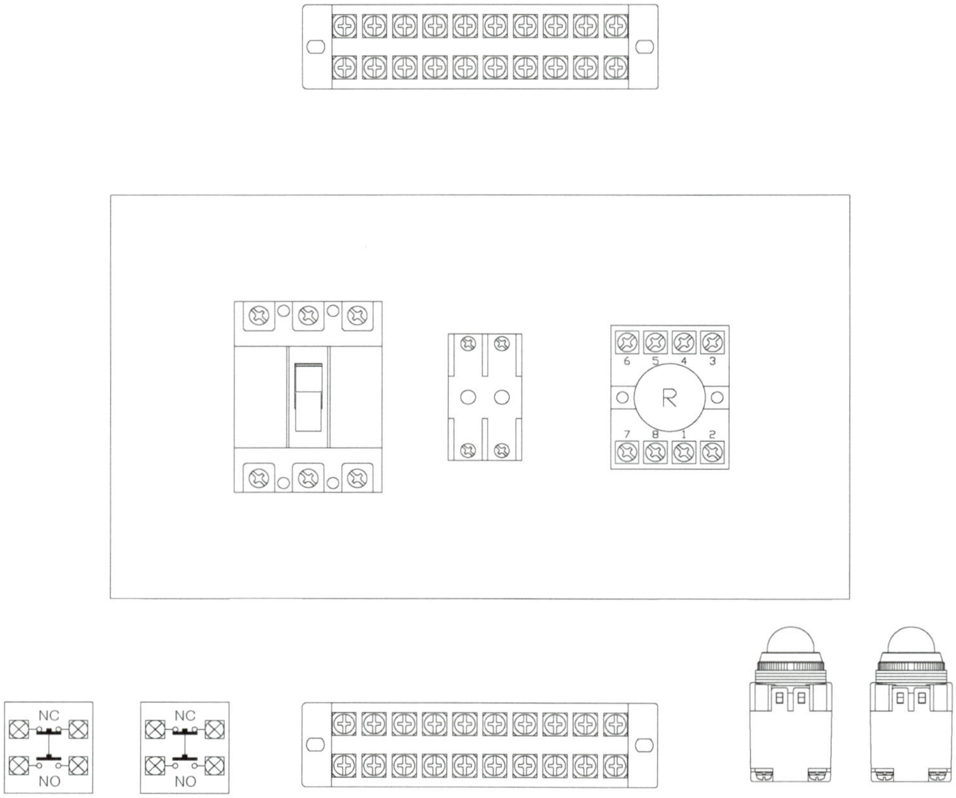

6 자기유지회로

1) 기능

릴레이 자신의 접점을 이용하여 릴레이 코일에 전원을 인가하지 않더라도 릴레이가 계속 동작을 유지하게 하는 회로이다. 스위치를 누르면 릴레이가 여자되어 병렬로 접속된 릴레이 a접점이 닫히고, 이때 스위치에서 손을 떼어 누르지 않더라도 a접점에 의해 릴레이 코일에 계속해서 전류가 흘러 동작이 계속 유지되는 회로이다.

2) 동작 설명

① 전원 투입 후 스위치 PB1, PB2을 누르지 않았을 때 : PB1이 열려 있어 릴레이 코일에 전류가 흐르지 않아 릴레이가 소자되고, 녹색 램프(GL) 점등, 적색 램프(RL) 소등한다.

② 스위치 PB1을 누를 때 : PB1이 닫혀 릴레이 코일 R이 여자되고, 릴레이 코일 R-a접점이 닫히고, R-b 접점은 열린다. GL 소등, RL 점등된다.

② 스위치 PB1에서 손을 뗐을 때 : PB1이 열려 있어도 병렬로 연결된 릴레이 코일 R-a접점이 닫혀 릴레이 코일에는 계속 전류가 흘러 동작이 유지된다.

③ 스위치 PB2을 누를 때 : 릴레이 코일 R이 소자되어 초기 상태 GL은 점등되고, RL은 소등된다.

3) 타임 차트

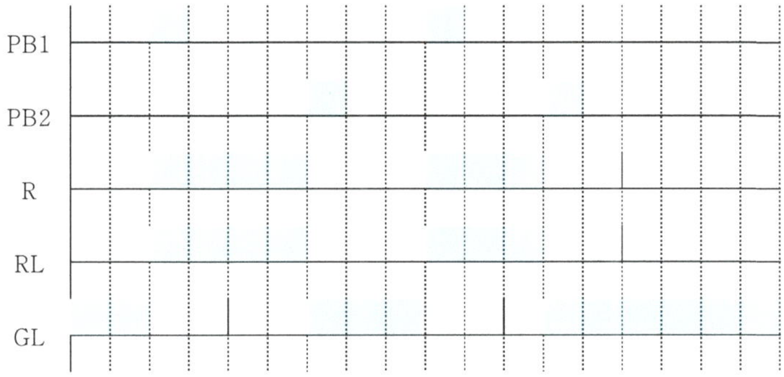

4) 시퀀스 제어 회로도

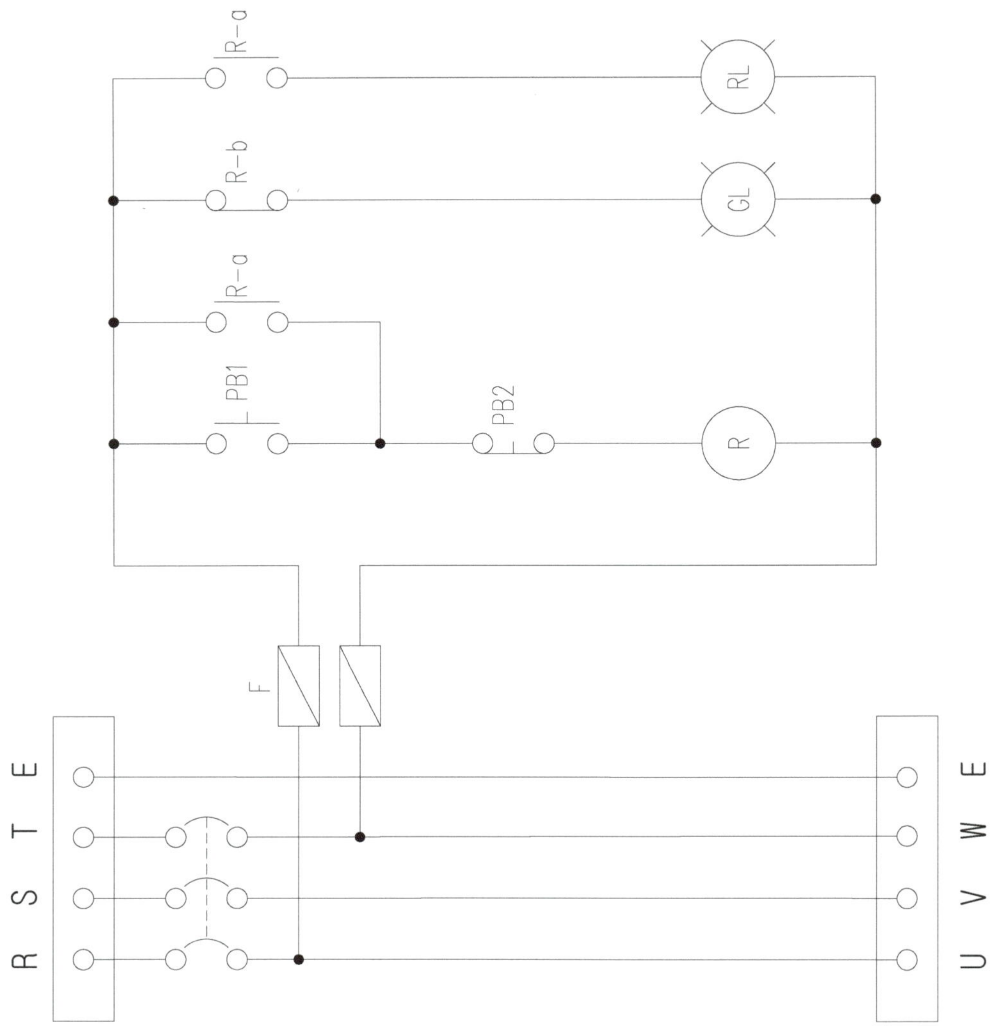

5) 실제 배선도

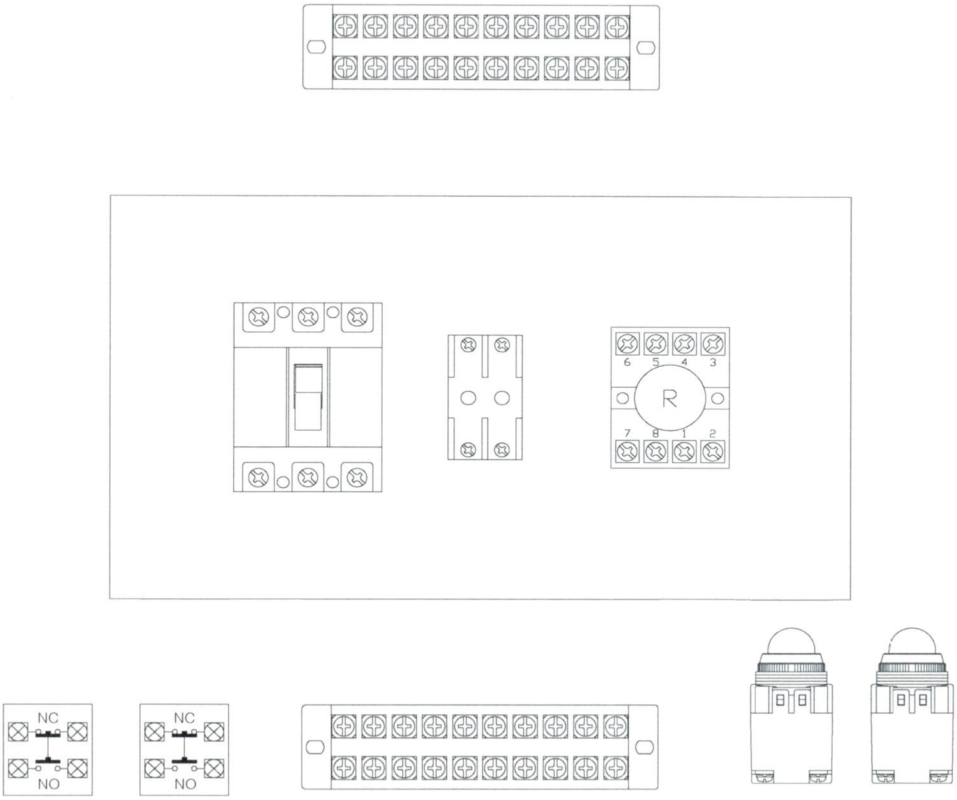

7 인터록(interlock) 회로 - 선 입력 우선회로

1) 기능

인터록 회로인 선 입력 우선회로는 릴레이의 b접점을 상대측 회로에 직렬로 연결하여 어느 한 릴레이가 동작 중일 때에는 관련된 다른 릴레이는 동작할 수 없도록 규제한 회로이다. 이와 같이 기기의 보호나 작업자의 안전을 위해서 기기의 동작 상태를 나타내는 접점을 이용하여 관련된 기기의 동작을 금지하는 회로를 인터록 회로라 하며, 다른 말로 선행 동작 우선회로 또는 상대 동작 금지회로라고도 한다.

2) 동작 설명

① 전원 투입 후 모든 스위치를 누르지 않았을 때 : PB1, PB2가 열려 있으므로 릴레이 R1, R2가 소자되고, 램프 GL, RL은 소등된다.

② PB1을 누를 때 : 릴레이 코일 R1이 닫혀 램프 GL 점등

③ PB1 OFF 했을 때 : 릴레이 코일 R1이 자기 유지 상태로 GL은 점등 유지

④ GL 점등 상태에서 PB2를 ON 해도 변화 없이 GL은 점등 유지

⑤ PB3 눌렀다 뗐을 때 : GL 소등되고, 초기 상태

⑥ PB2을 눌렀다 뗐을 때 : RL 점등, 자기 유지되어 점등 유지

⑦ RL 점등 상태에서 PB1을 ON 해도 변화 없이 RL 점등 유지

⑧ PB3 눌렀다 뗐을 때 : RL 소등되고, 초기 상태

※ 선 입력에 동작하고 후 입력에는 동작하지 않는 선입력 우선회로

3) 타임 차트

4) 시퀀스 제어 회로도

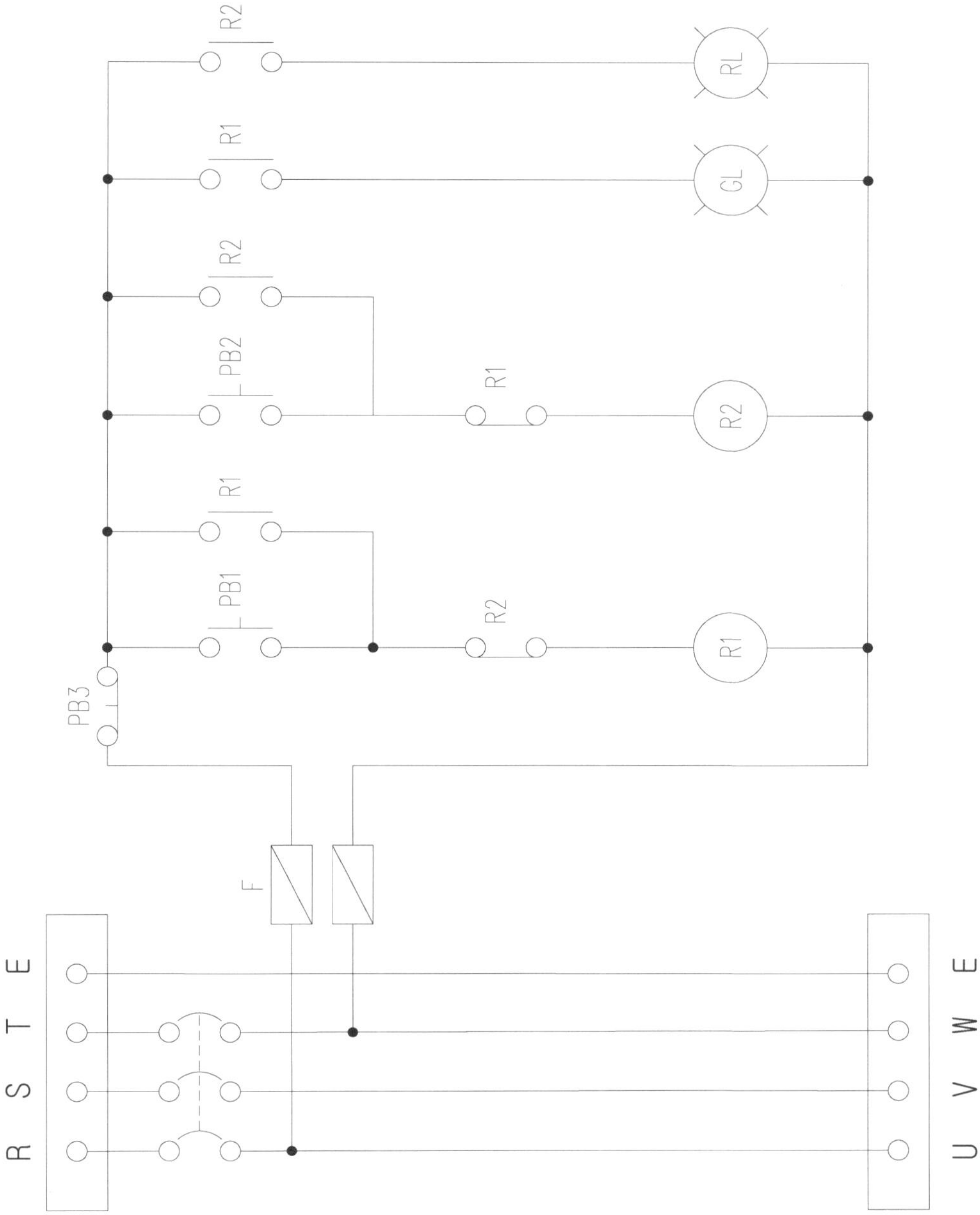

5) 실제 배선도

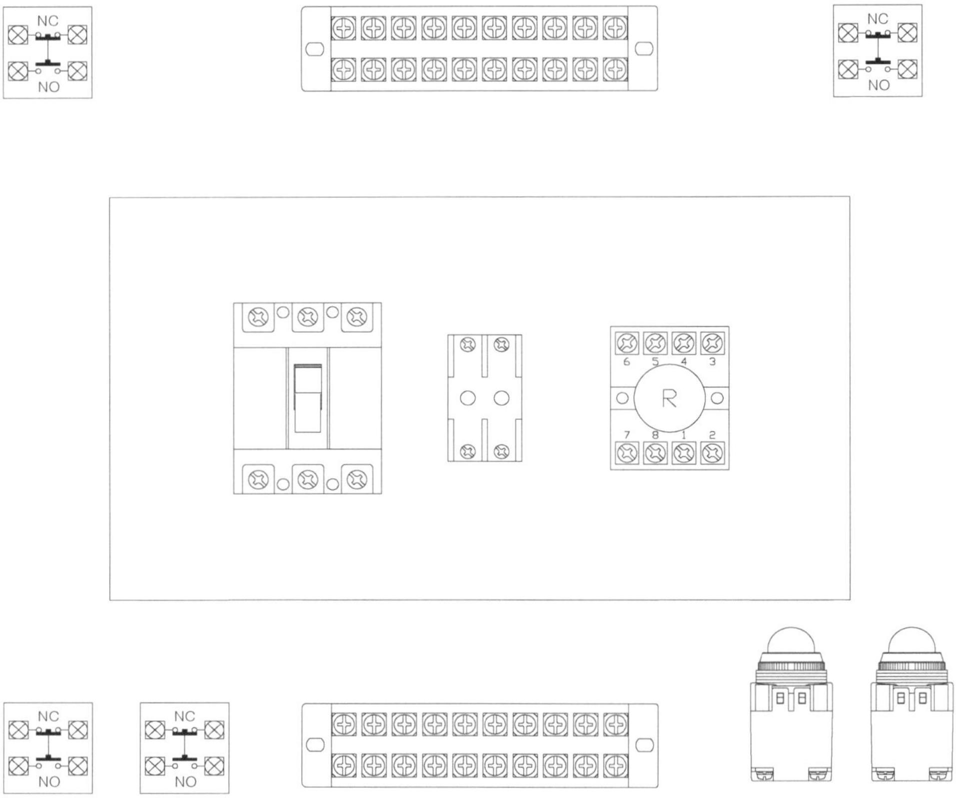

8 인터록(interlock) 회로 - 후 입력 우선회로

1) 기능

동작이 실행 중일 때 후 입력에 우선으로 동작하는 회로이다. 우선 동작하고 있는 회로를 정지시킨 다음에 후 입력에 의해 회로를 동작하게 하는 회로이다. 인터록 회로인 후 입력 우선회로는 스위치의 b접점을 상대측 회로에 직렬로 연결하여 구성된다.

2) 동작 설명

① 전원 투입 후 모든 스위치를 누르지 않았을 때 : PB1, PB2가 열려 있으므로 릴레이 R1, R2가 소자되고, 램프 GL, RL 소등

② PB1을 누를 때 : 릴레이 코일 R1이 닫혀 램프 GL 점등

③ PB1 OFF 했을 때 : 릴레이 코일 R1이 자기 유지 상태로 GL 점등 유지

④ GL 점등 상태에서 PB2를 눌었을 때 : GL 소등, RL 점등

⑤ PB3 눌렀다 뗐을 때 : 초기 상태

⑥ PB2를 눌렀다 뗐을 때 : RL 점등, 자기 유지되어 점등 유지

⑦ RL 점등 상태에서 PB1을 눌렀을 때 : RL 소등, GL 점등

⑧ PB3 눌렀다 뗐을 때 : 초기 상태

※ 후 입력에 동작 우선하는 후입력 우선회로

3) 타임 차트

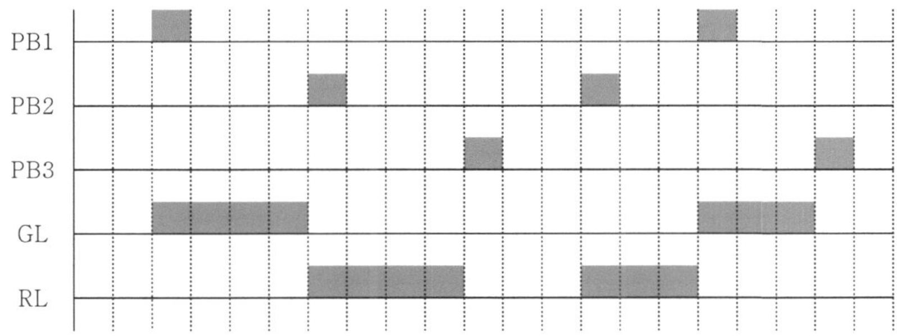

4) 시퀀스 제어 회로도

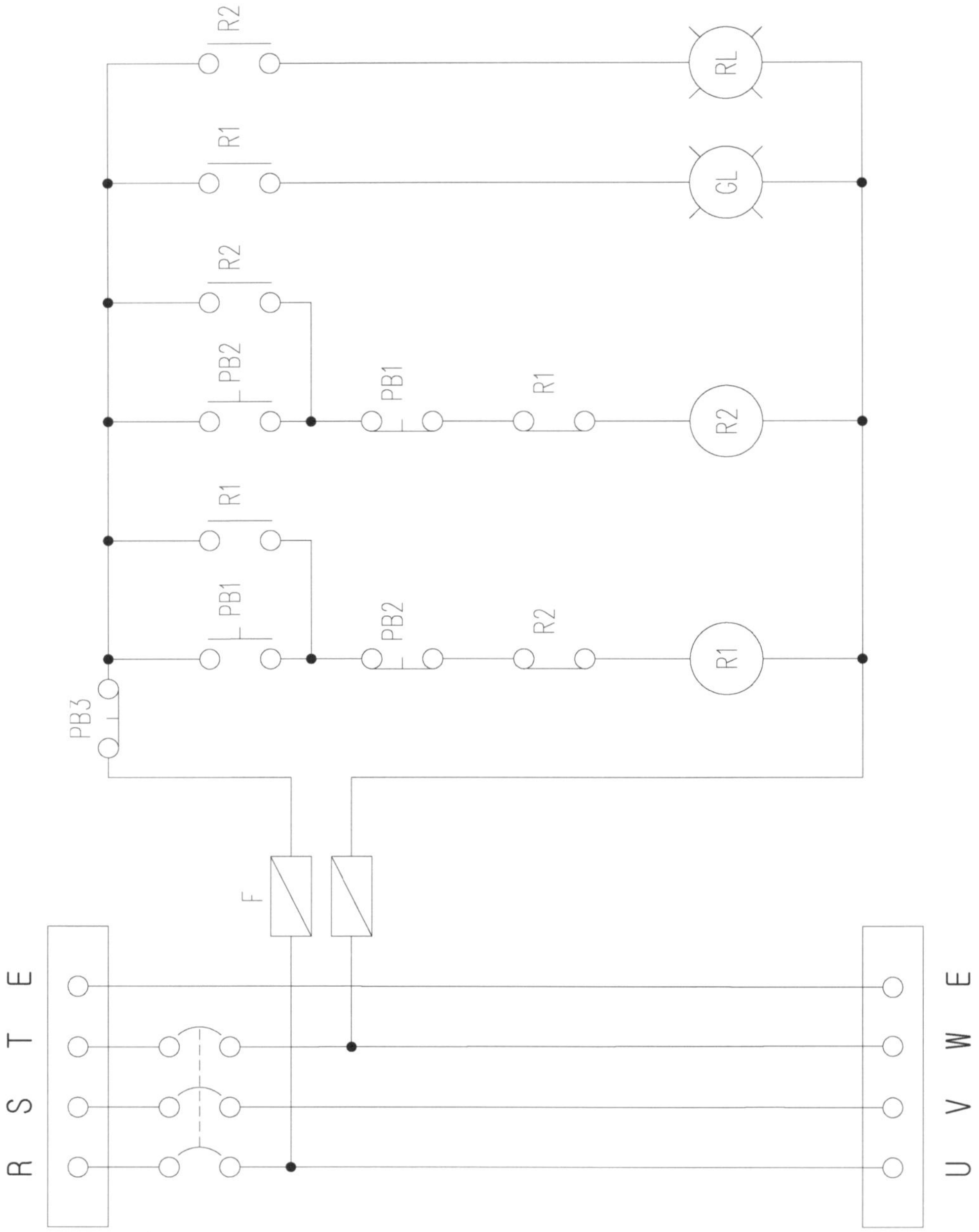

5) 실제 배선도

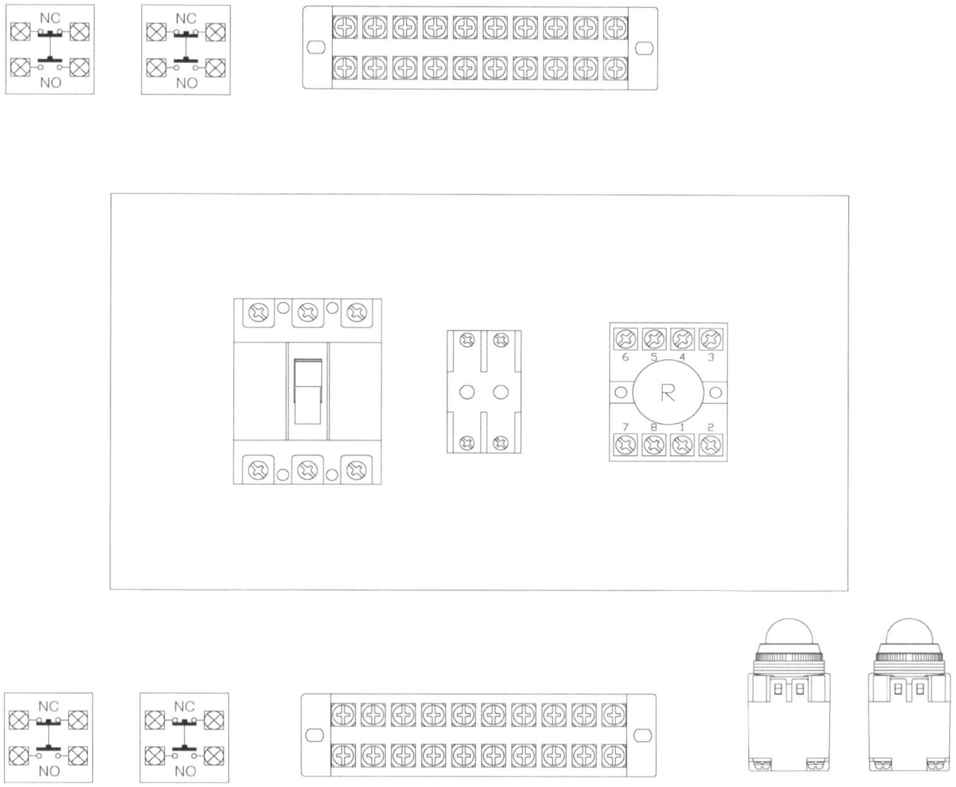

9 타이머 회로 - ON delay 회로(한시 동작 순시 복귀)

1) 기능

입력신호를 준 후에 즉시 출력이 나타나지 않고 설정된 시간이 지난 후 늦게 출력이 나타나도록 동작되는 회로를 시간 지연회로라 한다. 시간 지연회로에는 ON delay 회로와 OFF delay 회로가 있다. ON delay 회로는 입력 신호를 주면 순시적으로 출력되지 않고 일정한 시간만큼 지난 후 출력이 나타나고 입력신호가 없으면 순시적으로 복귀되는 시간 지연회로이다.(한시동작순시복귀회로)

2) 동작 설명

① 전원 투입 후 모든 스위치를 누르지 않았을 때 : PB1이 열려 있어 타이머 T 소자로 a접점은 열리고, b접점은 닫혀 램프 RL 소등, GL 점등

② PB1을 누른 후 뗐을 때 : 타이머 코일에 전류가 흘러 타이머 T 여자되고, 순시 a접점에 의해 자기 유지회로가 된다. 타이머 T의 설정 시간이 지난 후 한시 동작 a접점이 닫히고, b접점이 열려 RL 점등, GL 소등

③ PB2를 누른 후 뗐을 때 : 타이머 코일에 전류가 흐르지 않아 타이머 T가 소자되고, 순시적으로 a접점은 열리고, b접점은 닫혀서 RL 소등, GL 점등

3) 타임 차트

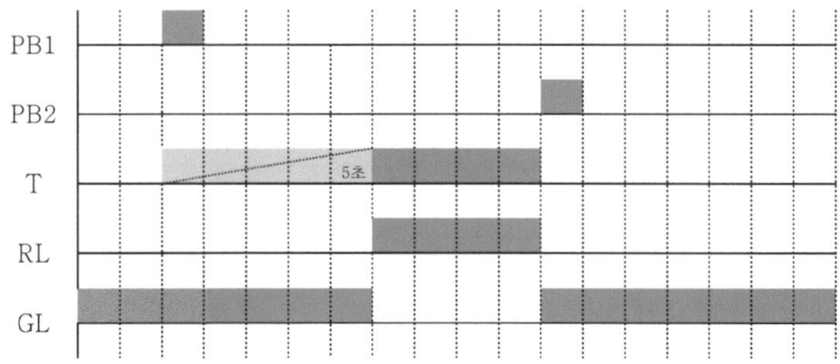

4) 시퀀스 제어 회로

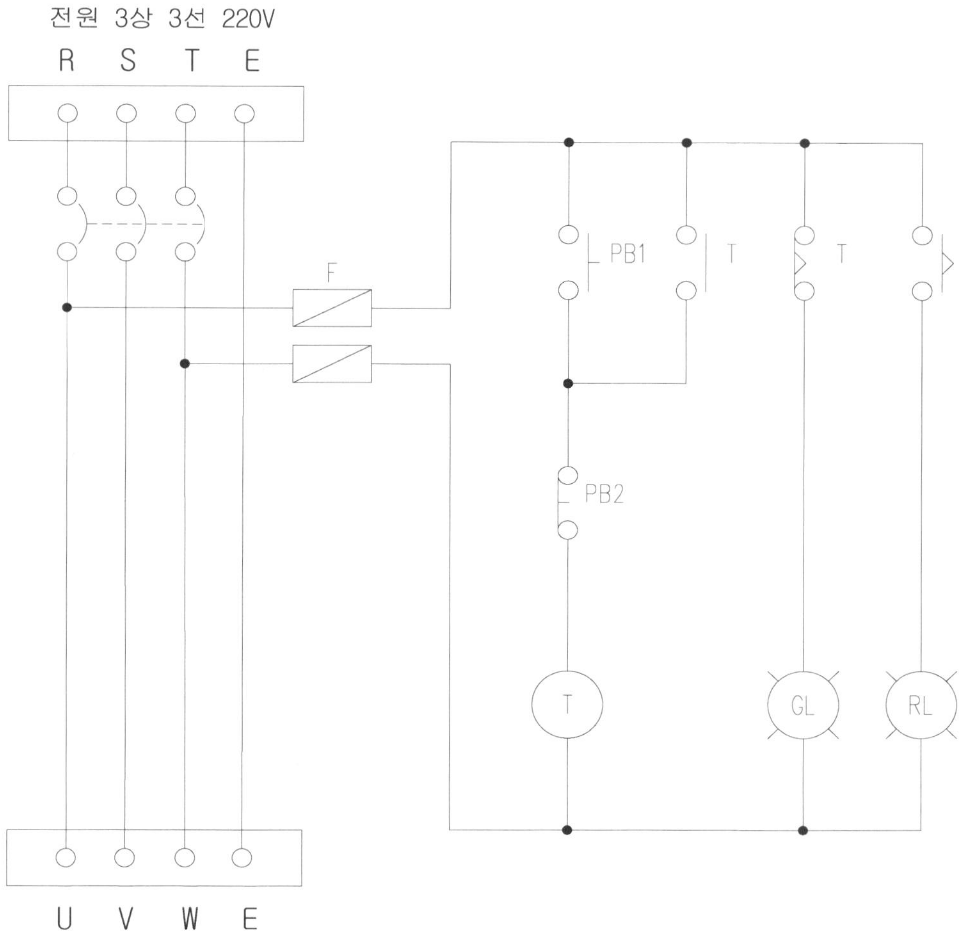

5) 실제 배선도

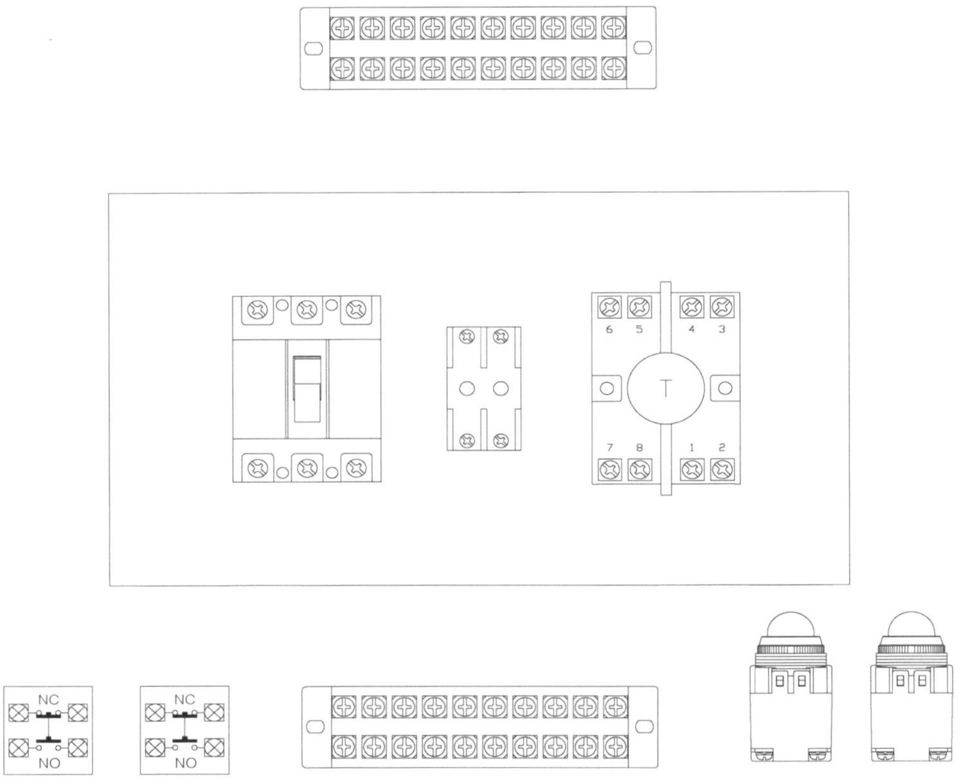

10 타이머 회로 - OFF delay 회로(순시 동작 한시 복귀)

(OFF delay 타이머의 a접점을 이용)

1) 기능

OFF delay 회로는 입력신호를 주면 순시적으로 출력되고 복귀신호를 주면 순시적으로 복귀되지 않고 타이머에 설정한 시간이 지난 후 복귀되는 시간 지연회로이다. OFF delay 타이머의 a접점을 이용하는 방법과 ON delay 타이머의 b접점을 이용하여 회로를 구성하는 방법이 있다.

2) 동작 설명

① 전원 투입 후 모든 스위치를 누르지 않았을 때 : PB1이 열려 있어 타이머 T 소자되어 a접점은 열리고, b접점은 닫혀 램프 RL 소등, GL 점등

② PB1을 누른 후 뗐을 때 : 타이머 코일에 전류가 흘러 타이머 T가 여자되고, 순시 a접점에 의해 자기 유지회로가 된다. 타이머 T의 한시 동작 a접점이 닫히고, 한시 동작 b접점이 열려서 RL 점등, GL 소등 상태 유지

③ PB2을 누른 후 뗐을 때 : 타이머 코일에 전류가 흐르지 않아 타이머 T가 소자되어도 계속 작동하다가 설정 시간(5초)이 지나면, 한시 동작 a접점은 열리고, 한시 동작 b접점은 닫혀서 RL 소등, GL은 점등

3) 타임 차트

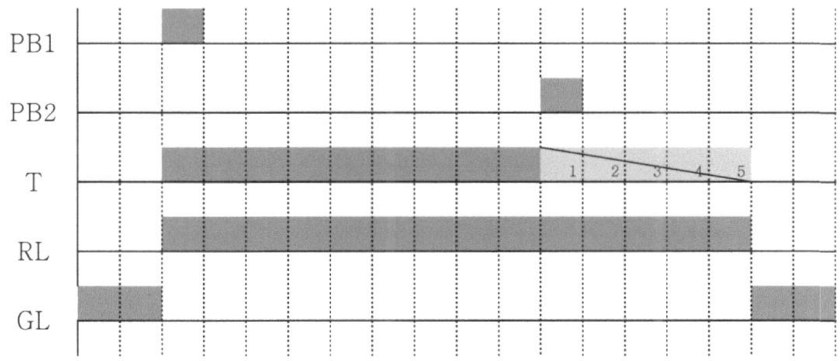

4) 시퀀스 제어 회로도 - 타이머 회로 복귀 지연

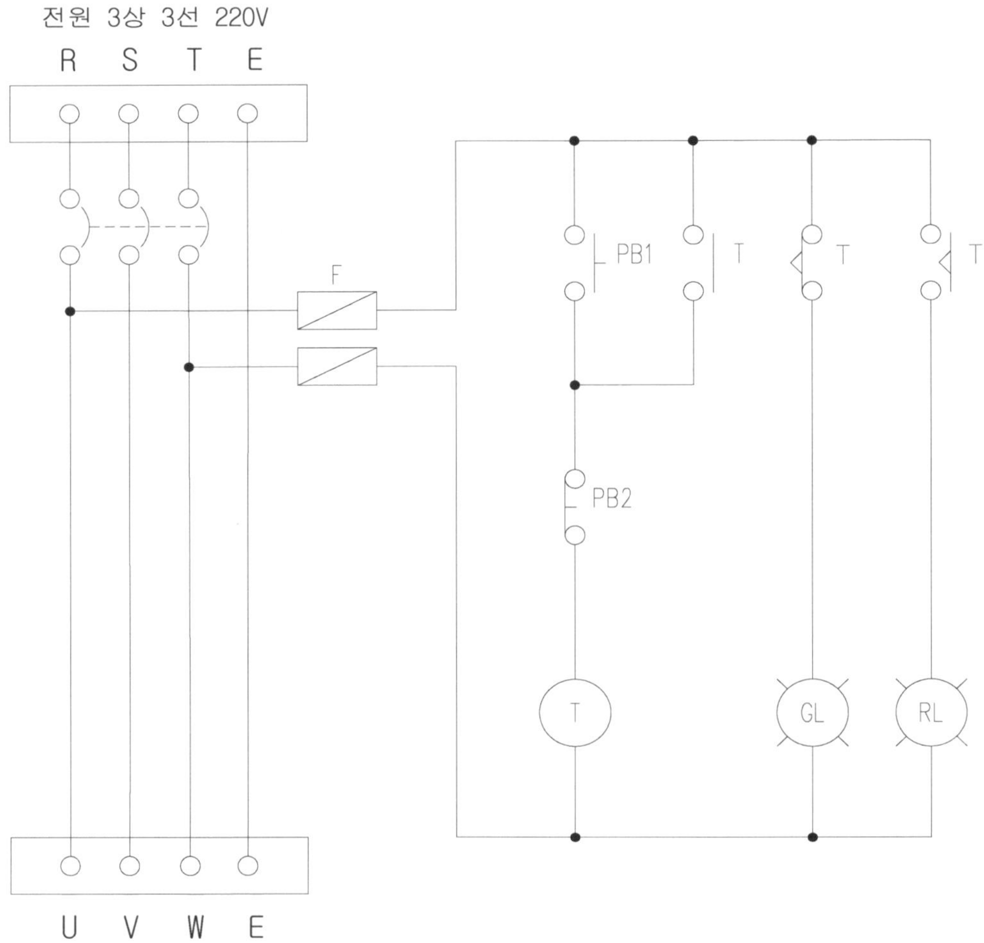

5) 실제 배선도

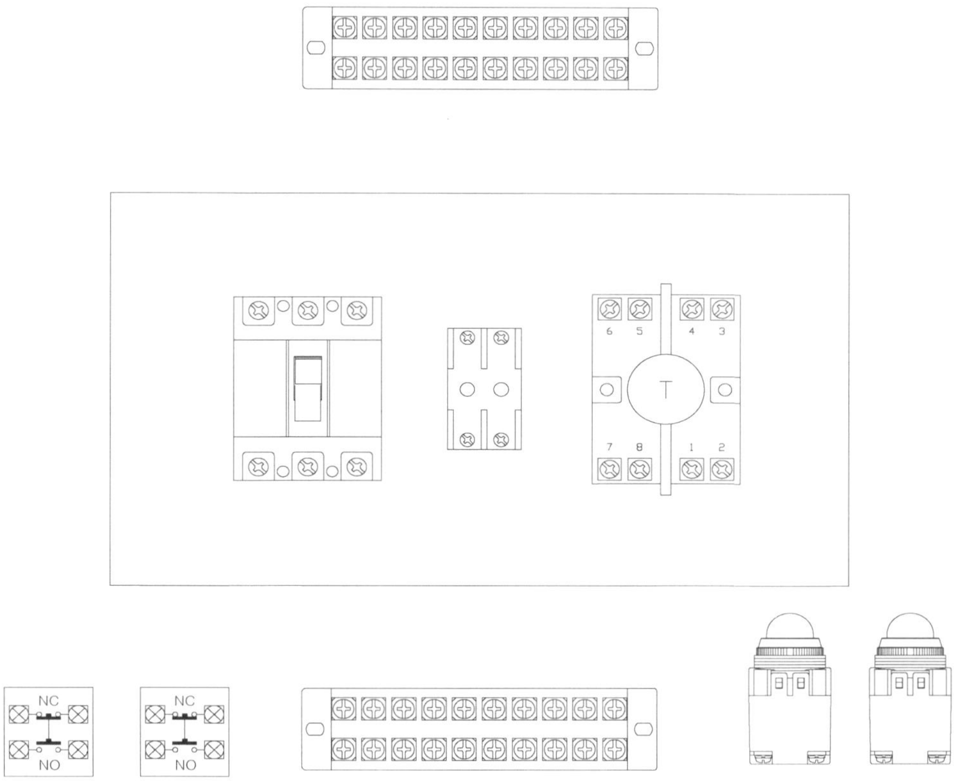

11 OFF delay 회로(순시 동작 한시 복귀)

(ON delay 타이머의 b접점을 이용하는 방법)

1) 기능

입력신호를 주면 순시적으로 출력되고 입력을 제거하는 복귀신호를 주면 순시적으로 복귀되지 않고 계속 출력 상태를 유지 후 타이머에 설정한 시간이 지난 후 작동이 정지하는 회로이다. ON delay 타이머의 b접점을 이용하는 방법이다.

2) 동작 설명

① 전원 투입 후 스위치를 누르지 않았을 때 : PB1과 R의 a접점이 열려 있어 타이머 T와 릴레이 R이 소자된 상태이다. 램프 RL은 소등된다.

② PB1을 누른 후 뗐을 때 : 스위치 PB1의 a접점이 닫혀 릴레이 R은 여자되고, R의 a접점에 의해 자기 유지회로가 된다. 램프 RL은 점등 상태가 유지된다.

③ PB2를 누른 후 뗐을 때 : 스위치 PB2의 a접점이 닫혀 타이머 T가 여자되고 타이머 T의 순시 a접점에 의해 자기 유지회로가 된다. 계속 RL은 점등 상태가 유지하지만 타이머의 설정 시간(5초)이 지난 후에는 타이머 b접점에 의해 타이머 T와 릴레이 R이 소자되어 램프 RL도 소등된다.

3) 타임 차트

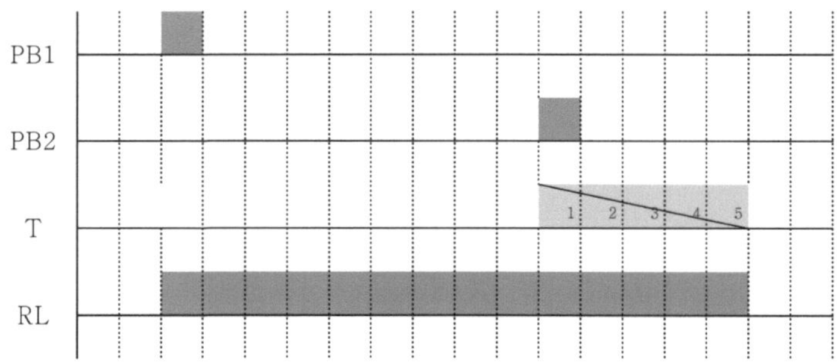

4) 시퀀스 제어 회로도 - 한시 복귀회로

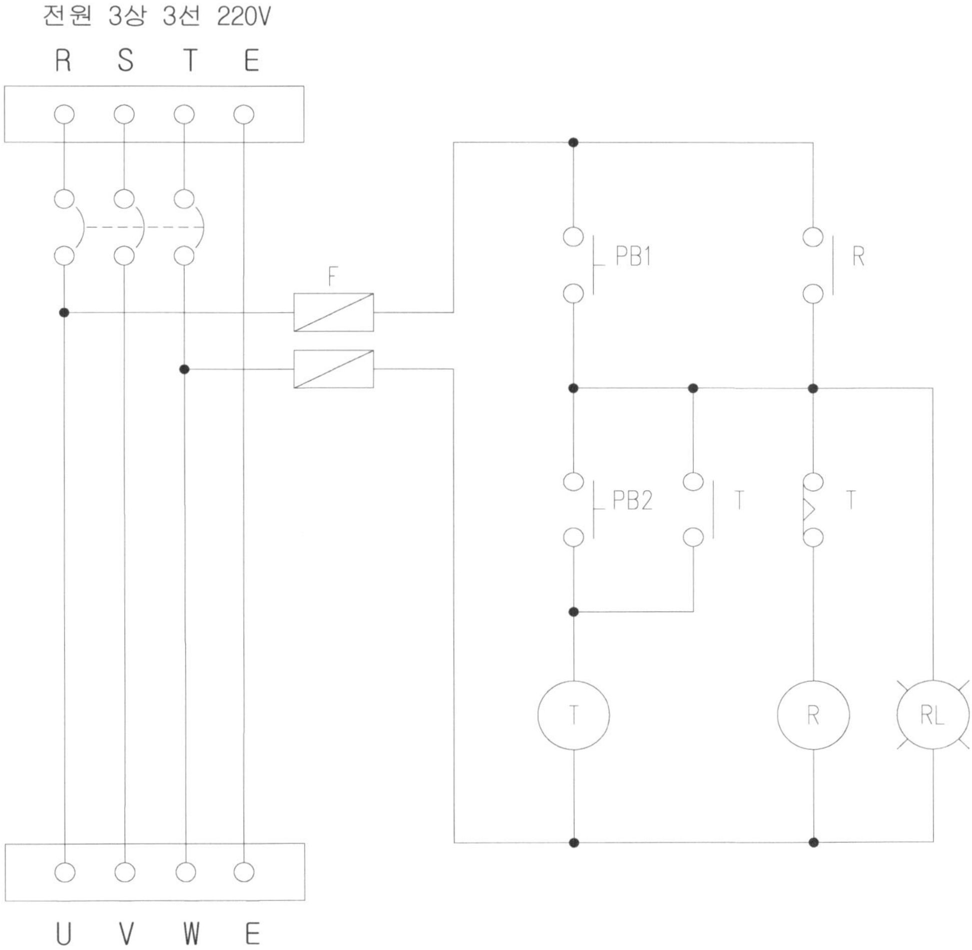

5) 실제 배선도

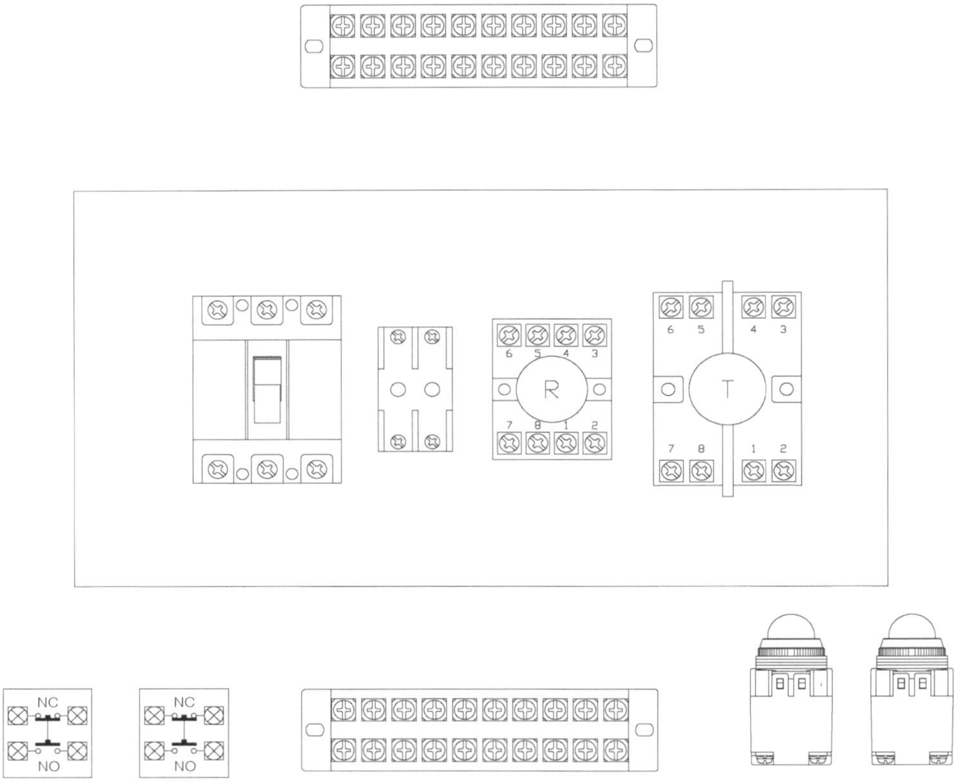

12 타이머 회로 - 일정 시간 동작회로

1) 기능

한 개의 스위치를 사용하여 입력신호를 주면 부하가 동작하기 시작하여 타이머에 설정된 시간이 지난 후 스스로 복귀되는 회로이다. 설정된 시간만큼만 출력을 내는 회로이다.

2) 동작 설명

① 전원 투입 후 스위치를 누르지 않았을 때 : PB1이 열려 있으므로 타이머 T와 릴레이 R이 소자되어 a접점은 열리고, b접점을 닫혀 있게 된다. 램프 RL 소등, GL은 점등된다.

② PB1을 누른 후 뗐을 때 : 타이머 T와 릴레이 R코일에 전류가 흘러 T와 R이 여자되고, R의 a접점에 의해 자기 유지회로가 된다. 릴레이 R의 a접점이 닫히고, b접점이 열려서 RL은 점등, GL은 소등 상태를 유지한다. 타이머의 설정 시간(5초)이 지난 후에는 타이머 T의 한시 b접점이 열려 타이머 T와 릴레이 R이 소자된다. 램프 RL은 소등, GL은 점등된다.

3) 타임 차트

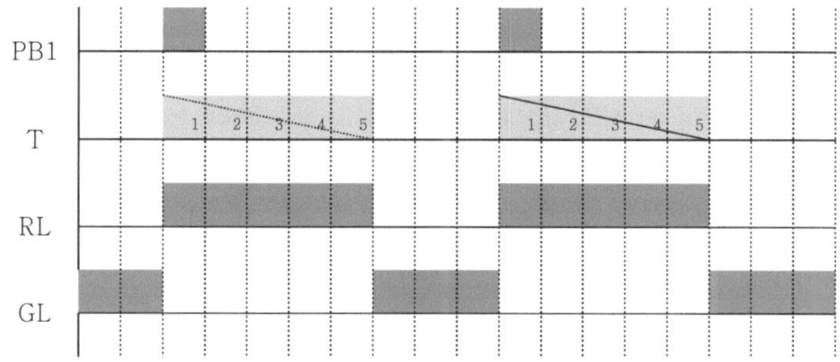

4) 시퀀스 제어 회로도

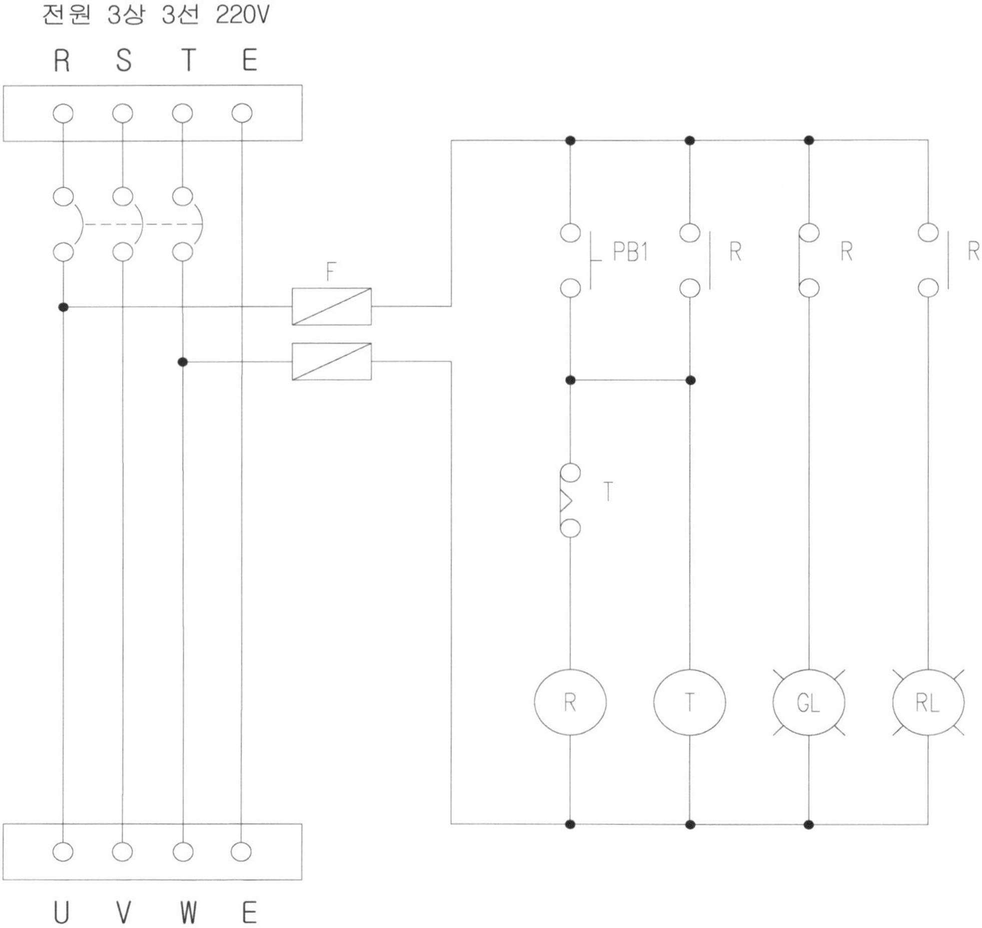

5) 실제 배선도

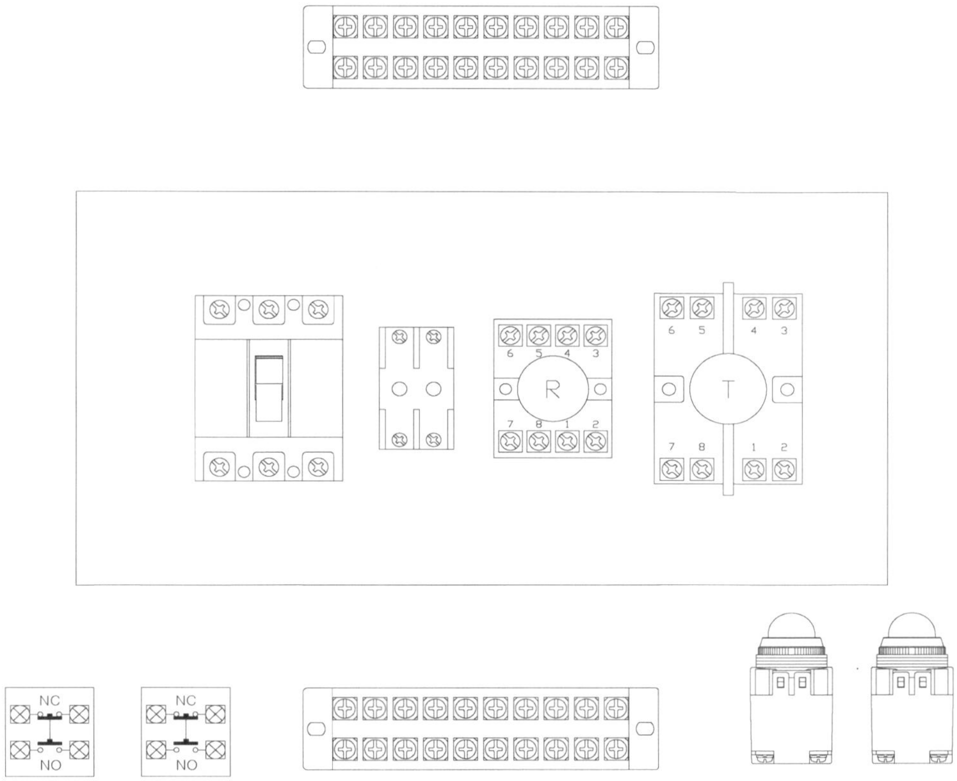

13 순차 동작 제어회로

1) 기능

순차 동작 제어회로는 순차적으로 작동이 요구되는 컨베이어 장치나 동작 순서가 어긋나면 안 되는 기계적인 장치에 적용이 가능하다. 정해진 순서에 의해서만 동작하고, 그 순서가 틀리는 경우에는 동작이 되지 않은 회로이다.

2) 동작 설명

① 전원 투입 후 스위치를 누르지 않았을 때 : 모든 스위치 열려 있으므로 모든 릴레이는 소자되어 a접점은 열리고, b접점은 닫힌다. 모든 램프 소등된다.

② PB1을 누른 후 뗐을 때 : 릴레이 코일 R1에 전류가 흘러 동작하고, R1 a접점에 자기 유지회로가 구성되어 계속 동작 유지된다. 램프 GL만 점등된다.

③ PB2를 누른 후 뗐을 때 : 릴레이 코일 R1 a접점이 닫힌 상태에서만 릴레이 코일 R2에 전류가 흘러 동작하고 R2 a접점에 자기 유지회로가 구성되어 계속 동작 유지된다. 램프 GL 점등, RL 점등, YL 소등된다.

④ PB3를 누른 후 뗐을 때 : 릴레이 코일 R1 a접점, R2 a접점이 닫힌 상태에서만 릴레이 코일 R3에 전류가 흘러 동작하고 R3 a접점에 자기 유지회로가 구성되어 계속 동작 유지된다. 램프 GL 점등, RL 점등, YL 점등된다. 릴레이 R3는 R1과 R2가 먼저 동작하지 않으면 동작하지 않는다.

⑤ PB4를 누른 후 뗐을 때 : 릴레이 R1, R2, R3가 모두 소자된다. 램프 GL 소등, RL 소등, YL 소등된다.

3) 타임 차트

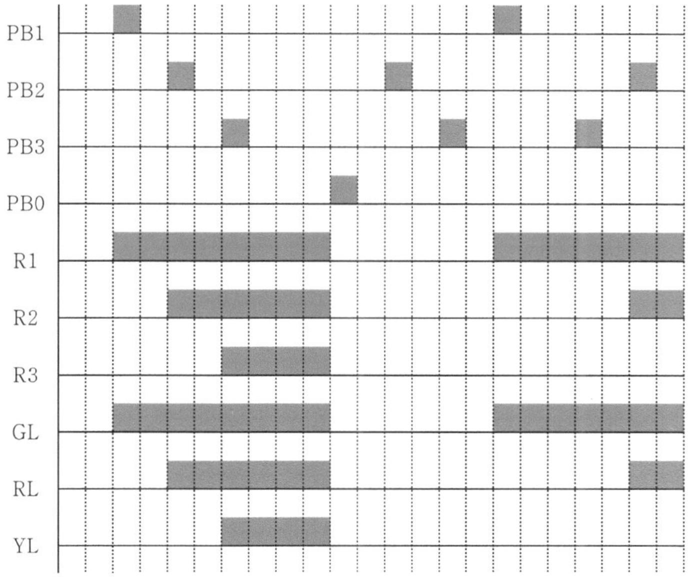

4) 시퀀스 제어 회로도

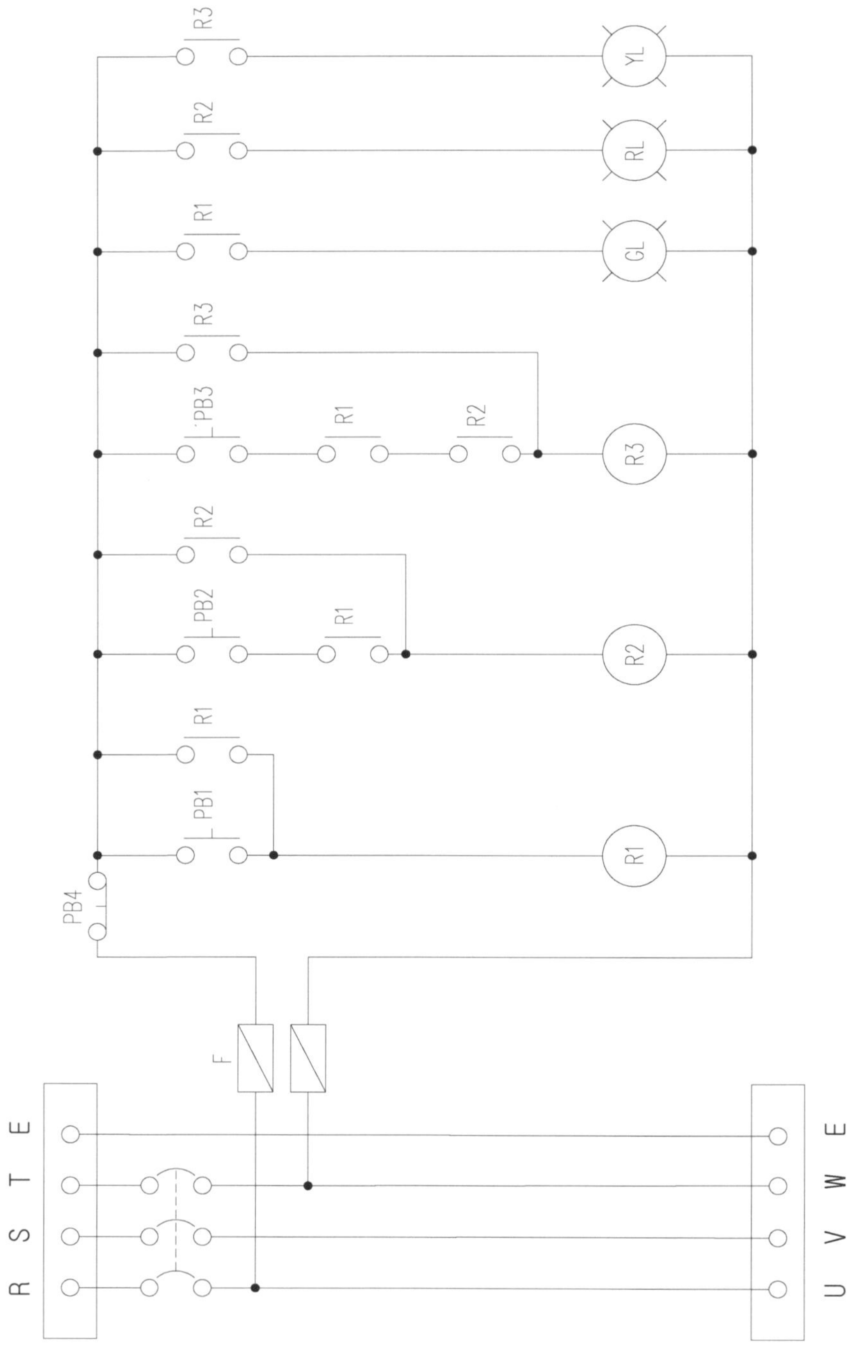

5) 실제 배선도

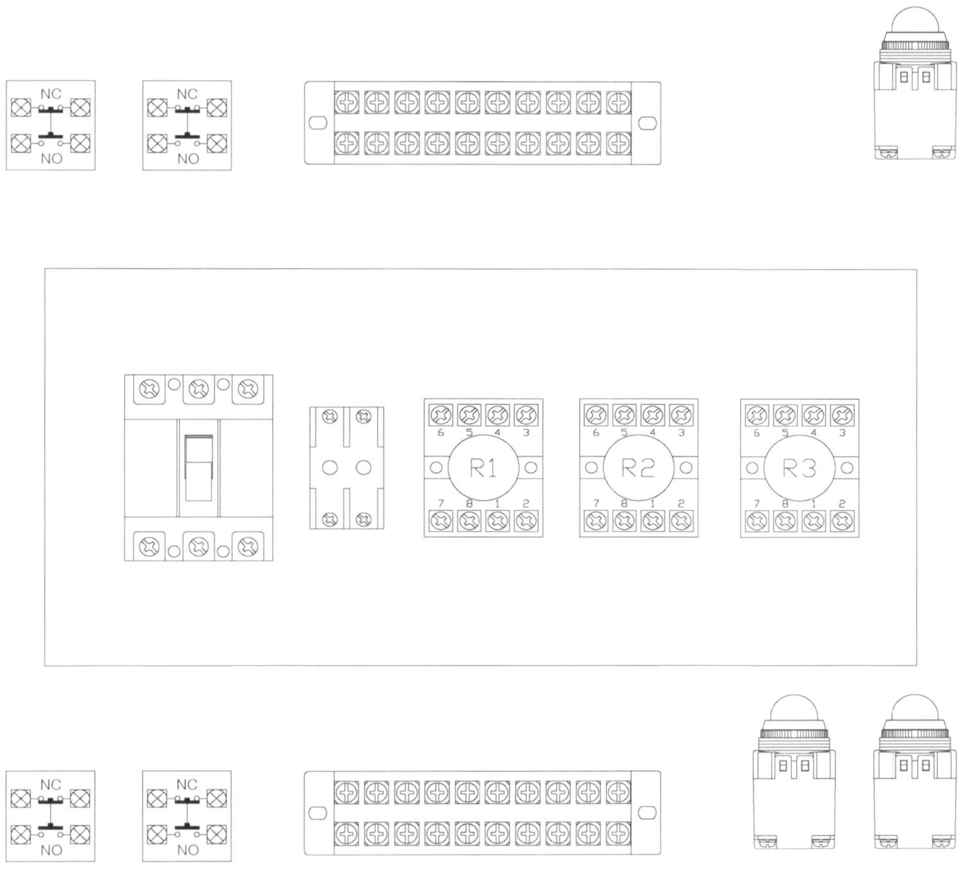

14 전동기회로 - 유도전동기 전전압 기동회로

1) 유도전동기 전전압 기동법 또는 직입 기동법

3상 유도전동기의 전전압 기동회로는 소형 전동기를 운전할 때 전동기에 별도의 기동장치를 사용하지 않고 직접 정격 전압을 인가하여 기동하는 방법이다.

▷ 특징

- 5[kW] 이하의 소용량 농형 유도 전동기에 적용한다.
- 기동 전류가 정격 전류의 4~6배 정도 흐르지만 용량이 작고 짧은 시간이라 무리 없이 사용하고 있다.
- 기동 토크가 커서 기동 시간이 짧다.

▷ 단점

- 기동 전류가 크고 전압 강하의 원인이 된다

2) 동작 설명

① 전원 투입 후 스위치를 누르지 않았을 때 : 정지 램프 GL 점등

② 기동 버튼 스위치 PB1을 누른 후 뗐을 때 : 전자개폐기(MC)가 여자되어 자기 유지되면서 주회로 MC 접점이 닫혀 전전압으로 전동기는 정상적으로 기동된다. 동시에 운전 램프 RL 점등, 정지 램프 GL 소등

③ 정지 버튼 버튼 스위치 PB2를 누른 후 뗐을 때 : 전자 개폐기(MC)가 소자되고 전동기는 정지된다. 동시에 운전 램프 RL 소등, 정지 램프 GL 점등

④ 과전류계전기는 전동기에 과부하가 흐르면 회로를 차단하고 전동기의 소손을 방지한다.

⑤ 표시등 GL은 전동기 정지 시에 점등되며, 표시등 RL은 전동기 기동시 점등된다.

3) 시퀀스 제어 회로도

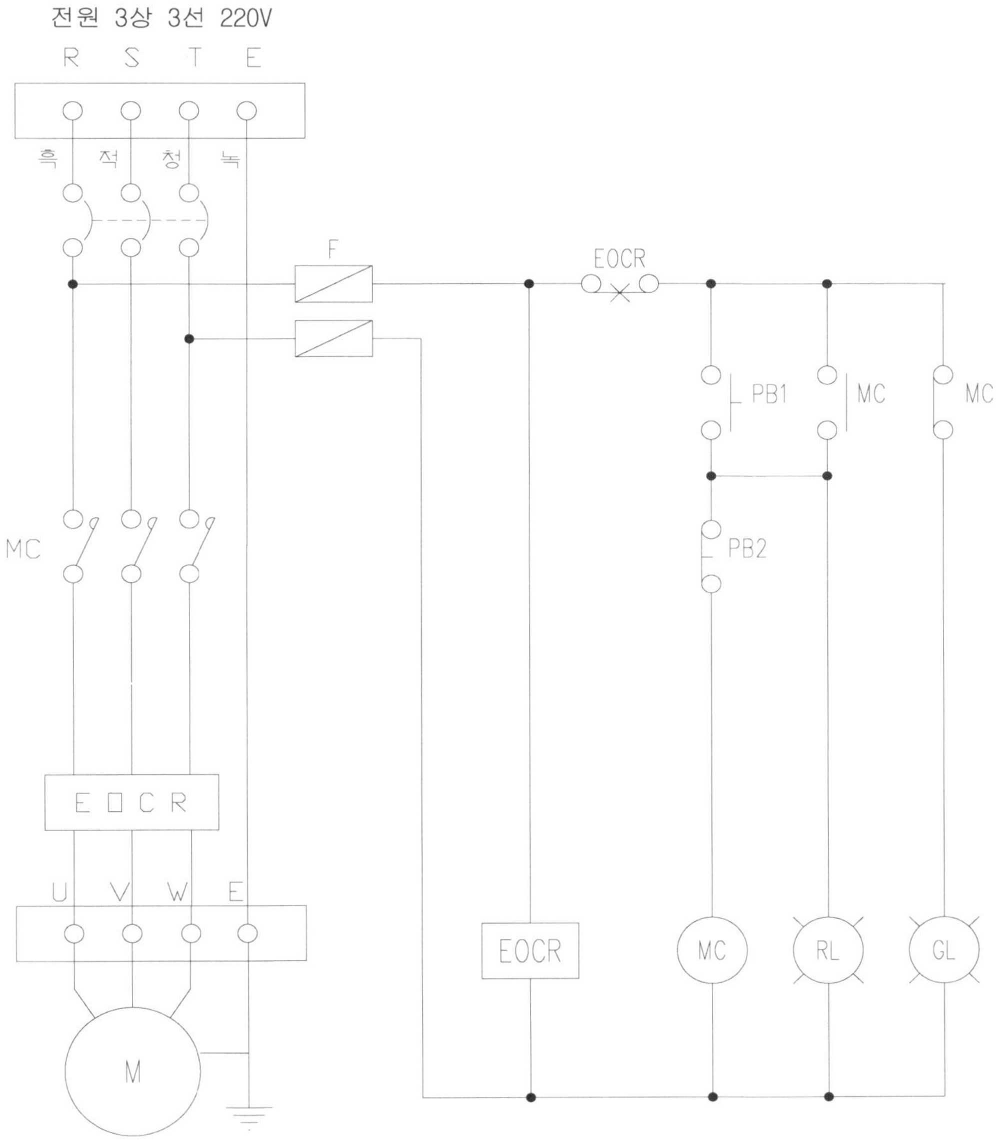
전원 3상 3선 220V
R S T E
흑 적 청 녹
F
EOCR
PB1
MC
MC
MC
PB2
E O C R
U V W E
M
EOCR
MC
RL
GL

4) 실제 배선도

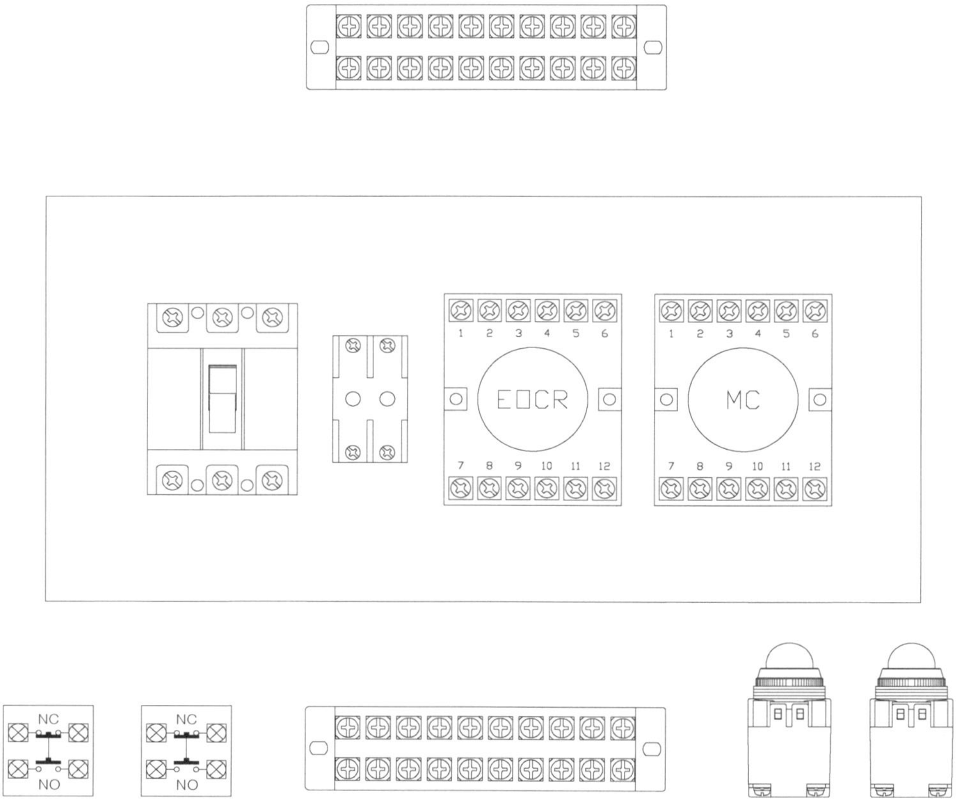

15 전동기회로 - 유도전동기 $Y-\triangle$ 기동회로

1) 3상 유도전동기 $Y-\triangle$ 기동회로

전동기의 기동전류를 줄이기 위하여 Y결선(스타결선)으로 기동하고, 기동이 끝나면 Δ결선으로 운전하는 방법이다. 큰 기동전류로 인해 전전압 기동이 곤란할 때에 고정자의 3상 권선을 먼저 전자접촉기에 의하여 Y결선으로 접속한다. 이는 고정자 권선을 $\sqrt{3}$배로 확장하여 전동기의 한 상에는 전원 정격전압보다 $\frac{1}{\sqrt{3}}$배만큼 적은 전압이 걸리게 한다. 기동한 후 회전 속도가 정격 속도의 90% 정도에 가까워지면 기동전류는 감소하게 된다. 이때 고정자 권선을 Δ결선으로 바꾸어 줌으로써 3상 전원이 고정자 3상에 전전압이 공급되게 되는 기동 방식이다.

▷ 특징

- 5~15[kW] 정도의 농형 유도 전동기 기동에 적용한다.
- Y결선으로 기동 시 전기자 권선에 가해지는 전압은 정격전압의 $\frac{1}{\sqrt{3}}$배이므로 Δ결선 기동 시보다 기동전류는 $\frac{1}{3}$배로 감소한다.
- 토크는 전압의 제곱에 비례하므로 기동 토크도 $\frac{1}{3}$로 감소한다.
- 최대 기동전류에 의한 전압 강하를 경감시킬 수 있다.
- 감압기동기로써는 가장 손쉽게 채용하고 있다.

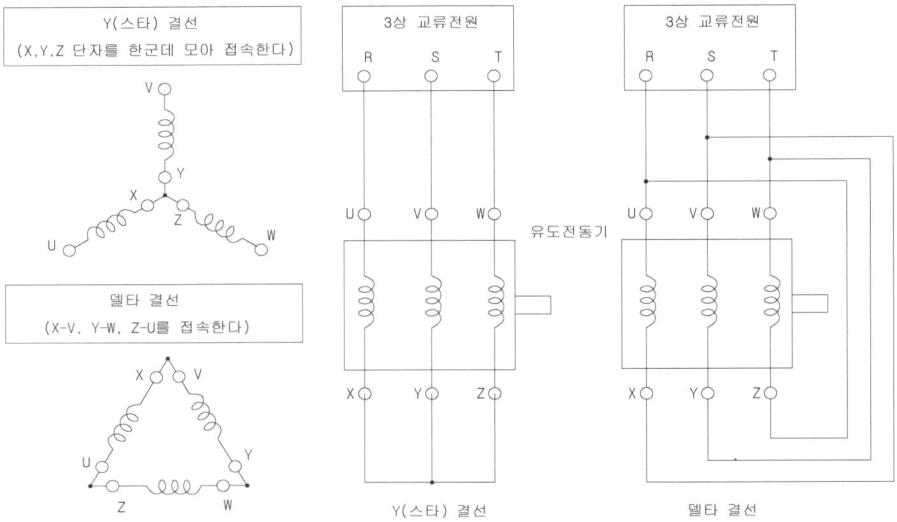

[Y결선(스타결선)과 Δ결선 방법]

2) 동작 설명

① Y결선 기동 : 기동 스위치 PB1을 누르면 MC1이 여자되어 동작이 유지된다. 동시에 타이머 T 여자되면서 T-b, MC3-b접점에 의해 MC2가 여자되고 RL 점등된다. 이때 MC1, MC2가 동작됨으로써 Y결선으로 전동기가 기동하게 된다.

② Δ결선 운전 : 일정 시간 후에 타이머 T-b접점에 의해 회로가 열려서 MC2가 소자된다. 동시에 T-a, MC2-b접점에 의해 MC3 여자되고, GL이 점등된다. 이때 MC1, MC3이 동작됨으로써 Y결선 기동에서 Δ결선으로 변환되어 전동기가 정상 운전하게 된다.

③ 정지 : 정지 스위치 PB0를 누르면 MC1 접점이 열려 전동기가 정지한다.

④ 고장 및 복구 : 운전 중 과부하로 이상 전류가 흐르면 EOCR이 트립되고, MC1이 복귀되어 전동기가 정지된다. 동시에 경보 표시 램프 OL 점등, GL 점등, RL 소등된다. 고장이 회복되면, EOCR 접점이 복귀되어 OL 램프가 소등된다.

3) 시퀀스 제어 회로도

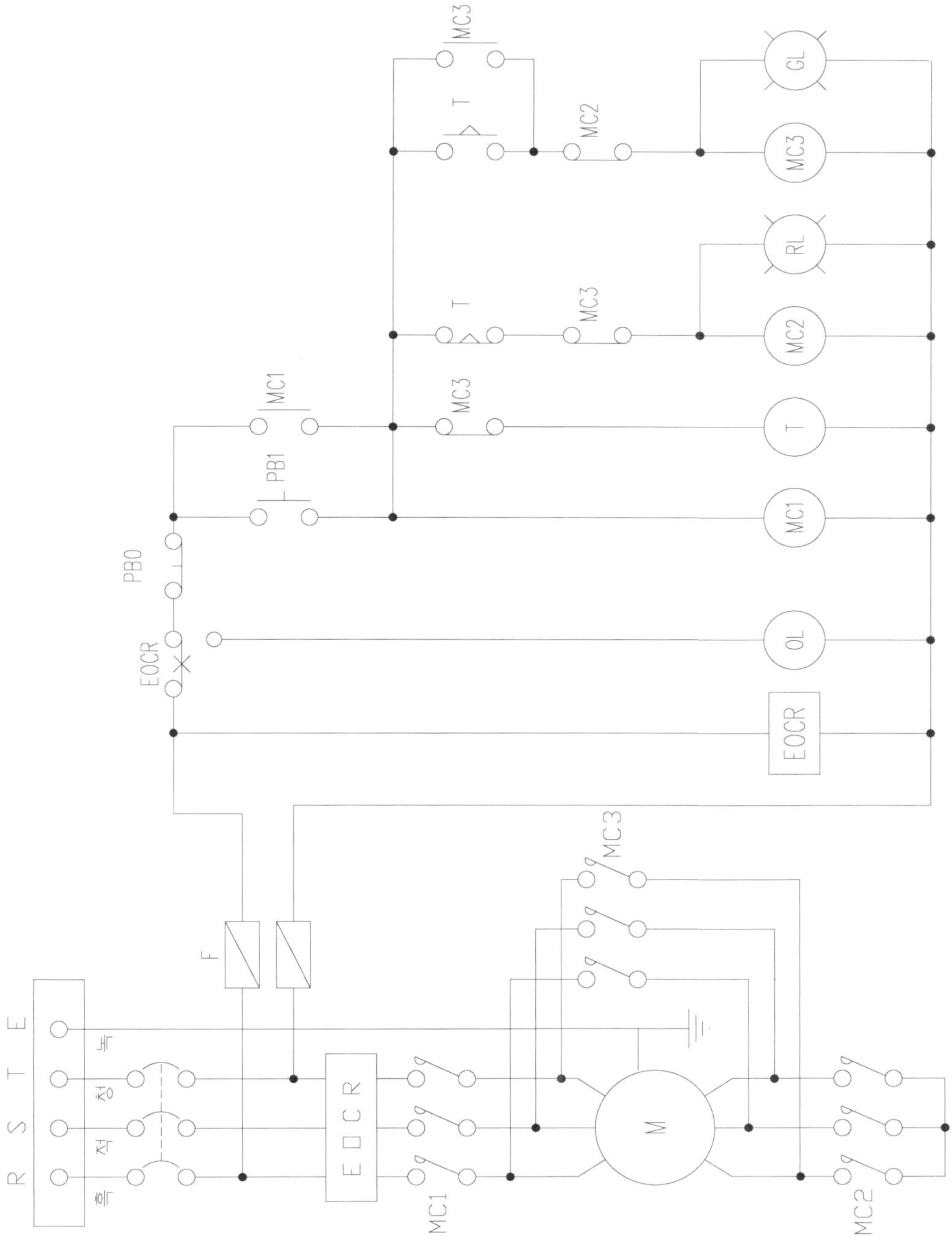

4) 실제 배선도

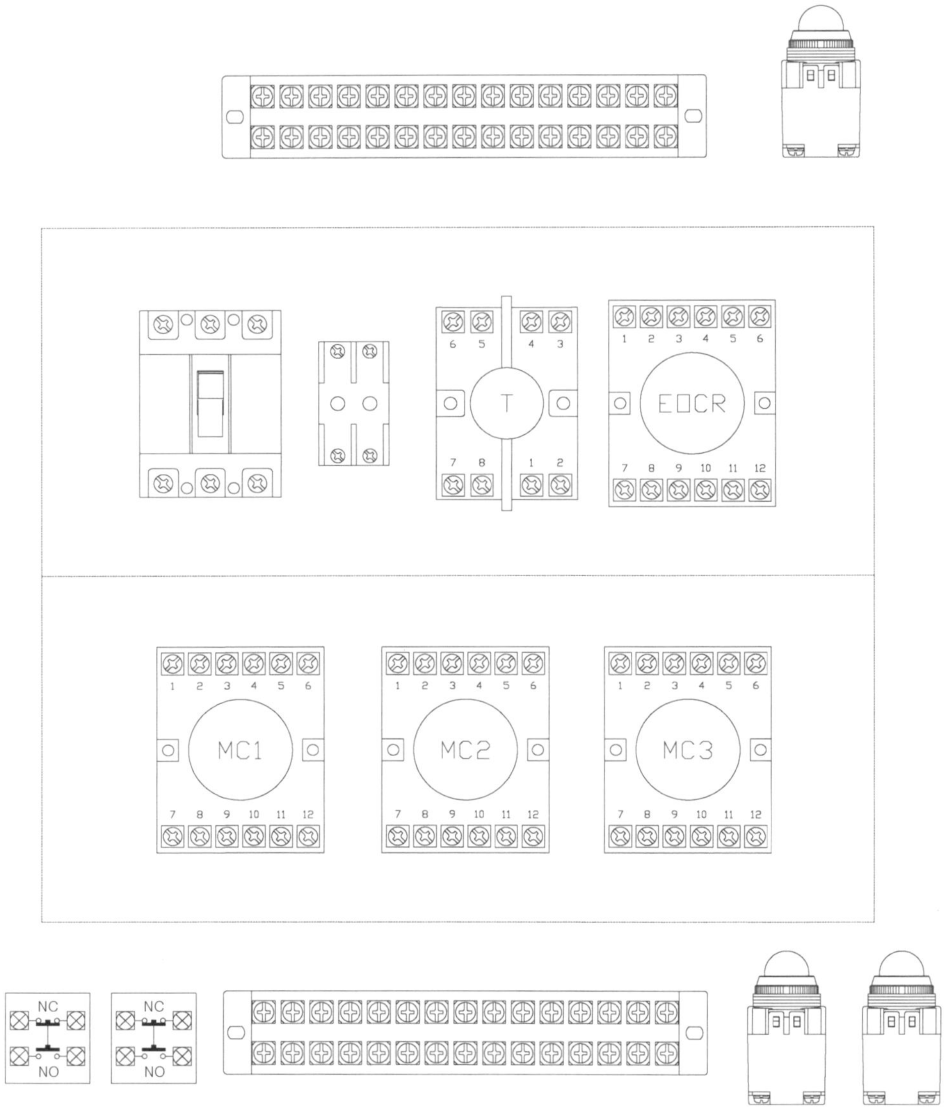

16 전동기회로 - 유도전동기 정 · 역 운전회로 1

1) 3상 유도전동기 정·역 운전회로

유도전동기의 정 · 역 운전회로는 전원 R, S, T의 3단자 중 2단자의 접속을 바꾸어 전동기의 회전 방향을 바꾸는 방법이다.

2) 동작 설명

① 정회전 : 정방향 스위치 PB1을 누르면 MC1이 여자되어 동작 유지되고, 전동기가 정방향으로 회전한다. 동시에 정회전 램프 YL이 점등된다. 이때 역방향 스위치 PB2를 누르더라도 MC1-a접점의 자기 유지회로에 의하여 계속 정방향으로 회전한다.

② 정지 : 정지 스위치 PB0를 누르면 전동기가 정지한다.

③ 역회전 : 역방향 스위치 PB2를 누르면 MC2가 여자되어 동작 유지되고, 전동기가 역방향으로 회전한다. 동시에 역회전 램프 GL이 점등된다. 이때 정방향 스위치 PB1을 누르더라도 MC2-a접점의 자기 유지회로에 의하여 계속 역방향으로 회전한다. PB1, PB2, MC1, MC2를 이용하여 인터록 회로를 구성하였고, MC1, MC2가 동시에 동작되지 않도록 하여 회로를 보호한다.

④ 고장 및 복구 : 운전 중 과부하로 이상 전류가 흐르면 EOCR이 트립되고, MC1(MC2)이 복귀되고 전동기가 정지된다, 동시에 GL 점등, RL1과 RL2 소등, 경보 표시 램프 OL 점등된다. 고장이 회복되면 EOCR 접점이 복귀되어 OL 램프가 소등된다.

3) 시퀀스 제어 회로도

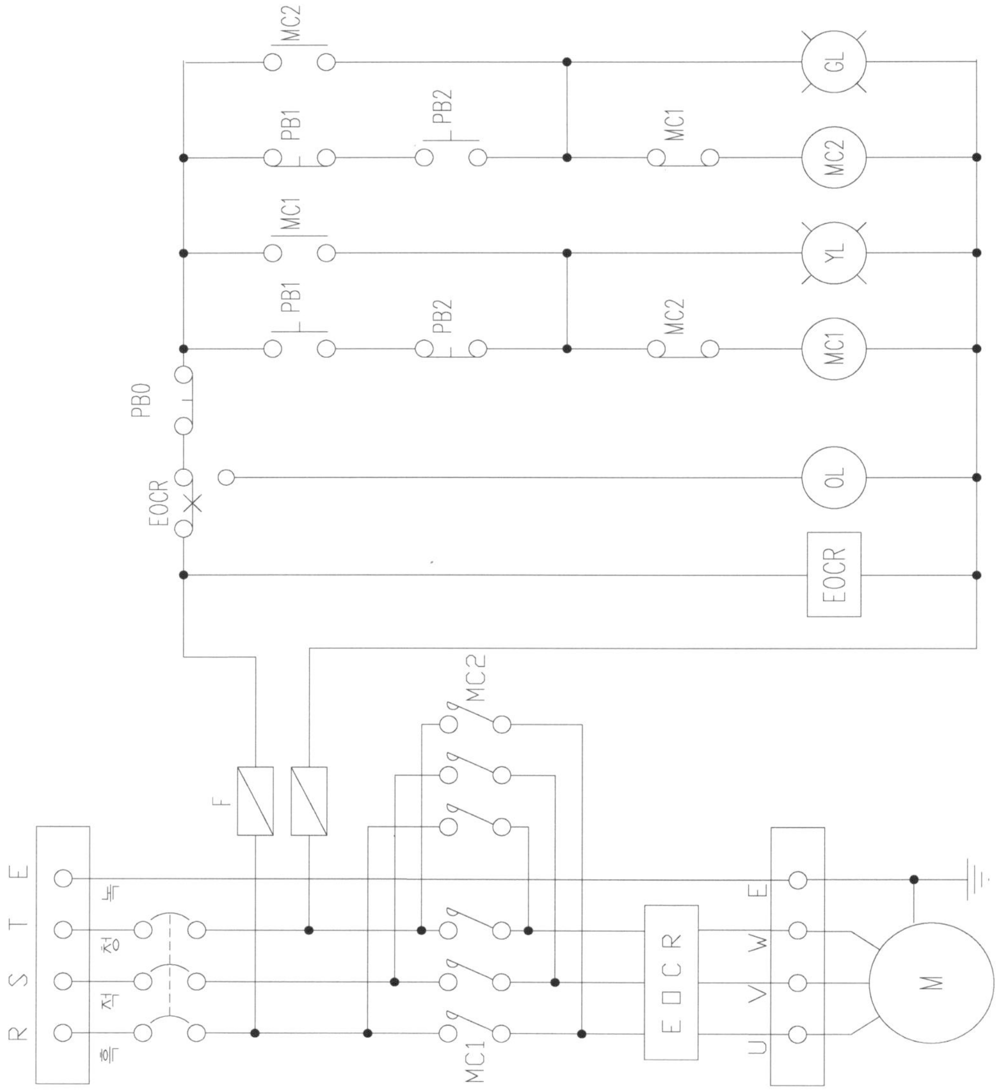

4) 실제 배선도

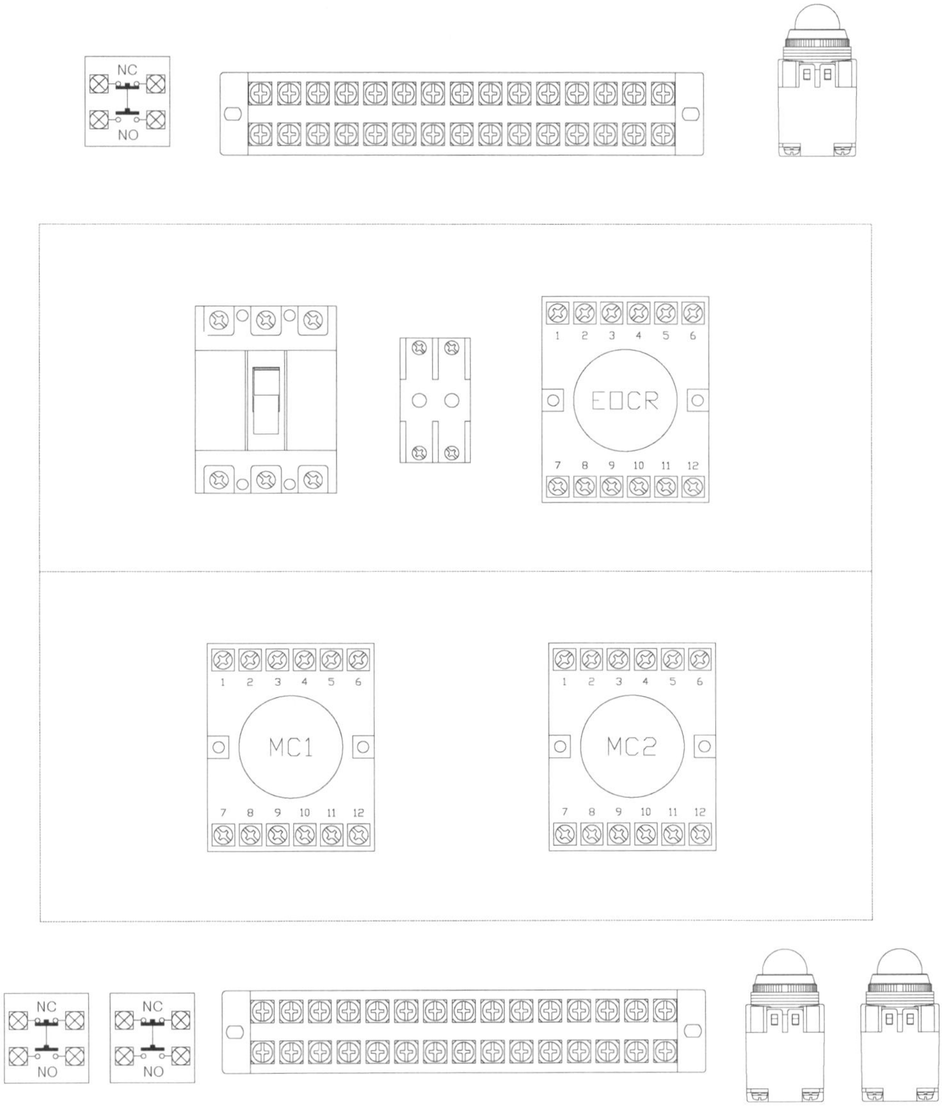

17 전동기회로 - 유도전동기 정 · 역 운전회로 2

1) 동작 설명

① 정회전 : 정방향 스위치 PB1을 누르면 MC1과 R1이 여자되어 동작 유지되고, 전동기가 정방향으로 회전한다. 동시에 정회전 램프 YL이 점등된다. 이때 역방향 스위치 PB2를 누르더라도 MC1-a접점의 자기 유지 회로에 의하여 인터록되어 계속 정방향으로 회전한다.

② 정지 : 정지 스위치 PB0를 누르면 전동기가 정지한다.

③ 역회전 : 역방향 스위치 PB2를 누르면 MC2와 R2가 여자되어 동작 유지되고, 전동기가 역방향으로 회전한다. 동시에 역회전 램프 GL이 점등된다. 이때 정방향 스위치 PB1을 누르더라도 MC2-a접점의 자기 유지회로에 의하여 계속 역방향으로 회전한다. PB1, PB2, MC1, MC2를 이용하여 인터록 회로를 구성하였고, MC1과 MC2가 동시에 동작되지 않도록 하여 회로를 보호한다.

④ 고장 및 복구 : 운전 중 과부하로 이상 전류가 흐르면 EOCR이 트립되고, MC1과 MC2가 복귀되고 전동기가 정지된다, 동시에 GL 점등, RL1과 RL2 소등, 경보 표시 램프 OL 점등된다. 고장이 회복되면 EOCR 접점이 복귀되어 OL 램프가 소등된다.

2) 시퀀스 제어 회로도

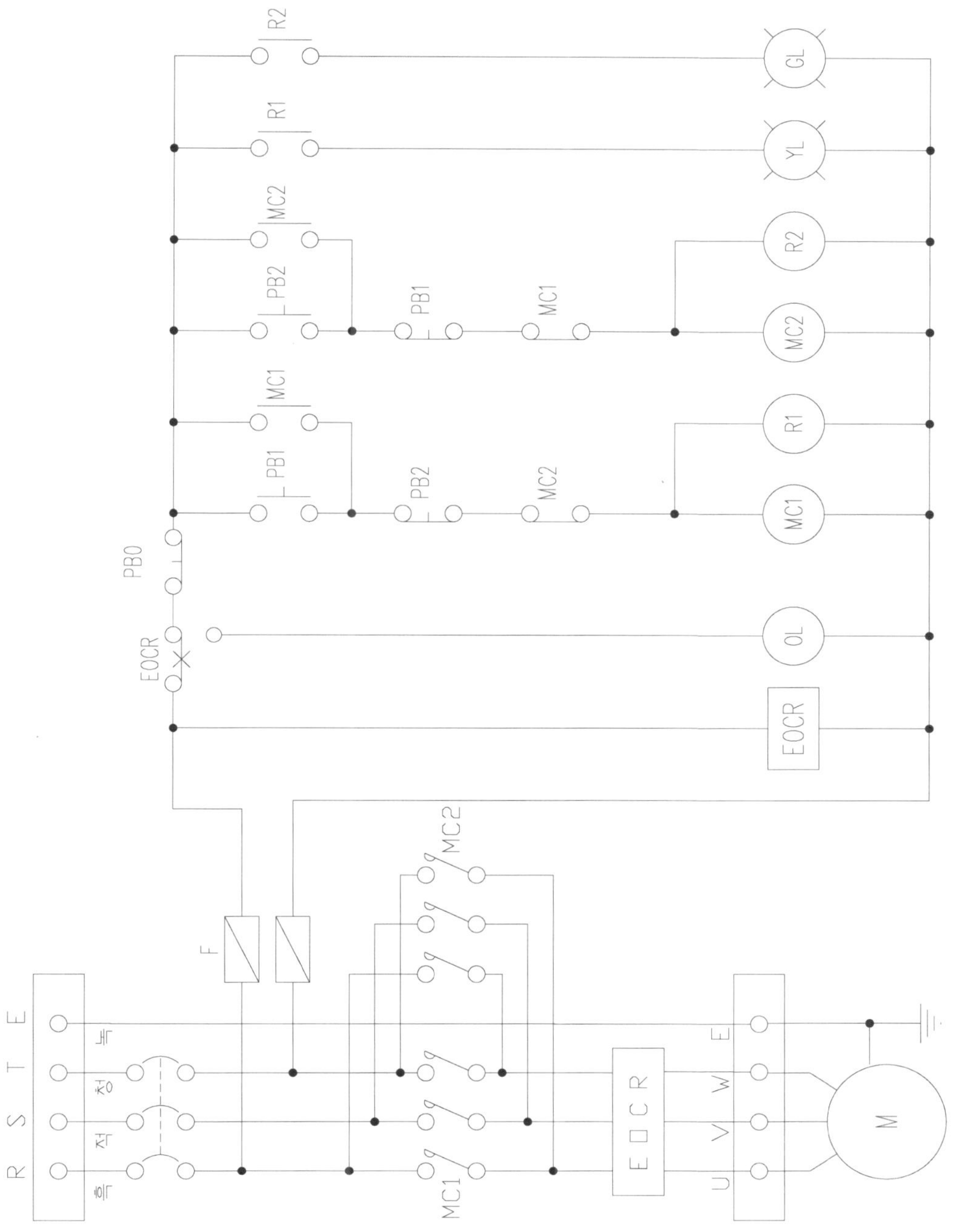
R S T E
흑 적 청 녹
F
MC1
MC2
E□CR
U V W E
M
EOCR
PB0
PB1
PB2
MC1
MC2
R1
R2
OL
GL
YL

3) 실제 배선도

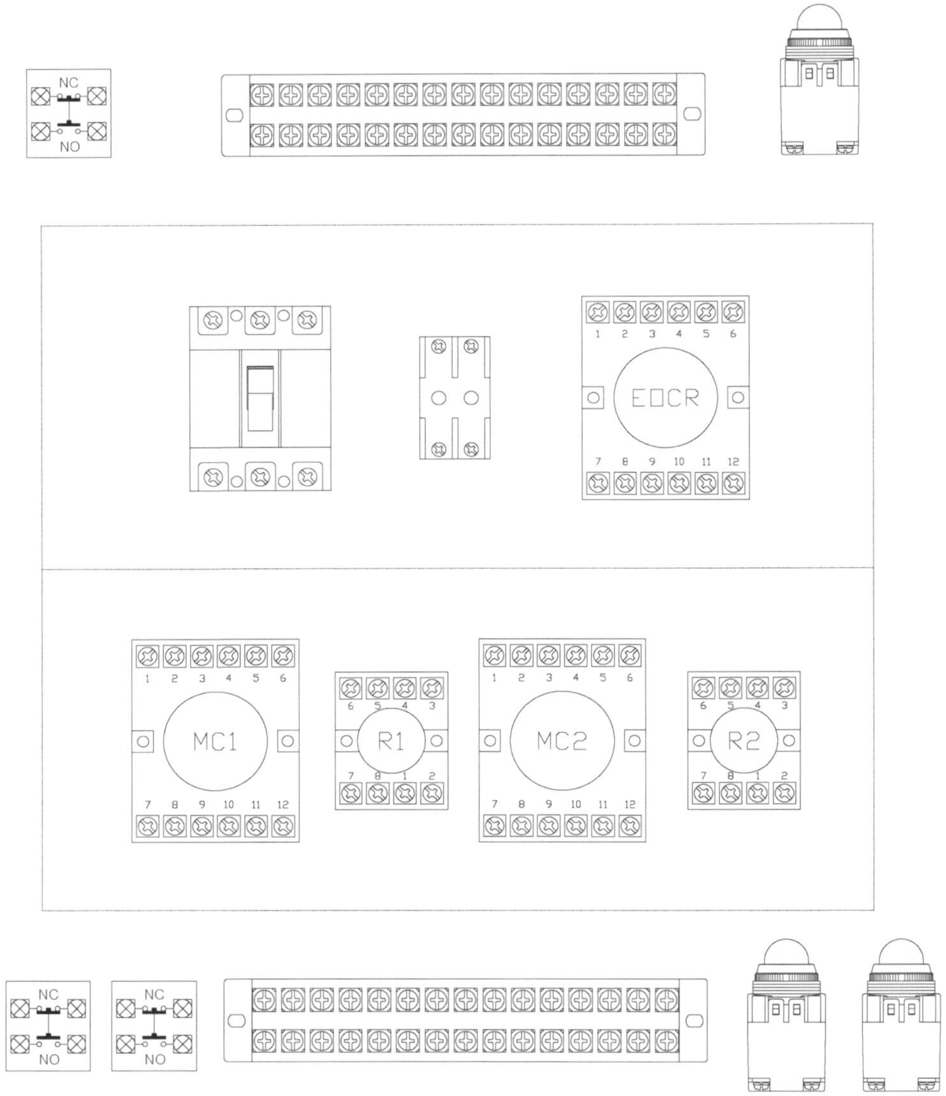

18 급 · 배수 처리장치

1) 동작 설명

(가) 수동 동작 사항

① 전원을 ON 하면 GL 점등
② SS를 수동 동작 모드로 전환
③ PB2를 누르면 MC1(PR1) 여자, RL1 점등, GL 소등, 급수 시작(모터1 동작)
④ PB1을 누르면 MC1(PR1) 소자, RL1 소등, GL 점등, 급수 정지(모터1 정지)
⑤ PB4를 누르면 MC2(PR2) 여자, RL2 점등, GL 소등, 배수 시작(모터2 동작)
⑥ PB3를 누르면 MC2(PR2) 소자, RL2 소등, GL 점등, 배수 정지(모터2 정지)

(나) 자동 동작 사항

① SS를 자동 동작 모드로 전환
② 릴레이 X가 여자되어 RL1 점등, GL 소등, 급수 시작(모터1 동작)
③ 급수 탱크에 급수가 완료되어 플로트레스 스위치(FLS1)의 센서가 작동하면 RL1 소등, GL 점등, 급수 정지(모터1 정지)
④ 급수 탱크에 물이 차서 배수용 플로트레스 스위치(FLS2)의 센서가 작동하면 RL2 점등, GL 소등, 배수 시작(모터2 동작)

2) 시퀀스 제어 회로도

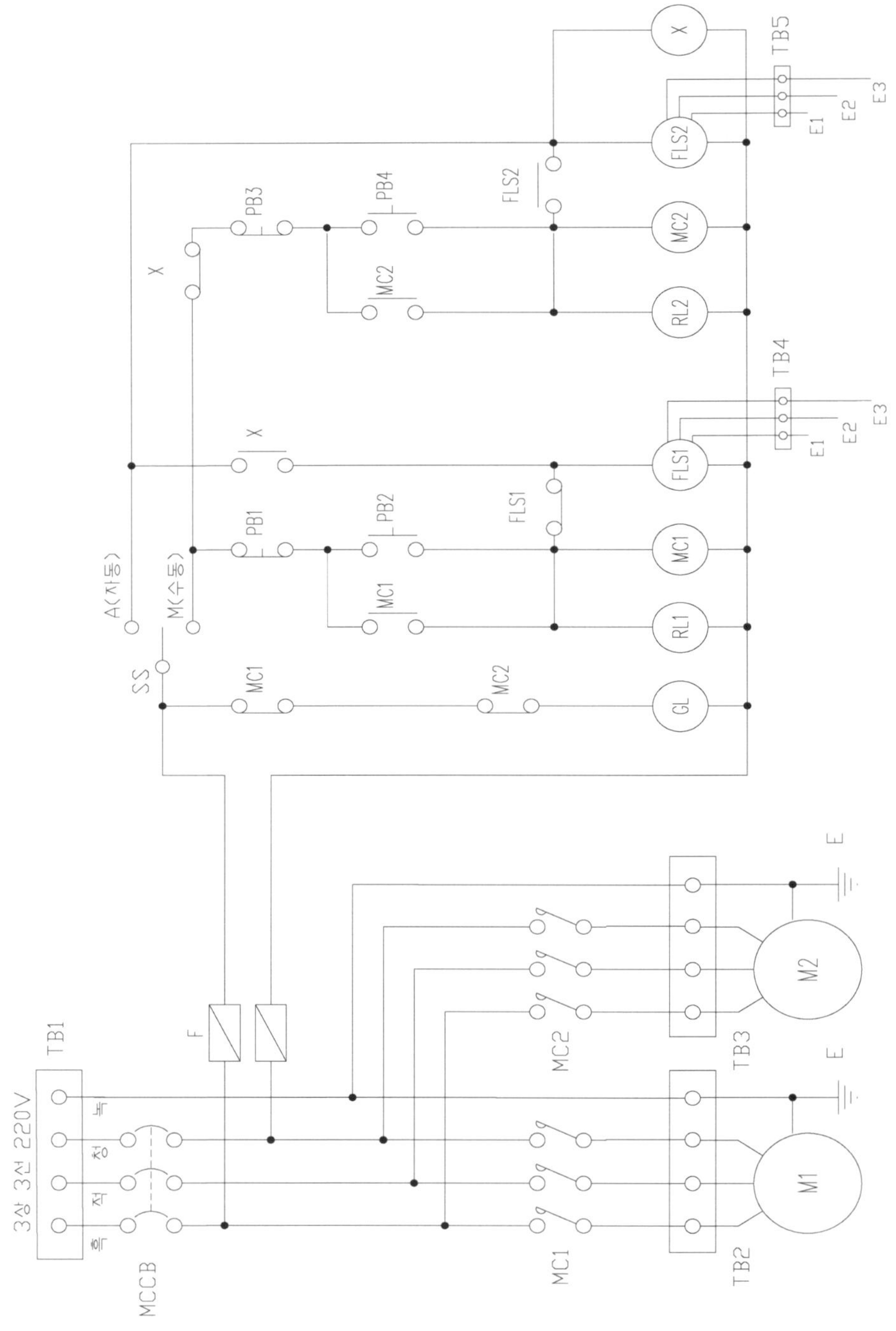
3상 3선 220V
TB1
흑
적
청
녹
MCCB
F
MC1
MC2
TB2
TB3
M1
M2
E
SS
A(자동)
M(수동)
PB1
PB2
PB3
PB4
X
FLS1
FLS2
RL1
RL2
GL
TB4
TB5
E1
E2
E3

3) 제어판 내부 기구 배치도 및 범례

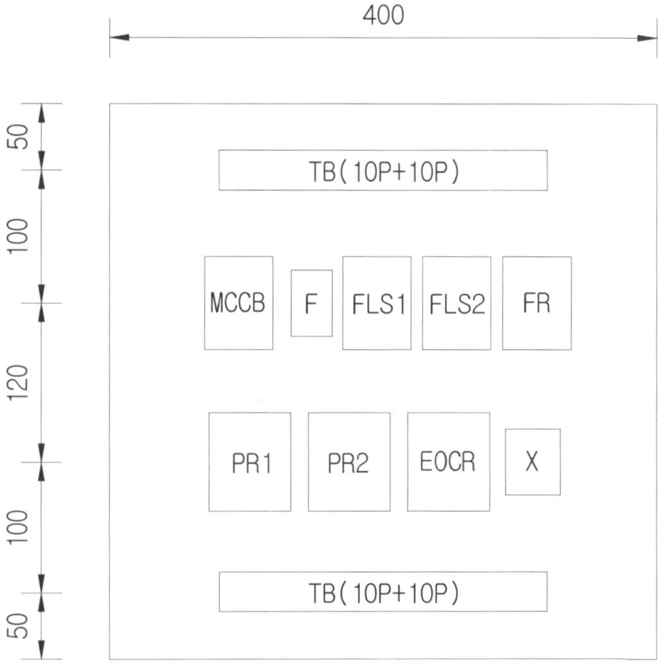

기호	명칭
PR1,2	전자접촉기(12P)
EOCR	과전류계전기(12P)
X1-3	릴레이(8P)
FR	플리커릴레이(8P)
FLS1,2	플로트레스스위치(8P)
TB1	전원 단자대(4P)
TB2,3	모터 단자대(4P)
TB4,5	FLS 전극부
TB6,7	단자대(10+10P)

기호	명칭
SS	셀렉터스위치
BZ	부저
PB1,3	푸시버튼스위치(녹)
PB2,4	푸시버튼스위치(적)
YL	파일럿램프(황)
RL	파일럿램프(적)
GL	파일럿램프(녹)
F	퓨즈
MCCB	배선용차단기

19 전동기 제어 회로 1

1) 동작 설명

① 전원을 투입하면, 램프 GL1 점등, GL2 점등

② PB1을 누르면, 릴레이 X 여자, On Delay 타이머 T1 여자, 파워릴레이 PR1 여자, 모터 M1 작동, 램프 GL1 소등, RL1 점등

③ 타이머 T1 설정 시간(t1초) 후 파워릴레이 PR2 여자, 모터 M2 작동, Off Delay 타이머 T2 여자, GL2 소등, RL2 점등

④ PB2를 누르면 X 소자, 타이머 T1 소자, 타이머 T2 소자, 파워릴레이 PR2 소자, 모터 M2 정지 , GL1 점등, RL1 소등

⑤ Off Delay 타이머 T2 설정 시간(t2초) 후 순시동작 한시복귀 T2 a접점에 의해 PR1 소자, 모터 M1 정지, GL1 점등, RL1 소등

※ T1 : On Delay 타이머, T2 : Off Delay 타이머

2) 시퀀스 제어 회로도

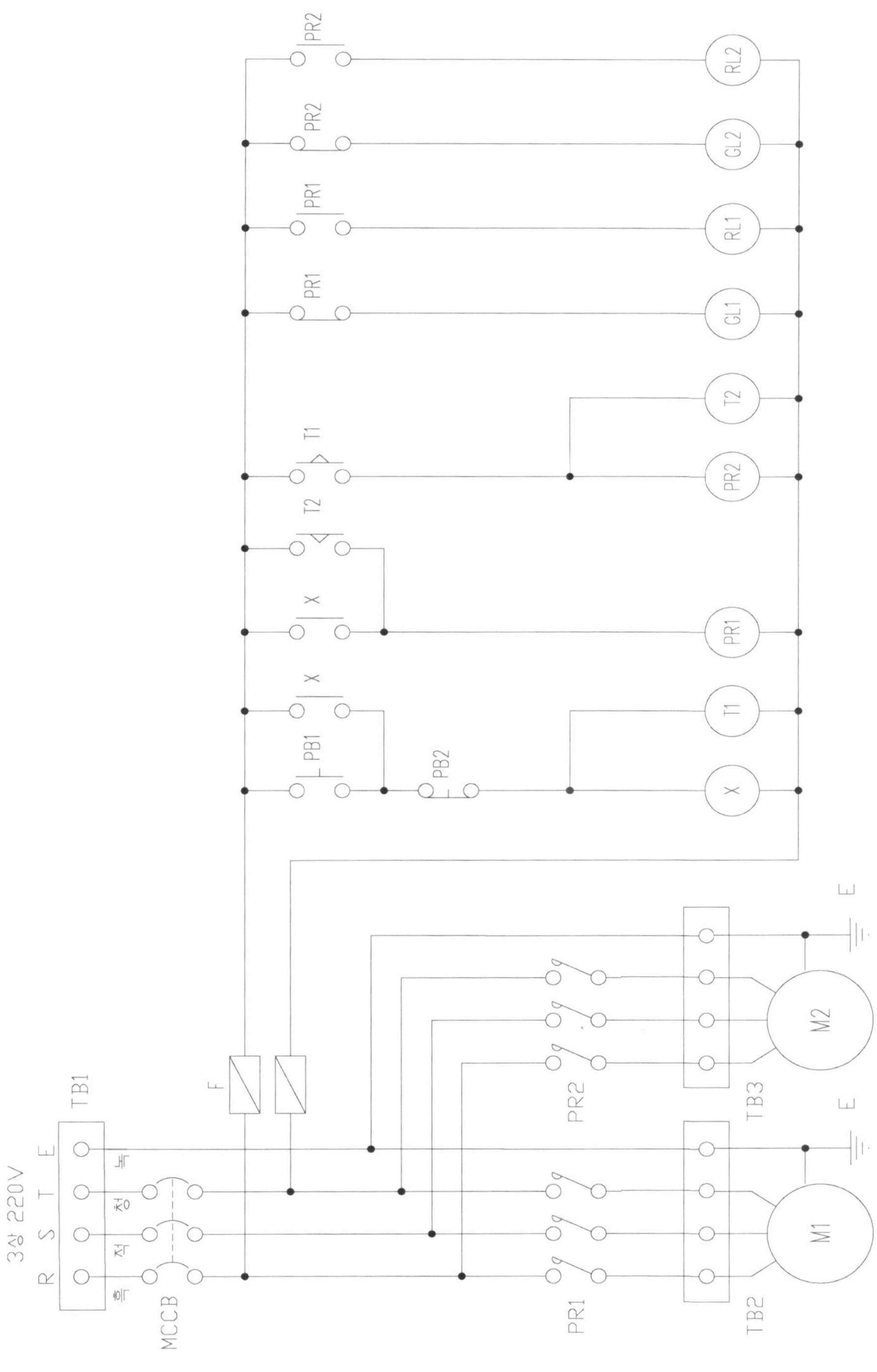
3상 220V
R S T E
TB1
흑 적 청 녹
MCCB
F
PR1
PR2
TB2
TB3
M1
M2
E
E
PB1
PB2
X
X
T2
T1
PR1
PR1
PR2
PR2
X
T1
PR1
PR2
T2
GL1
RL1
GL2
RL2

20 전동기 제어 회로 2

1) 동작 설명

① PB1을 누르면, 릴레이 X1 여자되어 램프 RL1 점등, 타이머 T1 여자

② 릴레이 X1 여자된 상태에서 리밋스위치 LS1이 감지(ON)되면, 파워릴레이 PR1이 여자되어 모터 M1 운전, 램프 GL1 점등

③ 타이머 T1의 설정시간 t1초 후 릴에이 X2 여자, 램프 GL1 소등, 램프 RL2 점등

④ 릴레이 X2 여자된 상태에서 리밋스위치 LS2가 감지(ON)되면, 파워릴레이 PR2가 여자되어 모터 M2 운전, 램프 GL2 점등

⑤ 타이머 T2의 설정시간 t2초 후 PR2 소자되어 모터 M2 정지, GL2 소등, RL2 소등

⑥ 램프 RL2는 t1초 동안은 소등되고, 그 후 t2초 동안은 점등되어 이 동작 반복

- 이때 LS1을 ON 한 상태에서는 t1초 동안은 PR1과 GL1 점등되고, 그 후 t2초 동안은 PR1과 GL1이 소등되어 이 동작 반복
- LS2를 ON한 상태에서는 t1초 동안은 PR2와 GL2가 소등되고, 그 후 t2초 동안은 PR2와 GL2가 점등되어 이 동작 반복

⑦ 운전 중 PB2 또는 전자식과전류계전기 EOCR1이나 EOCR2가 동작되면 모두 정지 및 소등

2) 제어판 내부 기구 배치도 및 범례

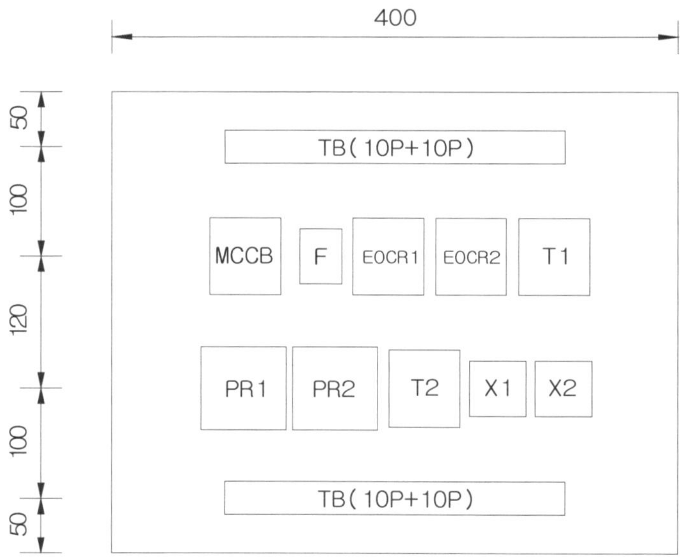

3) 시퀀스 제어 회로도

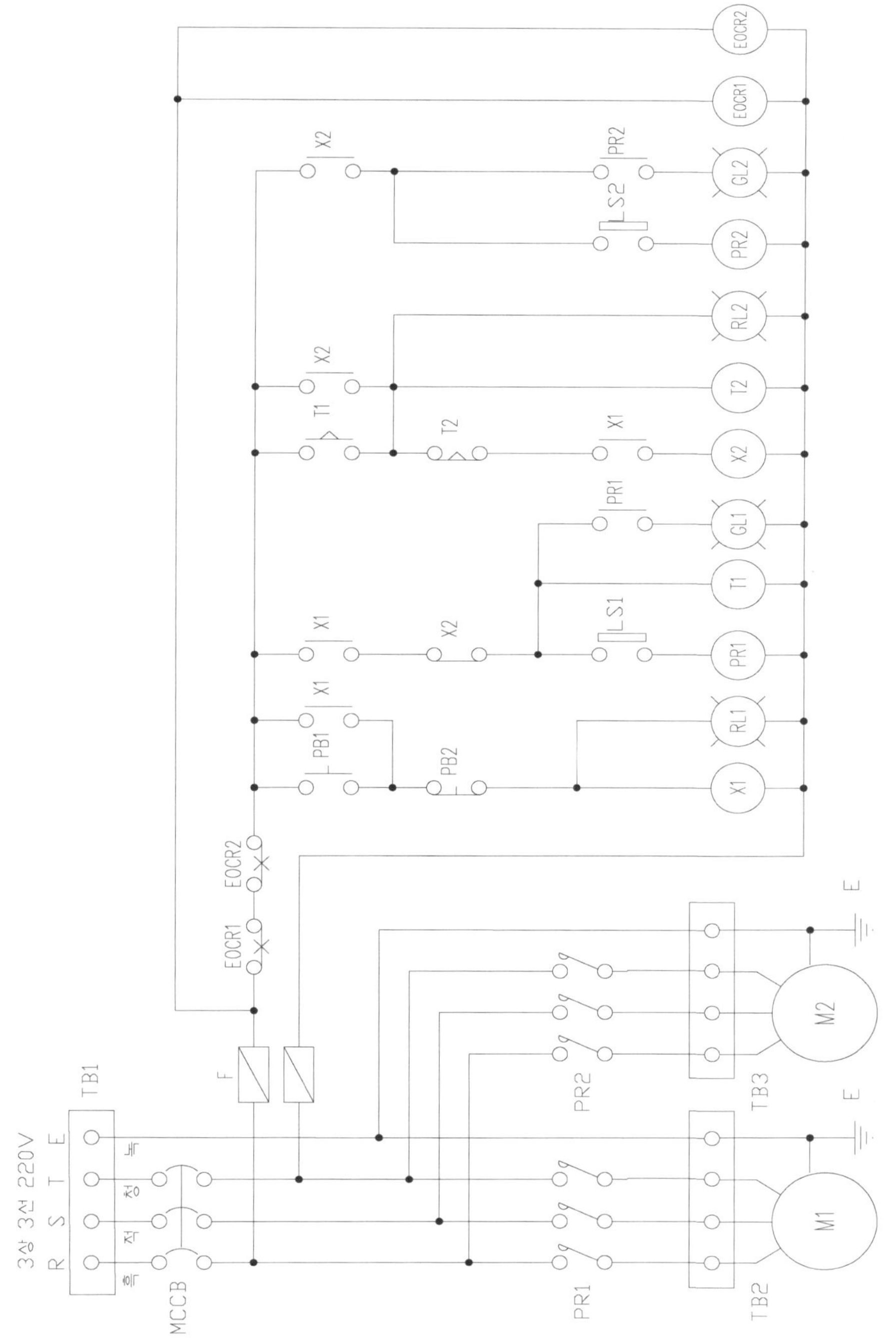
3상 3선 220V
R S T E
흑 적 청 녹
TB1
MCCB
F
EOCR1
EOCR2
PB1
PB2
X1
X2
T1
T2
LS1
LS2
PR1
PR2
RL1
RL2
GL1
GL2
TB2
TB3
M1
M2
E

21 전기 설비 제어 – 전기기능사 실기, 전기기능장 실기

1) 전기기능사 실기 공개문제는 한국산업인력공단 큐넷 자료실에서 다운받을 수 있습니다.

http://www.q-net.or.kr/cst006.do?id=cst00602&gSite=Q&gId=&artlSeq=5208377&brdId=Q006&code=1204

2) 전기기능장 실기 공개문제는 한국산업인력공단 큐넷 자료실에서 다운받을 수 있습니다.

http://www.q-net.or.kr/cst006.do?id=cst00602&gSite=Q&gId=&artlSeq=5208378&brdId=Q006&code=1204

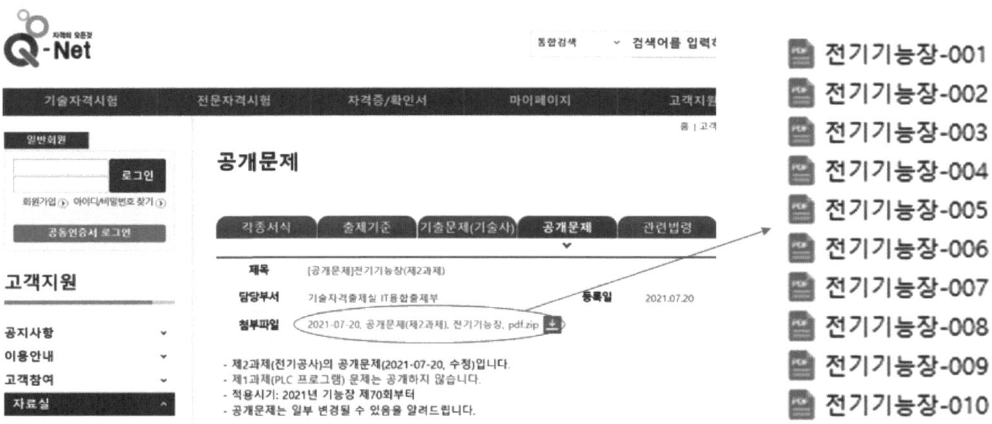

II 부

PLC 기반 전기 시퀀스 제어

CHAPTER 05

PLC 개요

1 PLC 정의 및 적용 분야

PLC(Programmable Logic Controller)는 제어반 내의 릴레이, 타이머, 카운터 등의 기능들을 반도체 소자로 대체시켜서 기본적인 시퀀스 제어 기능에 수치 연산 기능을 추가하고 프로그램 제어가 가능하도록 한 자율성이 높은 제어장치이다.

PLC의 적용 범위는 설비의 자동화와 높은 능률화의 요구에 의해 확대되고 있다. 특히 다양한 산업군에서 적용되는 자동 제어 분야에서의 PLC 요구는 과거의 중 규모 이상의 릴레이 제어반 대체 효과에서 현재 고기능화, 고속화의 추세로 소규모 기계 설비에서 대규모 시스템 설비에 이르기까지 광범위하게 활용되고 있다. [표 5-1]은 PLC 제어 대상에 따른 다양한 산업에서의 적용 분야들을 나타낸다.

[표 5-1] PLC 적용 분야

분 야	제 어 대 상
물류 산업	자동 창고 제어, 하역 설비 제어, 반송 라인 제어
자동차 산업	전송 라인 제어, 자동 조립 라인 제어, 도장 라인 제어
기계 산업	산업용 로봇 제어, 공작 기계 제어

상하수도	정수장 제어, 하수처리 제어, 송 · 배수 펌프 제어
제철, 제강 산업	작업장 하역 제어, 원료 수송 제어, 압연 라인 제어
섬유, 화학공업	원료 수입 출하 제어, 직조 염색 라인 제어
공장 설비	압축기 제어
식료 산업	컨베이어 제어, 생산라인 자동 제어
공해 방지사업	쓰레기 소각로 자동 제어, 공해 방지기 제어

2 PLC 구조

1) 하드웨어 구조

(1) 전체 구성도

PLC는 마이크로프로세서(microprocessor)와 메모리를 중심으로 구성된다. 인간의 두뇌 역할을 하는 중앙처리장치(CPU), 외부 기기와의 신호를 연결시켜 주는 입력부와 출력부, 각 부에 전원을 공급하는 전원부 및 PLC 내의 메모리에 프로그램을 기록하는 주변장치들을 포함한다. [그림 5-1]은 PLC의 개략적인 전체 구성도를 나타낸다.

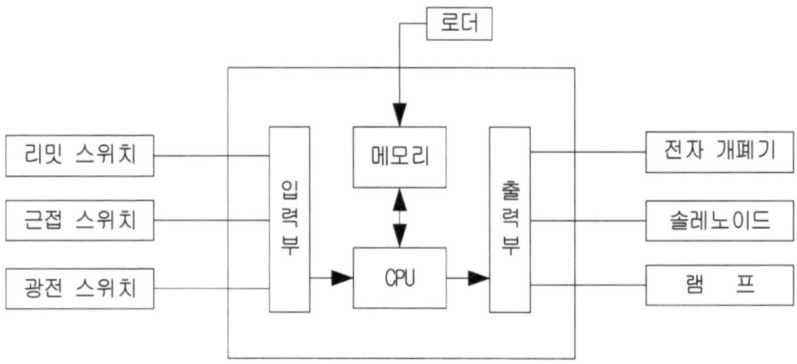

[그림 5-1] PLC 전체 구성도

(2) PLC의 CPU 연산부

PLC 두뇌에 해당하는 부분으로 메모리에 저장되어 있는 프로그램을 해독하여 실행한다. CPU는 매우 빠른 속도로 반복 실행되며, 모든 정보는 2진수로 처리된다.

(3) PLC의 CPU 메모리

가) 메모리 IC 종류

메모리 IC 종류는 ROM(Read Only Memory)과 RAM(Random Access Memory)이 있다. ROM은 읽기 전용으로, 메모리 내용을 변경할 수 없다. 맨 처음 한 번 작성하면 이후에 변경되지 않는 시스템 관련된 프로그램을 저장하여 두는 역할을 한다. ROM 영역의 정보는 전원이 끊어져도 메모리의 내용이 그대로 보존되는 불휘발성 메모리이다. RAM은 메모리에 정보를 수시로 읽고 쓰기가 가능하다. 정보를 일시 저장하는 용도로 사용되지만 전원이 끊어지면, 기억시킨 정보 내용을 모두 상실하는 휘발성 메모리이다.

그러나 필요에 따라 RAM 영역 일부를 전원이 오프되어도 배터리에 의해 필요한 전원을 계속해서 공급하여 메모리의 내용이 지워지지 않도록 하는 방법을 배터리 백업이라 한다. 이 방법을 통하여 RAM도 불휘발성 영역으로 사용할 수 있다. PLC의 데이터 영역과 사용자 프로그램은 변경이 가능해야 함으로 RAM 영역에 저장된다.

나) 메모리 내용

PLC 메모리는 사용자 프로그램 메모리, 데이터 메모리, 시스템 메모리 등의 3 가지로 구분된다. 사용자 프로그램 메모리는 제어하고자 하는 시스템 규격에 따라 사용자가 작성한 프로그램이 저장되는 영역이다. 제어 내용이 프로그램 완성 전이나 완성 후에도 변경될 수 있으므로 RAM이 사용된다. 프로그램이 완성되어 고정되면, ROM에 기록하여 실행할 수 있다. 이를 ROM 운전이라 한다.

데이터 메모리는 입·출력 릴레이, 보조 릴레이, 타이머와 카운터의 접점 상태, 설정값, 현재값 등의 정보가 저장되는 영역이다. 정보가 수시로 바뀌기 때문에 RAM 영역이 사용된다. 시스템 메모리는 PLC 제작회사에서 작성한 시스템 프로그램이 저장되는 영역이다. 시스템 프로그램은 PLC 명령어를 실행시키는 명령어 관련 프로그램과 자기 진단 기능 등과 같은 PLC 동작시 에 발생하는 오류나 에러 등을 체크해 주는 프로그램, XG5000과의 통신을 담당하는 프로그램 등으로 구성된다. PLC 제작회사에서 전원을 ON/OFF 하여도 지워지지 않도록 ROM에 저장하여 사용된다.

(4) PLC 입 · 출력부

PLC의 입력부와 출력부는 현장의 기기에 직접 접속하여 사용한다. PLC 내부는 DC 5V의 전원(TTL 레벨)을 사용한다. 입 · 출력부는 DC 24V 또는 AC 110V, 220V 등의 높은 전압 레벨을 사용하기 때문에 PLC 내부 회로와 입 · 출력 회로의 접속 시에는 시스템 안정에 매우 많은 영향을 미치게 된다.

그래서 PLC의 입 · 출력부는 다음과 같은 사항이 필수적으로 요구된다.

① 외부 기기와 전기적 규격이 일치해야 한다.

② 외부 기기로부터의 노이즈가 CPU 쪽에 전달되지 않도록 해야 한다.

- 광 절연 소자인 포토 커플러(Photocoupler) 사용한다.

③ 외부 기기와의 접속이 용이해야 한다.

④ 입 · 출력의 각 접점 상태를 감시할 수 있어야 한다. (LED 부착)

입력부는 외부 기기의 상태를 검출하거나 조작 패널을 통해 외부장치의 움직임을 지시한다. 출력부는 외부 기기를 움직이거나 상태를 표시한다. [표 5-2]는 입 · 출력부에 접속되는 외부 기기들의 사용 예를 나타낸다.

[표 5-2] 입 · 출력 기기

I/O	구 분	부 착 장 소	외부 기기의 명칭
입력부	조작 입력 (스위치)	제어반과 조작반	푸시버튼 스위치 토글 스위치 셀렉터 스위치
	검출 입력 (센서)	기계장치	리밋 스위치 광전 스위치 근접 스위치 레벨 스위치
출력부	표시 경보 출력	제어반 및 조작반	파일럿 램프 부저
	구동 출력 (액추에이터)	기계장치	전자 개폐기 전자 밸브 전자 클러치 전자 브레이크

가) 입력부

입력부는 외부 기기로부터의 신호를 CPU의 연산부로 전달해 주는 역할을 수행한다. 입력의 종류로는 DC 24[V], AC 100~240[V] 등이 있다. 그 밖의 특수 입력 모듈로는 아날로그 입력(A/D) 모듈, 고속 카운터(High Speed Counter) 모듈 등 여러 가지가 있다.

[그림 5-2]는 입력부 회로의 예를 나타낸다. (입력 회로용 전원 : DC 24V)

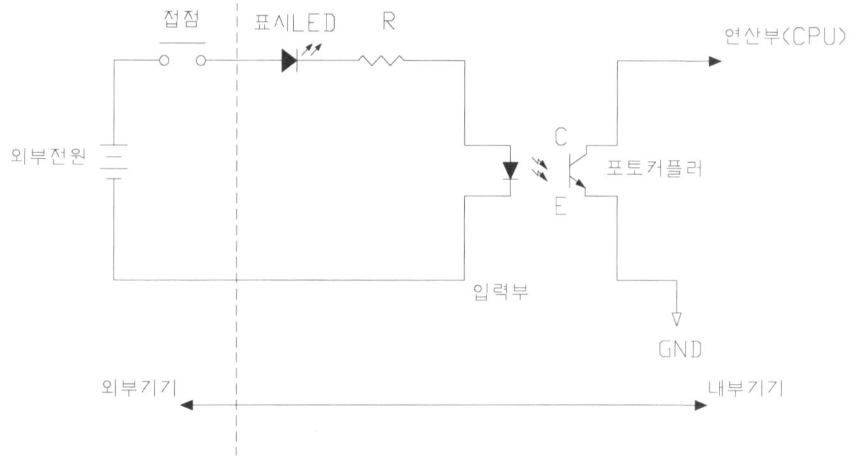

[그림 5-2] DC 24V 입력부 회로

나) 출력부

출력부는 내부 연산의 결과를 외부에 접속된 전자 접촉기나 솔레노이드에 전달하여 구동시키는 부분이다. 출력의 종류에는 릴레이 출력, 트랜지스터 출력, SSR(Solid State Relay) 출력이 있다. 그 외에 아날로그 출력(D/A) 모듈, 위치 결정 모듈 등이 있다.

[그림 5-3]은 트랜지스터 출력부 회로의 예를 나타낸다.

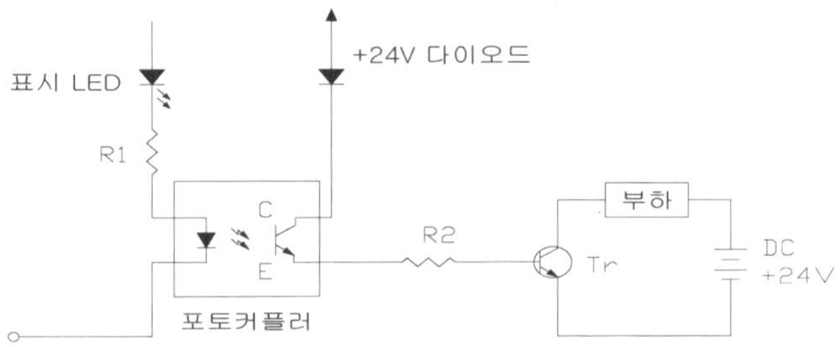

[그림 5-3] 트랜지스터 출력부 회로

[표 5-3]은 출력 모듈을 출력신호와 개폐 소자에 따라 분류한 것을 나타낸다.

[표 5-3] 출력 모듈의 종류

출력 회로용 전원	개 폐 소 자	
	유 접 점	무접점(반도체)
직류(DC24V)	릴레이 출력	트랜지스터 출력
교류(AC220V)	릴레이 출력	SSR 출력

[표 5-3]을 보면 릴레이 출력은 직류와 교류 모두 사용할 수 있다. 그러나 접점의 개폐가 빈번할 경우는 기계적 수명의 한계 때문에 교류전원 전용인 무접점 SSR 출력이나 직류전원 전용인 트랜지스터 출력을 사용하는 것이 유리하다.

2) 소프트웨어 구조

(1) 하드 와이어드(Hardwired)와 소프트 와이어드(Softwired)

종래의 릴레이 기반 제어 방식은 작업 순서를 회로도에 전개하여 필요한 제어 기기를 결합하여 리드선으로 배선 작업을 함으로써 요구되는 동작을 구현한다. 이 방식을 하드와이어드 로직이라고 한다.

하드와이어드 로직 방식에서는 하드웨어와 소프트웨어가 한 쌍이 되어 동작된다. 만일 사양이 변경되는 경우는 하드웨어와 소프트웨어를 모두 변경해야 한다. 이는 여러 가지 문제를 발생시키는 원인이 된다. 따라서 하드웨어와 소프트웨어를 분리하는 연구 끝에 컴퓨터 프로그램 방식이 개발되어 사용되고 있다.

컴퓨터는 하드웨어 속에 있는 기억 장치에 작업의 순서인 프로그램을 넣어야만 원하는 작업을 수행할 수가 있다. 기억 장치인 메모리에 작업의 순서를 넣는 작업을 프로그래밍이라 한다. 이는 배선 작업과 동일하다고 볼 수 있다. 이와 같은 방식을 PLC가 채택하고 있는 소프트와이어드 로직이라 한다.

(2) 릴레이와 PLC 시퀀스 프로그램 차이점

PLC는 전자 부품의 집합으로 릴레이 시퀀스와 같은 접점이나 코일은 존재하지 않는다. 접점이나 코일을 연결하는 동작은 소프트웨어로 처리하기 때문에 실제로 눈에 보이는 것이 아니다. 또한, 동작도 코일 접점이 닫혀 회로가 활성화되는 릴레이 시퀀스와는 달리 메모리에 프로그램을 기억시켜 놓고 순차적으로 내용을 읽어서 그 내용에 따라 동작하는 방식이다. PLC 제어는 프로그램에 따라 동작되기 때문에 사용자는 원하는 제어 프로그램을 작성할 수 있는 능력이 필요하다.

가) 직렬 처리와 병렬 처리

PLC 시퀀스와 릴레이 시퀀스의 가장 근본적인 차이점은 '직렬 처리'와 '병렬 처리'인 동작상의 처리 방식이다. PLC는 메모리에 있는 프로그램을 순차적으로 연산하는 직렬 처리 방식이고, 릴레이 시퀀스는 여러 회로가 전기적인 신호에 의해 동시에 동작하는 병렬 처리 방식이다.

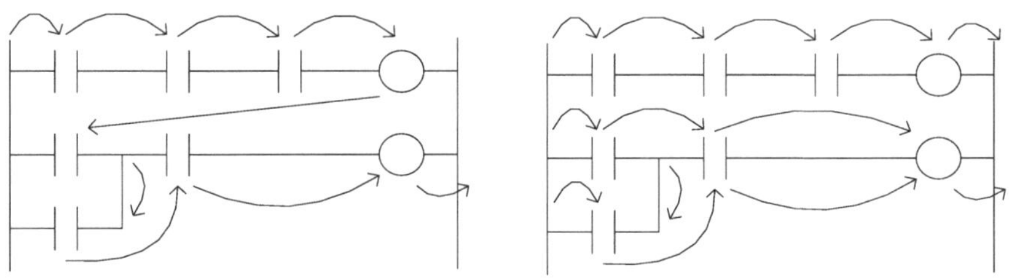

(a) 직렬 처리 방식　　　　(b) 병렬 처리 방식

[그림 5-4] 연산 처리 방식

나) 사용 접점 수의 제한

일반적으로 릴레이는 1개당 가질 수 있는 접점 수에 한계가 있다. 따라서 릴레이 시퀀스를 작성할 때에는 사용하는 접점 수를 가능한 한 줄여야 한다. 이에 반해 PLC는 동일 접점에 대하여 사용 회수에 제한을 받지 않는다. 동일 접점에 대한 정보(ON/OFF)를 메모리에 저장해 놓고, 연산할 때 메모리에 있는 정보를 읽어서 처리하기 때문이다.

다) 접점이나 코일 위치의 제한

PLC 시퀀스에는 릴레이 시퀀스에는 없는 규정이 있다. 그중 하나는 코일 이후 접점을 금지하는 사항이다. 즉 PLC 시퀀스에서는 코일을 반드시 오른쪽 모선에 붙여서 작성해야 한다.

그리고 PLC 시퀀스에서는 항상 신호가 왼쪽에서 오른쪽으로 전달되도록 구성되어 있다. 따라서 PLC 시퀀스는 릴레이 시퀀스와는 다르게 오른쪽에서 왼쪽으로 흐르는 회로나, 상하로 흐르는 회로 구성을 금지하고 있다.

[그림 5-5]는 PLC 시퀀스의 규정을 나타낸다.

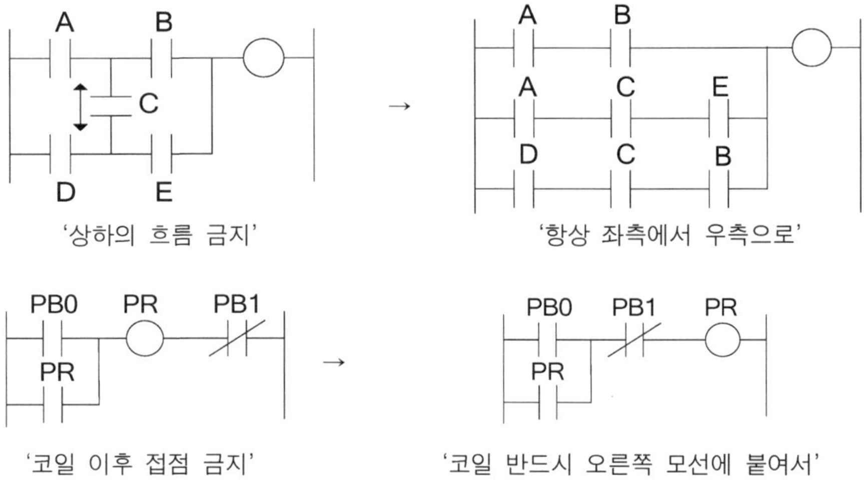

[그림 5-5] PLC 시퀀스 규정

[그림 5-6]에서 보는 것처럼 PLC 명령어 처리 순서는 맨 위 왼쪽의 명령어부터 오른쪽으로 진행한다. 다음으로 다시 아래 방향으로 한 명령어씩 실행하게 된다. 이러한 방법으로 모든 명령어를 실행하고 나면 맨 마지막으로 END 명령을 처리한다. END 명령은 자기 진단 기능, 타이머, 카운터 처리, 통신, 입출력 리프레시를 하고 난 후 프로그램 실행 순서를 맨 처음으로 되돌려 주는 역할을 수행한다. 즉 프로그램 시작 부분으로 되돌아가서 동일한 방법으로 반복해서 프로그램을 연속하여 실행하게 하는 명령어이다.

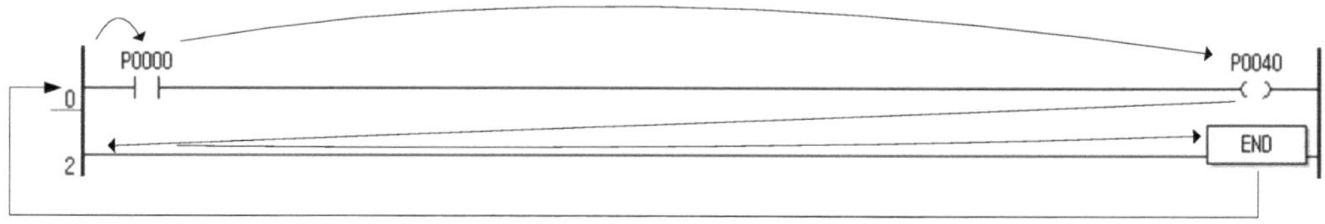

[그림 5-6] PLC 시퀀스 실행 순서

3 PLC 연산 처리

PLC의 연산 처리 과정은 먼저 입력 리프레시 과정을 통해 입력의 상태를 PLC CPU가 인식하도록 한다. 그다음 인식된 정보를 조건이나 데이터로 이용하여 프로그램 처음부터 마지막까지 순차적으로 연산을 실행하고 난 후 출력 리프레시를 한다. 이러한 동작은 고속으로 반복되고, 이 방식을 '반복 연산 방식'이라 한다. 그리고 한 루프를 실행하는 데 걸리는 시간을 '1 스캔 타임' 또는 '1 연산 주기'라고도 한다.

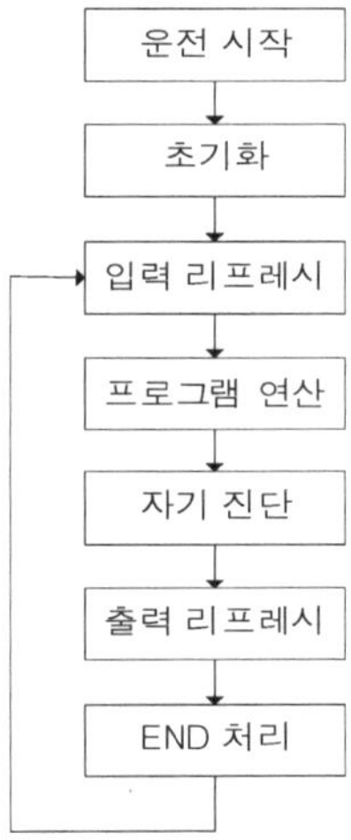

[그림 5-7] PLC 연산 처리 과정

① 초기화 처리 : PLC가 RUN 모드로 변경될 때 한 번만 실행하고 다음과 같은 처리를 수행한다.

- 입·출력 모듈 리셋 : 베이스에 설치된 모듈을 리셋하고, 모듈 파라미터에 설정된 운전 방식이 적용된다.
- 데이터 클리어 : 데이터 메모리에 저장되어 있는 데이터를 클리어한다. 이때 래치로 설정된 데이터 메모리 영역의 데이터는 클리어하지 않고 유지한다.
- 입·출력 모듈 주소 할당 및 종류 등록 : 입·출력 모듈의 데이터 메모리 주소를 할당하고, 모듈의 종류를 등록한다.
- 초기화 Task 처리 : 초기화 Task 프로그램이 등록된 경우 초기화 Task 프로그램의 연산을 실행한다.

② 입력 리프레시 : 디지털 입력 모듈의 입력 상태를 읽어 PLC 데이터 메모리의 입력 영역에 저장한다. 입력 리프레시 과정을 거쳐 입력 데이터 메모리 영역에 저장된 입력 정보는 그 스캔이 완료될 때까지 변경되지 않는다.

③ 프로그램 연산 : 사용자가 작성한 프로그램을 해석하여 데이터 메모리에 저장된 데이터를 처리한다. 프로그램은 스캔 프로그램과 Task 프로그램으로 구분된다. 스캔 프로그램은 PLC CPU가 RUN 상태이면 수행하는 프로그램이다. Task 프로그램은 PLC가 RUN 상태에서 Task의 조건으로 지정된 조건이 만족될 때 수행하는 프로그램이다. 프로그램 연산 과정에서 발생하는 출력 데이터는 데이터 메모리의 출력 영역에 저장된다.

④ 자기 진단 : PLC 시스템을 진단하고 에러 존재 여부를 판단한다. 에러가 감지되면, PLC는 RUN 상태가 되지 않고 에러 상태가 된다.

⑤ 출력 리프레시 : 데이터 메모리의 출력 영역에 저장된 데이터를 출력 모듈을 통해 출력한다. 이때 출력 상태의 갱신이 행해진다.

⑥ END 처리 : 1 스캔의 처리를 종료한 후 스캔의 처음으로 돌아가기 위한 처리이다.

⑦ 즉시 입 · 출력 데이터 갱신할 경우 : 프로그램 연산 도중 다시 입력 데이터를 갱신하고자 할 때 'IORF' 명령어를 이용하여 입력 데이터를 리프레시할 수 있다.

4 PLC 동작 원리

PLC는 사용자의 프로그램에 의해 본체에 연결된 외부 입·출력기기를 제어한다. 정확한 동작을 위해서는 입·출력기기의 올바른 배선 작업, 프로그램 및 PLC 제어 동작 특성에 대하여 이해해야 한다.

1) PLC 프로그래밍 언어

현재 사용 중인 PLC 프로그래밍 언어로 IL(Instruction List), 래더(Ladder), ST(Structured Text), FBD(Function Block Diagram), SFC(Sequential Function Chart) 등이 있다. XGK PLC는 IL(읽기 전용)과 래더도 등의 언어를 사용할 수 있고 상호 호환이 가능하다. 그중 래더도가 가장 많이 활용되고 있다.

(1) IL(Instruction List)

MASTER-K PLC에서 니모닉(Mnemonic)이라고 불리우는 언어이다. 어셈블리 언어 형태의 문자 기반 언어로서 MASTER-K에서는 휴대용 프로그램 입력기를 이용하여 현장에서 간단한 로직의 프로그래밍에 주로 사용되었다. 최근에는 노트북을 사용함으로써 IL로 작성할 필요성이 사라져 거의 사용되지 않는 언어이다.

회로의 시작은 반드시 'LOAD'나 'LOAD NOT'으로 시작한다.

LOAD	a접점 연산 개시 명령
LOAD NOT	b접점 연산 개시 명령
AND	직렬접속
OR	병렬접속
NOT	반전
OUT	코일 출력

스텝	니모닉	오퍼랜드
0	LOAD	P0000
1	AND	P0001
2	AND NOT	P0002
3	OUT	P0040
4	END	

[그림 5-8] PLC 니모닉 프로그램 예

(2) 래더(Ladder) : 사다리도

래더도는 로직을 표현하는 데 사다리 형태로 전원을 생략한 릴레이 로직과 유사한 도형 기반의 언어이다. 현재 가장 많이 사용되고 있다.

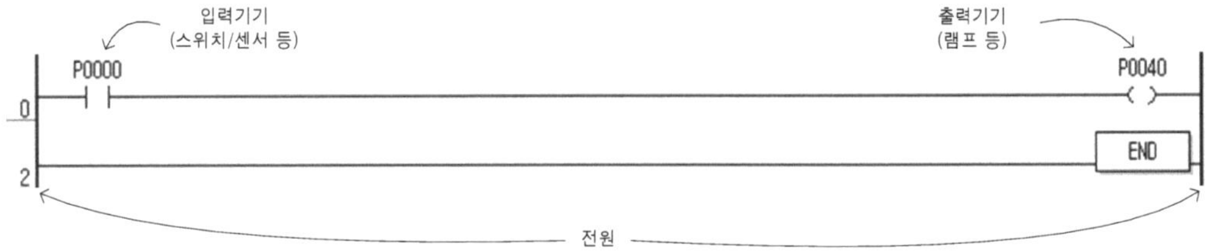

[그림 5-9] PLC 래더 프로그램 예

2) PLC 동작 이해

(1) PLC 기본 로직(명령어)

PLC 기본 로직에는 릴레이 로직과 유사한 형태의 스위치 형태의 입력과 출력 코일이 있다. 그 외에 응용 명령들이 있다.

구분	릴레이 로직	PLC 로직	설 명
a접점	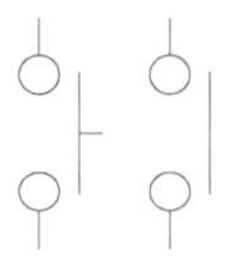		• 평상시 개방(Open)되어 있는 접점 • NO(Normal Open) 접점 • PLC 외부 입력, 내부 출력 ON/OFF 상태 입력
b접점	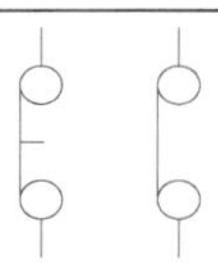		• 평상시 폐쇄(Close)되어 있는 접점 • NC(Normal Close) 접점 • PLC 외부 입력, 내부 출력 ON/OFF 반전 상태 입력
c접점	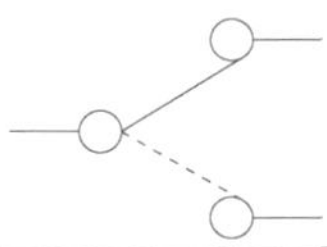	없음	• a, b접점 혼합형, PLC에서는 로직 조합 표현
출력 코일	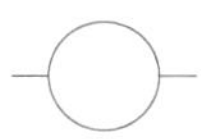	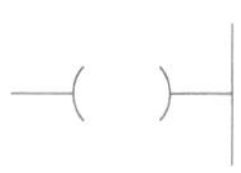	• 연산 결과 접점 출력
응용 명령	없음	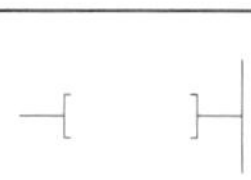	• PLC 응용 명령 수행

(2) 기초 용어 정의

① 점(Point)

PLC의 입출력 용량을 표시할 때 사용한다. 예를 들면 입력 8점, 출력 6점의 규격인 LG 산전 XGB-DR14E PLC는 스위치/센서 등 입력기기를 최대 8개와 램프/릴레이 등 출력기기를 최대 6개까지 연결할 수 있다.

② 스텝(Step)

PLC 명령어의 최소 단위로 a접점, b접점, 출력 코일 등의 명령이 1 스텝에 해당하는 명령이다. 기타 응용 명령어의 경우 하나의 명령어가 다수의 스텝을 점유한다. 프로그램 용량 및 CPU 속도를 표시하는 단위로 사용된다. (용량 : 30k스텝, 속도 : 초/스텝)

③ 스캔 타임(Scan time)

사용자 작성 프로그램의 1회 수행하는데 걸리는 시간이다. 스텝 수가 많은 프로그램의 경우 스캔 타임은 증가한다.

④ WDT(Watch dog timer)

프로그램 연산 중에 폭주나 CPU 기능 고장에 의하여 출력을 하지 못할 경우 설정한 시간(WDT) 대기 후 에러를 발생시키는 시스템 감시 타이머이다. 기본 200ms로 설정되어 있고, 파라미터 지정에 의해 변경할 수 있다.

⑤ 파라미터(Parameter)

프로그램과 함께 PLC에 저장되는 운전 데이터로 통신이나 시스템 환경 등을 지정한다.

(3) PLC 기본 동작

아래 그림은 PLC 기본 구성과 동작을 간략화한 것이다. 외부 접점과 PLC 연산 관계에 대하여 설명한다. 점선 내부는 PLC의 CPU에 저장되어 동작되는 프로그램으로 프로그램 Loader(XG5000)를 이용하여 입력할 수 있다.

- 입력 단자와 COM 단자 사이에 입력기기를 연결하고, DC 24V를 인가해 주면 입력이 형성된다.
- 출력 단자와 COM 단자 사이에 부하(램프)를 연결하고 부하 구동전원을 연결하면 된다. (DC 부하일 경우 부하 구동전원은 DC 전원이 된다.)

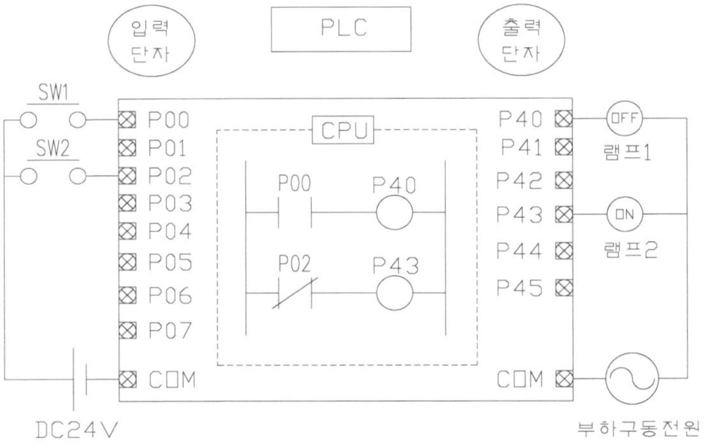

- 스위치 SW1이 OFF이므로 a접점인 P00는 SW1의 OFF 상태가 적용되어 단전(Disconnect)되고 출력 P40은 OFF, 램프1 소등된다.
- 스위치 SW2가 OFF이므로 b접점인 P02는 SW2의 OFF 상태 반전 적용되어 연결(Connect)되고 출력 P43은 ON, 램프2 점등된다.

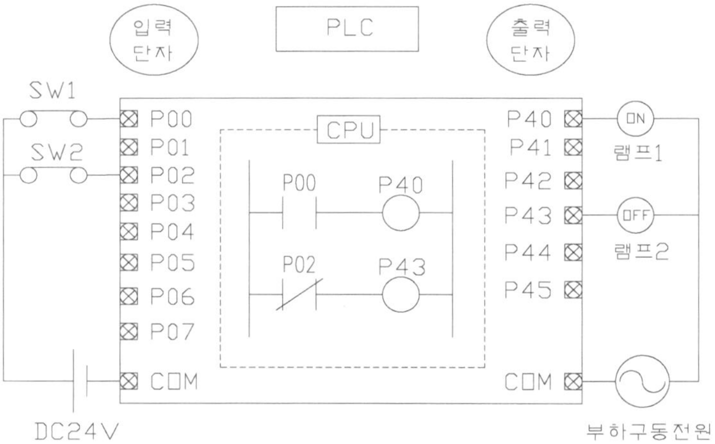

- 스위치 SW1이 ON이므로 a접점인 P00는 SW1의 ON 상태가 적용되어 연결(Connect)되고 출력 P40은 ON, 램프1 점등된다.
- 스위치 SW2가 ON이므로 b접점인 P02은 SW2의 ON 상태 반전 적용되어 단전(Disconnect)되고 출력 P43는 OFF, 램프2 소등된다.

CHAPTER

06

PLC 설치와 연결 방법

1 PLC 소프트웨어 XG5000 설치 및 실행

① LS산전 홈페이지에 접속하고, 다운로드 자료실에서 PLC 프로그램 'XG5000 한글 버전'을 다운로드하여 설치한다.

[그림 6-1] XG5000

② XG5000 프로그램을 실행한 후, 메뉴에서 새 프로젝트를 선택하고, 프로젝트 이름 입력, CPU 시리즈와 CPU 종류를 설정한다. 여기서는 CPU 시리즈는 XGB, CPU 종류는 XGB-XBCE를 선택하고 확인 버튼을 누른다.

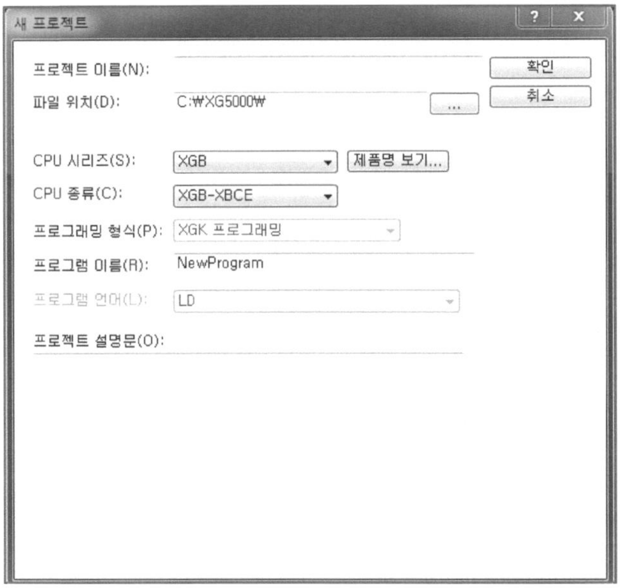

[그림 6-2] PLC 모델 설정

③ 프로젝트 창의 항목에서 [파라미터-I/O파라미터-모듈]을 설정한다. 사용 중인 PLC의 CPU에 맞는 입출력 모듈을 선택한다. 여기서는 XBC-DR14E를 선택한다.

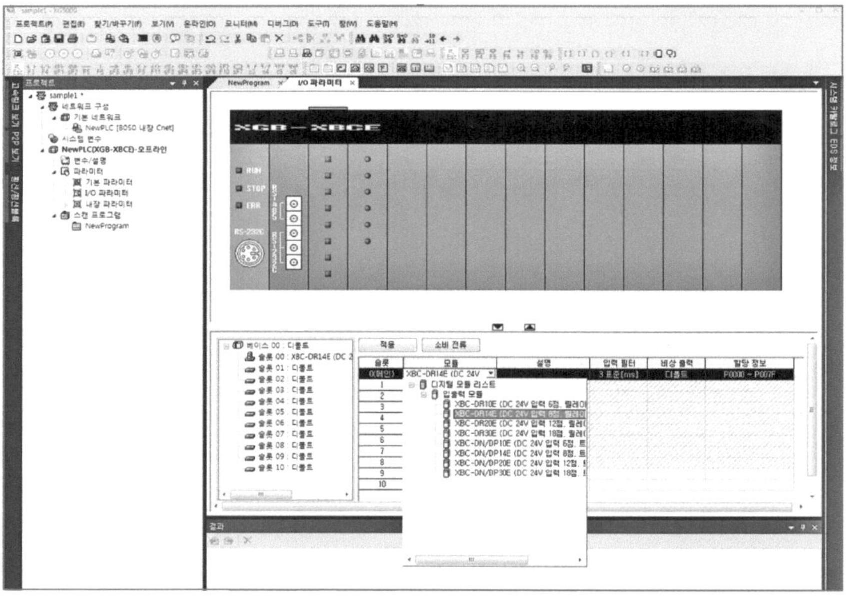

[그림 6-3] PLC 모듈 설정

④ 프로젝트 창의 항목에서 [스캔프로그램-NewProgram]을 선택하여 PLC 프로그램을 작성할 수 있다.

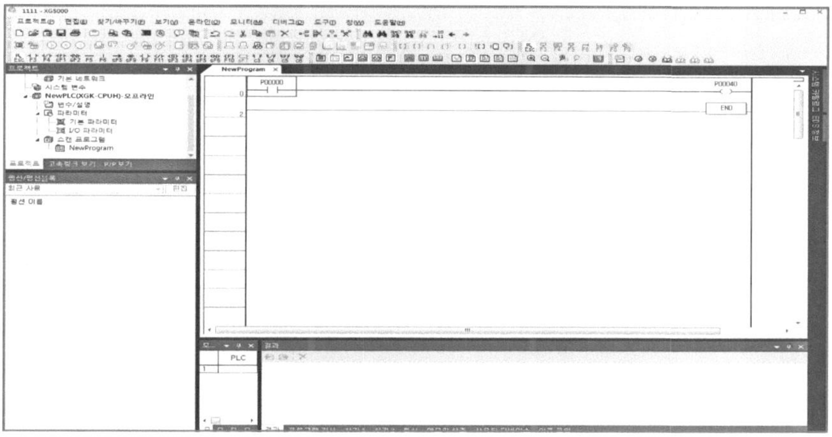

[그림 6-4] PLC 프로그램 작성

2 PLC 장비 연결

1) PLC(XGB XBC-DR14E)

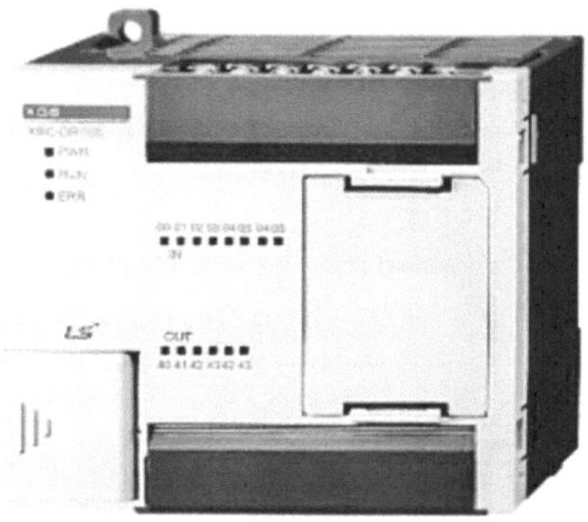

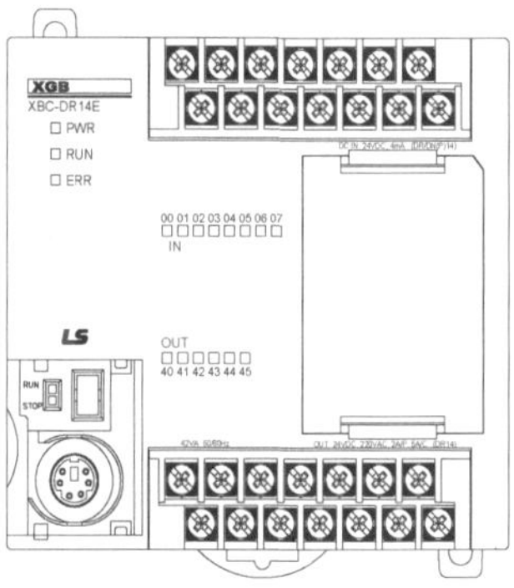

XBC-DR14E	AC 100~240V 전원, DC24V 입력 8점 릴레이 출력 6점		
외형 치수 (mm)	W	D	H
	97	64	90

[그림 6-5] PLC XBC-DR14E

(1) 기기의 각부 명칭 및 기능 (XBC/XEC "E" 타입)

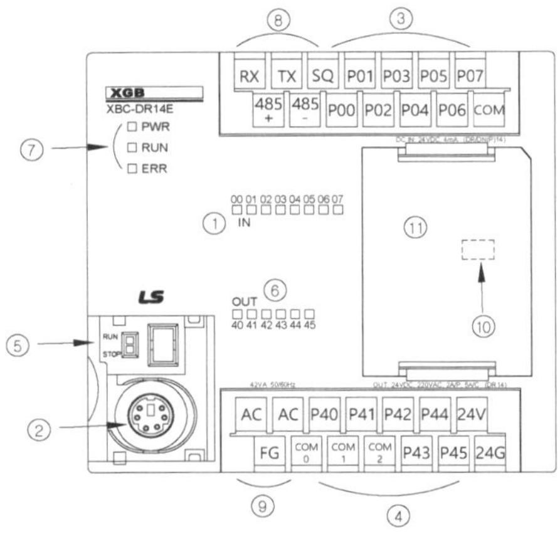

No	명 칭	용 도
①	입력 표시용 LED	• 입력 접점의 ON/OFF 상태를 표시합니다.
②	PADT 접속용 커넥터	• XG5000과 접속하기 위한 커넥터 – RS-232C 1 채널
③	입력 단자대	• 실제 입력신호를 입력받는 단자대
④	출력 단자대	• 실제 출력신호를 출력하는 단자대
⑤	RUN/STOP 모드 스위치	• 기본 유닛의 운전 모드를 설정합니다. – STOP → RUN : 프로그램의 연산 실행 – RUN → STOP : 프로그램의 연산 정지 (STOP 인 경우 리모트 모드변경 가능)
⑥	출력 표시용 LED	• 출력 접점의 ON/OFF 상태를 표시합니다
⑦	상태 표시 LED	• 기본 유닛의 동작 상태를 나타냅니다 – PWR(적색 점등) : 전원이 공급되고 있음을 표시 – RUN(녹색 점등) : RUN 모드로 운전 중을 표시 – ERR(적색 점멸) : PLC 운전 중 에러 발생을 표시
⑧	내장 통신 접속 단자대	• 내장 RS-232C/485 통신 접속용 단자대
⑨	전원 단자대	• 전원 공급용 단자대 (AC 100~240V)
⑩	O/S 모드 딥스위치	• 동작 또는 O/S 다운로드 모드 설정용 딥 스위치 – On : 부트(BOOT) 모드로 O/S 다운로드 가능 – Off : 사용자 모드로 PADT 를 이용하여 프로그램 다운로드 가능
⑪	옵션 보드 홀더	• 옵션 보드 장착용

(2) 입 · 출력 배선

① XBC-DR14E 8점 DC24V 입력부 (소스/싱크 타입)

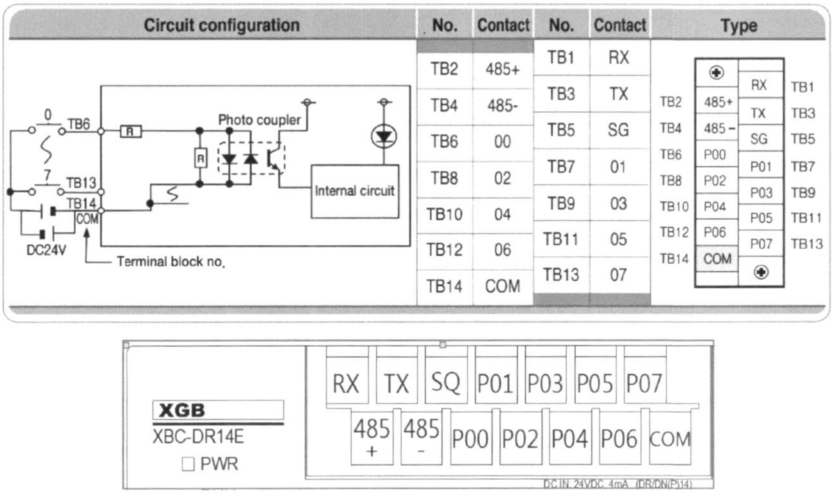

[그림 6-6] PLC XBC-DR14E 입력부

No.	Contact	No.	Contact
TB2	485+	TB1	RX
TB4	485-	TB3	TX
TB6	00	TB5	SG
TB8	02	TB7	01
TB10	04	TB9	03
TB12	06	TB11	05
TB14	COM	TB13	07

② XBC-DR14E 6점 릴레이 출력부(싱크 타입)

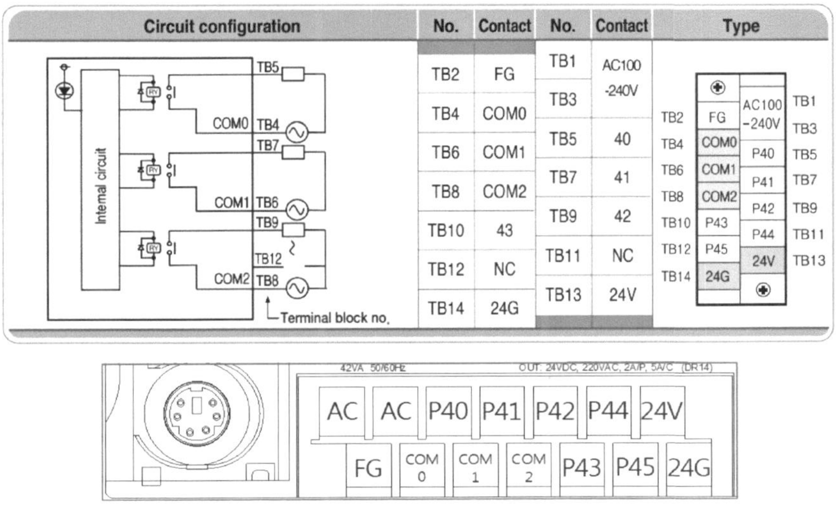

[그림 6-7] PLC XBC-DR14E 출력부

No.	Contact	No.	Contact
TB2	FG	TB1	AC100 -240V
TB4	COM0	TB3	
TB6	COM1	TB5	40
TB8	COM2	TB7	41
TB10	43	TB9	42
TB12	NC	TB11	NC
TB14	24G	TB13	24V

2) PLC 기기 연결

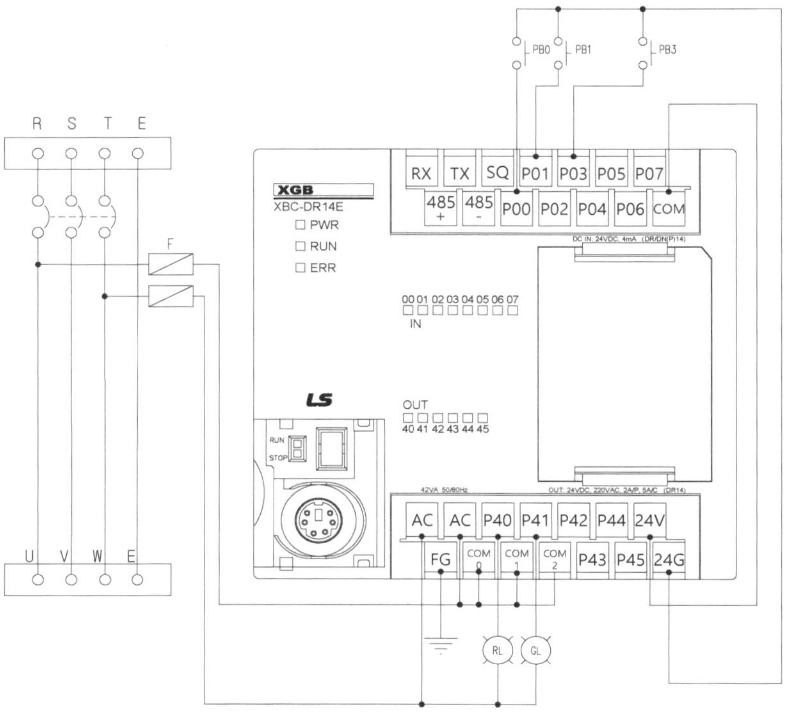

[그림 6-8] PLC XBC-DR14E 출력부

PLC 기기를 연결하여 프로그래밍을 하기 위해서는 컴퓨터, PLC, RS232 통신케이블, USB to 시리얼 컨버터, 전원 케이블 등이 필요하다.

(1) 전원, 접지, 출력 단자의 연결

① PLC 본체의 AC 전원 단자에 AC220V 전원 케이블을 연결하고, 전원 단자대와 휴즈 홀더를 연결한다.

② 전원 AC 단자 중 한 개의 공통(COM)선을 인출하여 COM0, COM1, COM2 단자에 접속한다.

③ 다른 한 개의 전원 단자를 인출하여 출력 기기의 공통 접점과 연결한다.

④ 출력 단자의 사용은 P40부터 P45까지이고, 출력 단자 접점(P40~P45)을 출력 기기의 다른 접점들과 연결한다.

⑤ FG는 접지 단자로 제어반 작업 시 녹색 접지선을 단독 접지할 때 사용한다.

(2) 입력 단자의 연결

① 입력 단자는 P00~P07까지 총 8개의 입력이 있다. 출력 단자 24V와 24G는 +24V 직류가 출력이 되는 부분이다.

② XBC-DR14E는 입력을 DC로 받기 때문에 출력 단자의 24V 단자를 입력 단자 COM에 연결하고, 출력 단자의 24G 단자에서 점프선을 인출하여 입력기기의 공통 접점과 연결한다.

③ 입력기기의 다른 접점들은 입력 단자대 접점 P00~P07 단자에 연결한다.

(3) 통신 연결

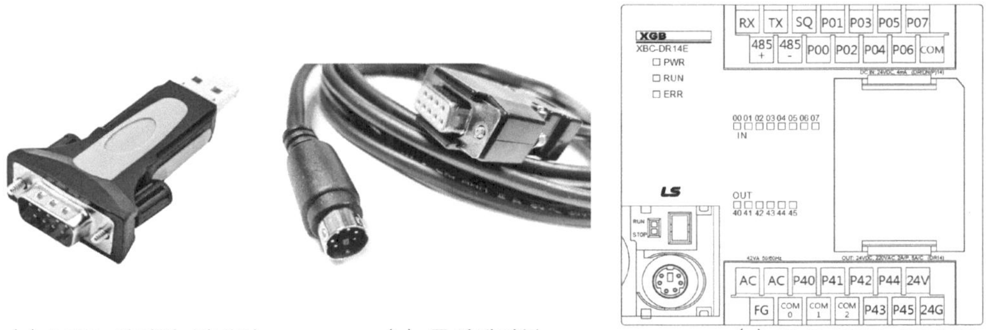

(a) USB 시리얼 컨버터　　(b) 통신케이블　　(c) PLC XBC-DR14E

[그림 6-9] PLC XBC-DR14E 통신 연결

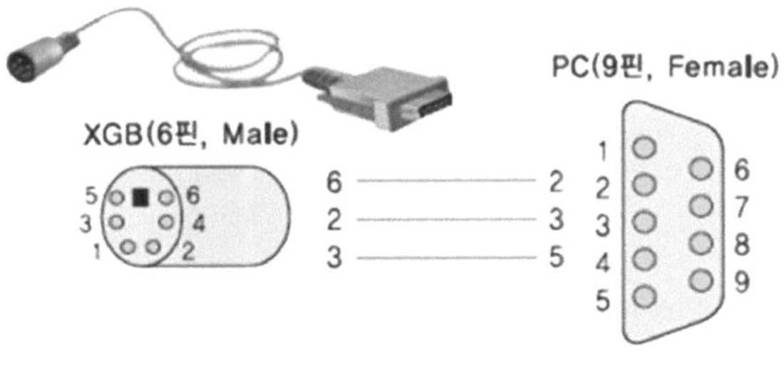

[그림 6-10] 통신케이블 PMC-310S 결선도

PLC와 컴퓨터를 연결하여 통신을 하기 위해서는 컴퓨터-USB 시리얼 컨버터-통신케이블-PLC의 연결라인이 구성되어야 한다.

3 USB 시리얼 컨버터 설치

USB 시리얼 컨버터를 사용하려면 컨버터와 함께 제공된 드라이버 프로그램을 설치해야 한다. 드라이버를 설치한 후, 컨버터를 USB에 장착하고 [장치관리자-포트(COM & LPT)-포트 설정-고급]을 클릭하면, COM 포트를 설정할 수 있다. 기본으로 COM4로 되어 있으니 변경없이 이용 가능하다. 장치관리자의 포트를 눌러 장치가 COM 포트의 몇 번으로 설정되었는지 확인한다.

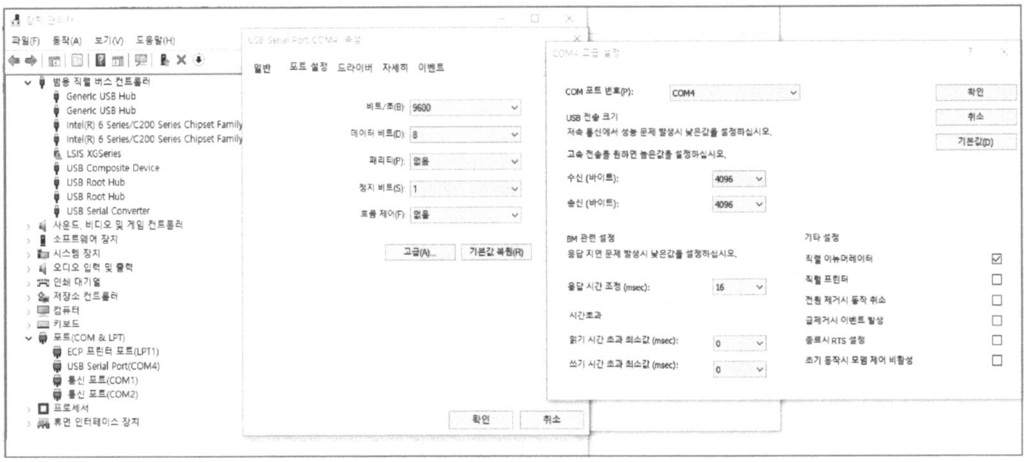

[그림 6-11] 장치관리자 통신 포트 설정

컴퓨터 장치관리자에서 COM 포트 설정을 한 후 XG5000에서도 동일한 포트 설정을 해주어야 한다.

XG5000에서 메뉴 [온라인-접속설정-설정]을 선택하여 세부사항 화면의 팝업박스에서 설정하면 된다.

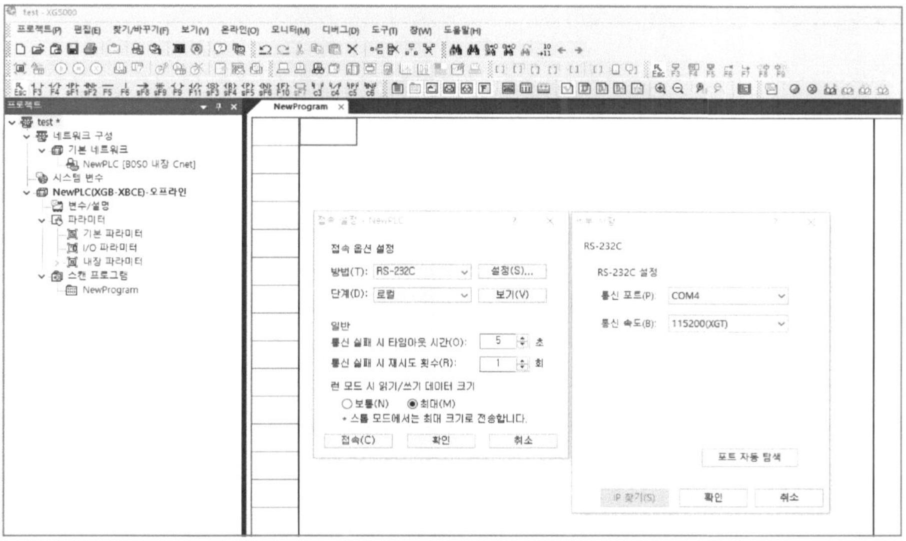

[그림 6-12] XG5000 통신 포트 설정

컴퓨터와 PLC가 연결되었는지 여부는 메뉴 [온라인-접속]을 선택하여 확인할 수 있다.

메뉴 [온라인-쓰기]를 선택하여 PLC에 프로그램을 다운로드할 수 있고, 작성된 프로그램의 동작 테스트를 수행할 수 있다.

4 PLC 프로그램 작성 예제

1) 동작 설명

① 입력접점 P00에 연결된 스위치(PB0) ON 동안 출력접점 P40에 연결된 LED ON

② 입력접점 P00 OFF 동안 출력접점 P40 OFF

2) 타임 차트

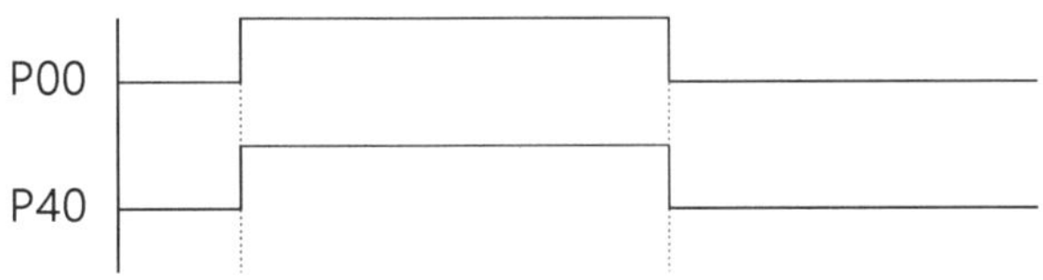

3) 작성된 PLC 프로그램

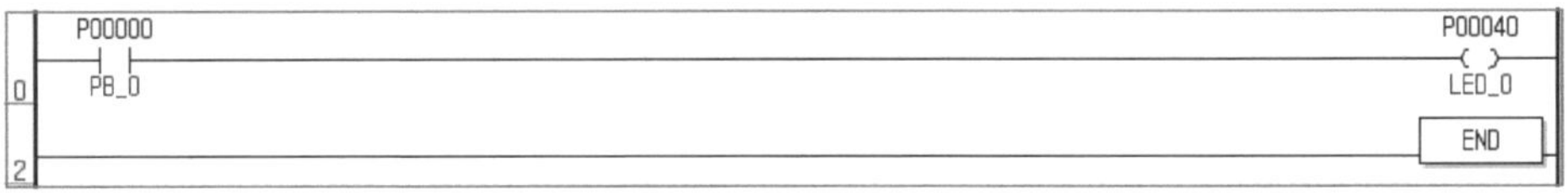

4) 프로그램 작성 과정

(1) XG5000 프로그램 실행과 프로젝트 생성

① XG5000 프로그램 실행 〉 메뉴 [새프로젝트] 〉 다음과 같이 프로젝트 기본 정보들을 입력한다.

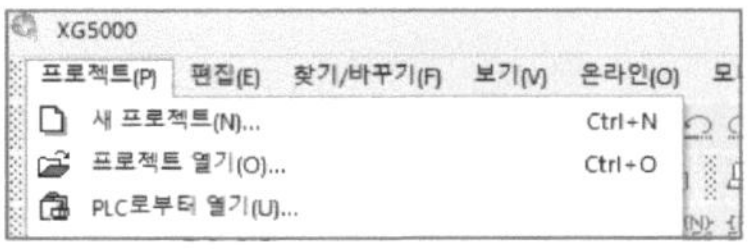

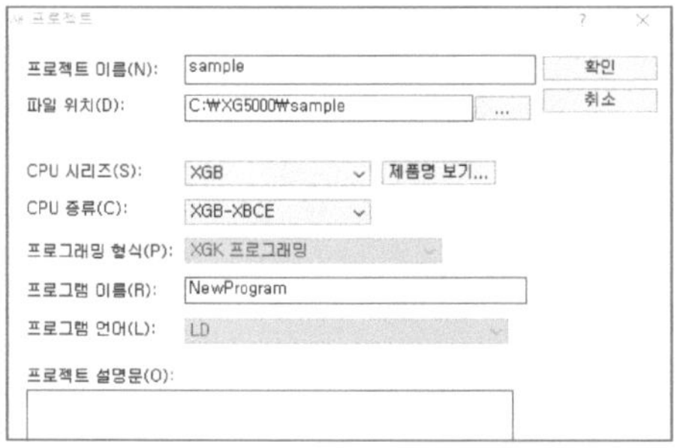

② PLC 모듈을 설정한다. 프로젝트 창의 항목에서 [파라미터-I/O파라미터-모듈]을 선택하여 설정한다. 사용 중인 PLC의 CPU에 맞는 입출력 모듈을 선택한다. 여기서는 XBC-DR14E를 선택한다.

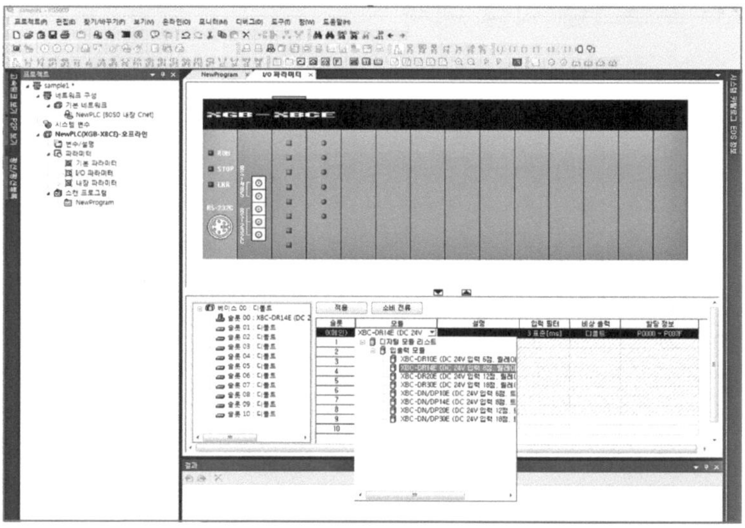

③ 프로젝트 창의 항목에서 [스캔프로그램-NewProgram]을 선택하여 PLC 프로그램을 작성한다.

(2) 입력접점 입력

커서를 첫 줄 좌측으로 이동시키고, 키보드 F3 또는 상단의 아이콘 ┤├ 을 누른다.

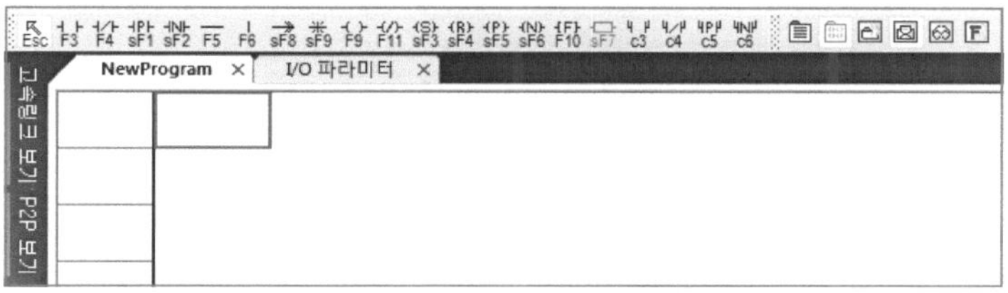

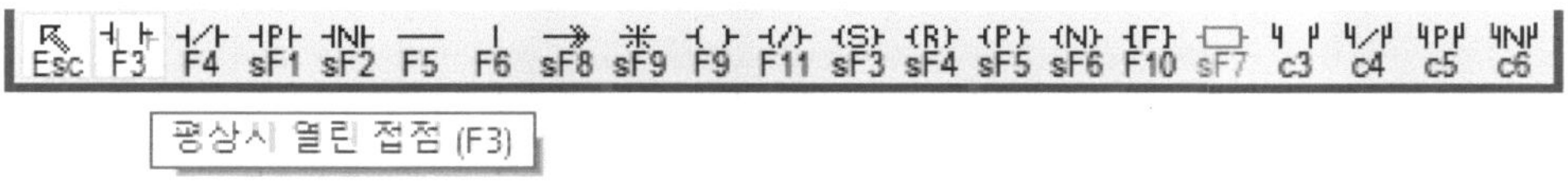

(3) 변수/디바이스 항목 입력

'변수/디바이스' 항목에 P00를 입력하고 '확인' 버튼을 누른다. 이때, '변수/설명 자동 추가'가 선택(체크)되어 있으면 변수/설명 추가 대화상자가 나타난다.

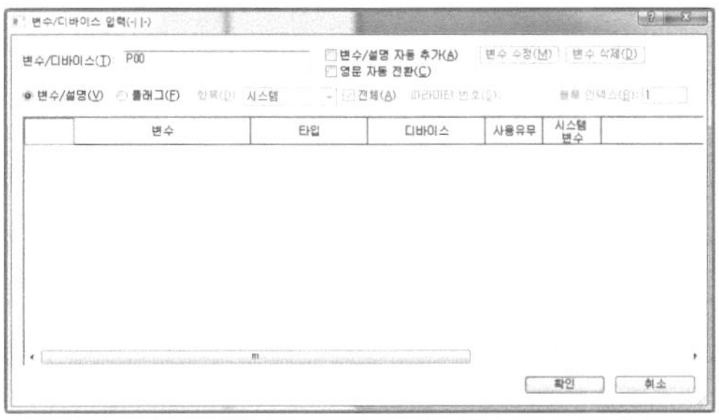

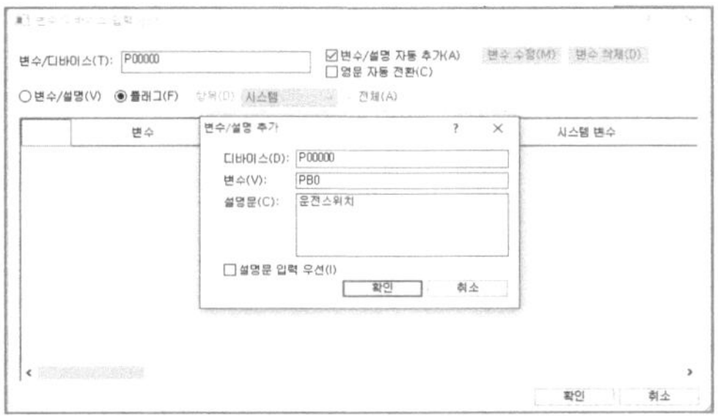

XG5000에는 몇 가지의 보기 옵션을 선택할 수 있다. 보기 옵션에 따라 변수의 표시 형태가 달라진다. 보기 옵션은 보기 메뉴에서 선택할 수도 있고, XG5000의 단축 아이콘 창에 있는 아이콘으로도 표시된다.

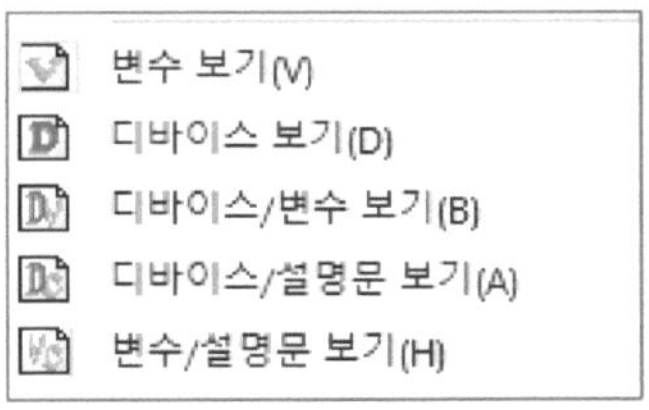

변수 보기	디바이스 보기	디바이스/변수 보기	디바이스/설명문 보기	변수/설명문 보기
P00000 ─┤ ├─	PB0 ─┤ ├─	P00000 ─┤ ├─ PB0	P00000 ─┤ ├─ 운전스위치	PB0 ─┤ ├─ 운전스위치

(4) P00 입력접점이 생성되었고, 키보드의 F5 또는 아이콘 F5을 이용하여 가로선을 그릴 수 있다.

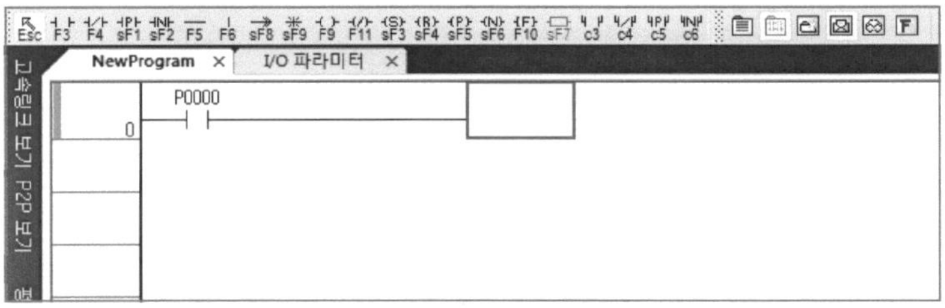

(5) 출력 코일 생성

P00 입력접점의 우측에서 키보드의 F9를 누르거나, 아이콘 F9을 누르면 출력 코일을 생성할 수 있다. 변수/디바이스에 출력 코일 P40를 입력한 후 확인 버튼을 누른다.

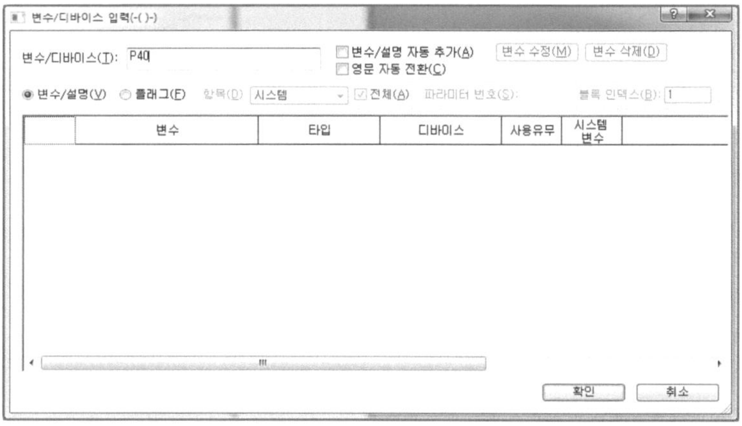

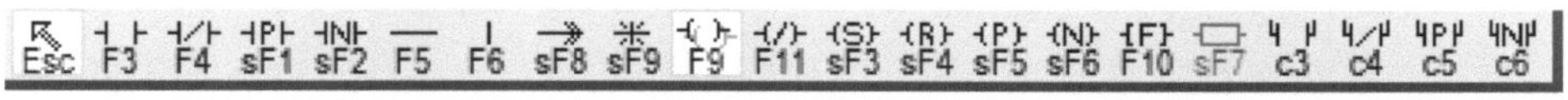

코일 (F9)

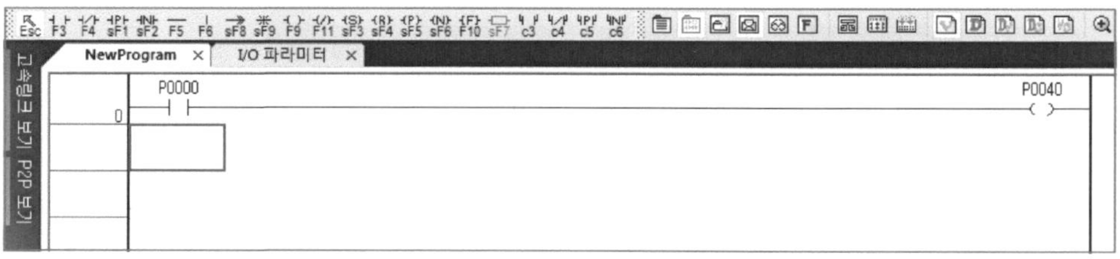

(6) END 명령 입력

프로그램을 작성을 끝내기 위해서 키보드의 F10 또는 아이콘 F10 을 누른 후 'END' 명령을 입력한다.

(7) 시뮬레이션 모니터링

프로그램의 작성이 완료하고, PLC 시스템을 시뮬레이션 모니터링하기 위해서는 도구 메뉴의 '시뮬레이션 시작'을 선택한 후 모니터 메뉴의 '시스템 모니터'를 선택하면 가능하다.

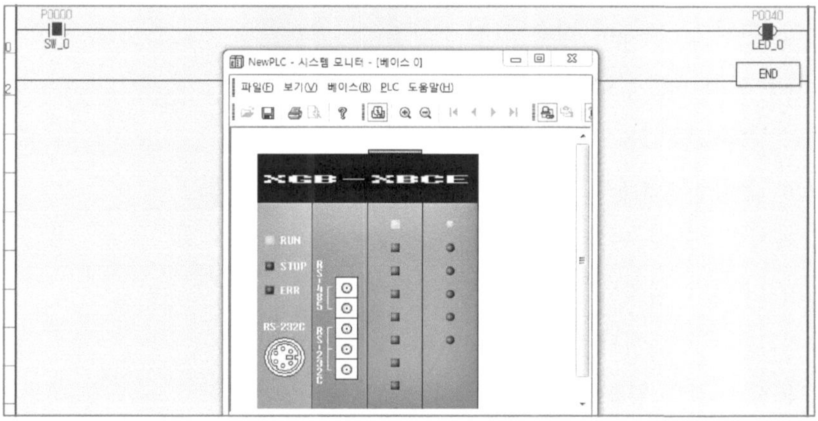

(8) PLC 접속

시뮬레이션 작업을 수행한 후 작성한 프로그램에 문제가 없다고 판단되면 PLC로 프로그램을 전송한다. 작성된 프로그램 및 파라미터를 PLC로 전송하고 PLC를 RUN 상태로 전환해 주어야만 PLC는 동작한다. PC에서 작성한 프로젝트를 PLC로 전송하기 위해서 PC와 PLC 간 접속이 이루어져야 하며, 온라인 메뉴에서 [접속설정 – RS232C – 설정]에서 [포트자동탐색]을 선택하면 포트를 자동으로 검색한다. '확인'을 클릭한 후 빠져나와서 온라인 메뉴에서 '접속'을 선택하면 된다.

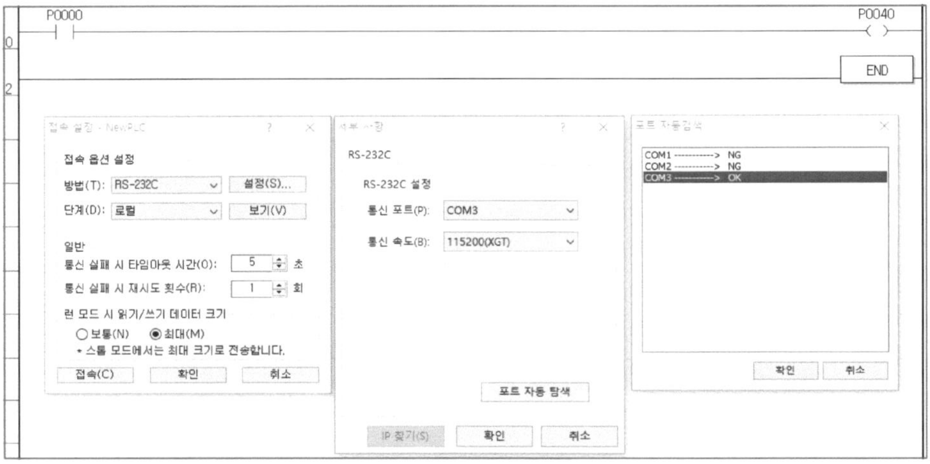

(9) PLC로 전송 및 PLC 운전

PLC 운전 시작 절차는 다음과 같다.

① 통신케이블 연결

② PLC 기기의 Mode 전환 S/W를 'STOP'으로 설정

③ 메뉴의 '온라인' 탭에서 접속 설정

방법(T) : 'RS232' 선택 → '확인'

④ 메뉴의 '온라인' 탭에서 접속 클릭

⑤ 메뉴의 '온라인' 탭에서 '쓰기'

⑥ PLC 기기의 Mode 전환 S/W를 'RUN'으로 설정

⑦ 메뉴의 '모니터 탭에서' '모니터 시작' 클릭

⑧ 메뉴의 '모니터 탭에서' '시스템 모니터' 클릭

⑨ PLC 운전 시작 : 입출력 기기(스위치 등) 작동

프로그램의 작성이 완료되고 PC와 PLC 간 접속이 완료되면 PC에서 작성한 파라미터, 프로그램, 설명문을 PLC로 전송하고 PLC를 운전시킨다.

XG5000의 온라인 메뉴에서 '쓰기' 또는 단축 아이콘의 '쓰기' 아이콘을 선택하면 PLC에 쓰기가 진행된다.

프로젝트를 전송할 때 PLC는 STOP 상태가 되어야 한다. '쓰기'를 실행할 때 PLC가 RUN 상태이면 PLC를 STOP 모드로 전환할지 여부를 물어본다. 여기서 '예(Y)'를 선택하면 PLC를 STOP 시킨 후 프로젝트를 전송하며, '아니오(N)'를 선택하면 PLC는 RUN 상태를 유지하며, 프로젝트를 전송하지 않는다. 단 전송 목록에서 설명문만 선택되었을 경우 PLC가 RUN 상태에서도 설명문을 전송한다.

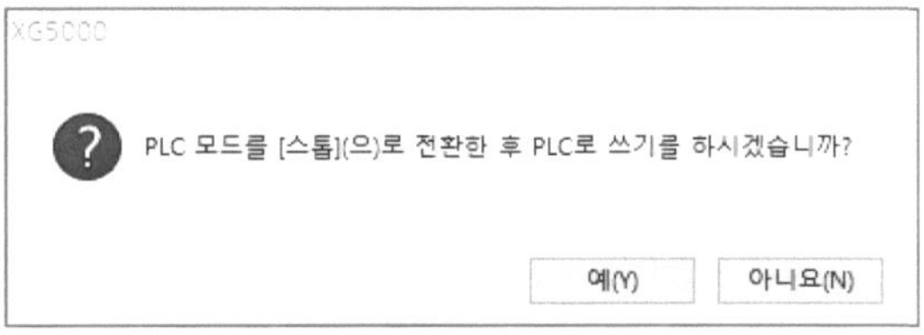

PLC가 STOP 모드로 전환되면 PC에서 작성한 파라미터, 프로그램 및 설명문이 PLC로 전송된다. '쓰기'는 기본 파라미터, I/O 파라미터, 프로그램 및 설명문 순으로 PC에서 PLC로 전송된다.

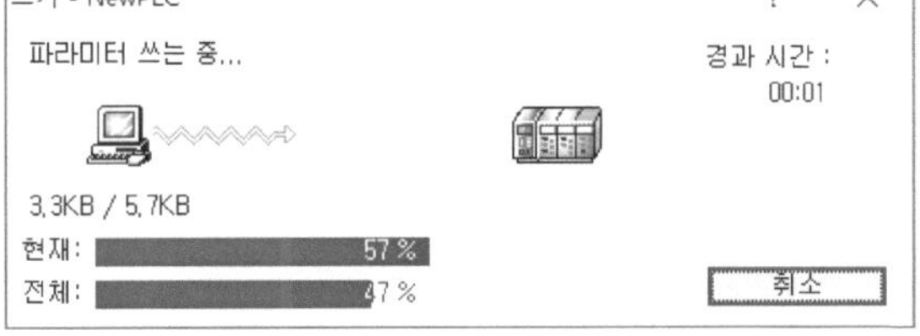

PLC 운전은 전송 완료 후 PLC를 RUN 모드로 전환하면 된다. RS232 포트 옆에 있는 RUN/STOP 선택 스위치로 조정한다. 모니터 메뉴에서 '모니터 시작'과 '시스템 모니터'를 선택하여 PLC 입출력 상태 모니터링이 가능하다.

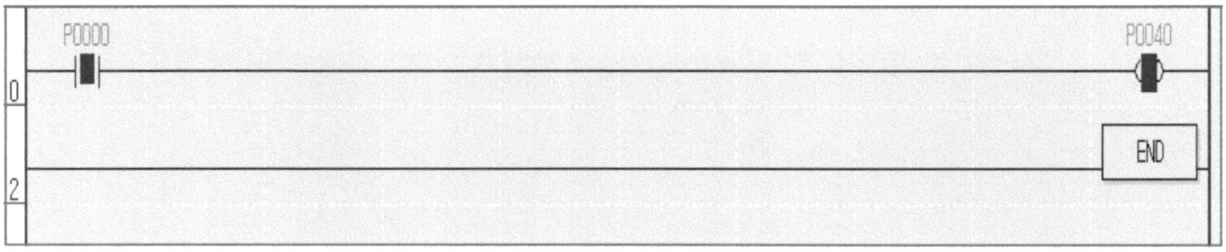

5 PLC와 HMI 시뮬레이션 연동

LS산전 PLC 소프트웨어 XG5000과 HMI 작화 프로그램 XP-Builder를 서로 연결해서 시뮬레이션하는 과정에 대해 설명한다.

1) HMI 작화 프로그램 XP-Builder 설치

LS산전 홈페이지에 접속하고, 다운로드 자료실에서 HMI 작화 프로그램 'XP-Builder'를 다운로드하여 설치한다.

2) PLC 프로그래밍

XG5000에서 PLC 프로그램을 작성한다.

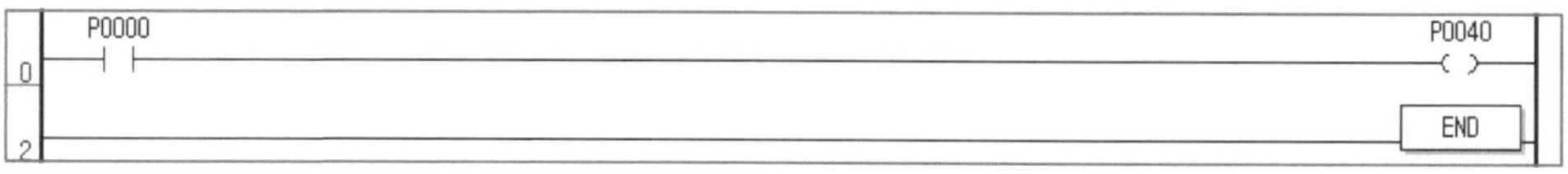

3) HMI 작화

(1) XP-Builder 실행

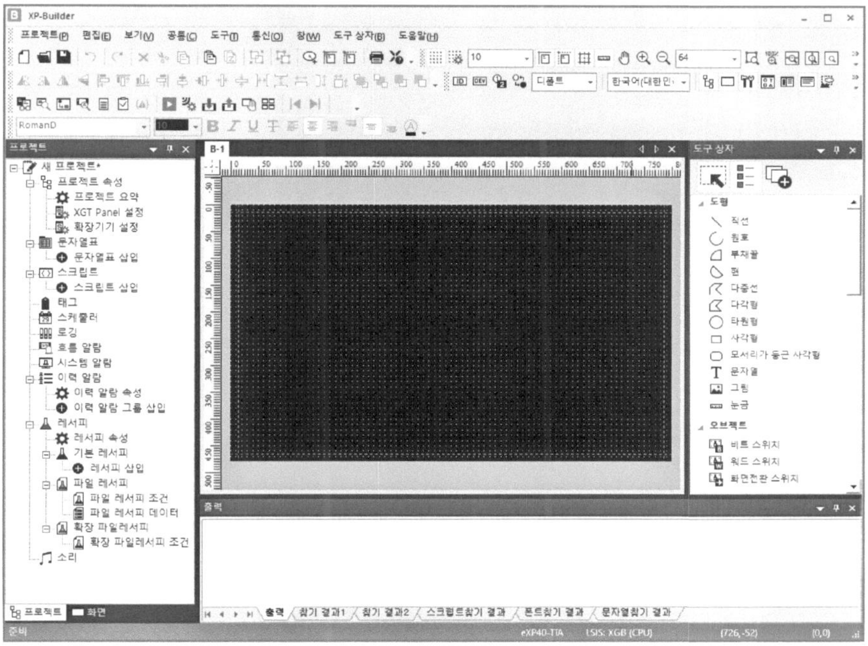

(2) 모델 및 제어기 설정

메뉴에서 [새프로젝트]를 선택하여 사용할 모델 및 제어기를 선택하여 설정하다.

(3) HMI 작화

① [도구상자]에서 비트 스위치를 선택하여 화면에 추가한다.

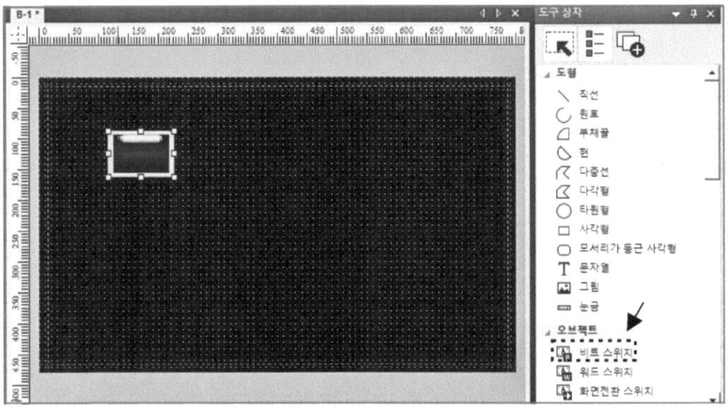

② 입력한 비트 스위치에 대해 설정한다.

기본 설정에서 ‘P0000’와 ‘누를 때만 On’ 선택하고, 문자 설정에서 ‘SW_0’ 문자열을 입력한다.

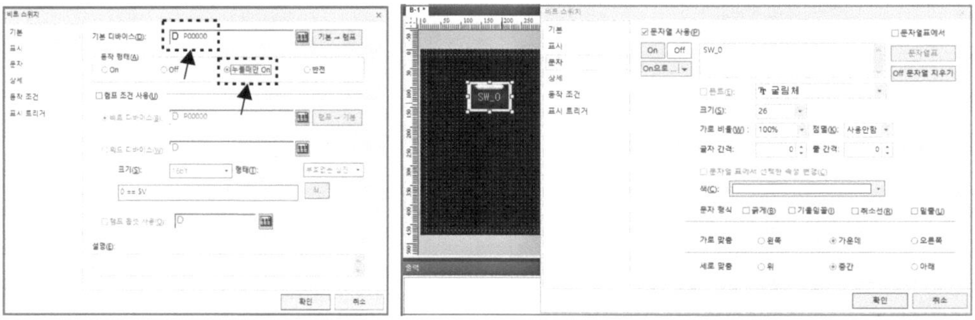

③ [도구상자]에서 비트 램프 추가하고 설정한다.

기본 설정에서 ‘P0040’를 입력한다.

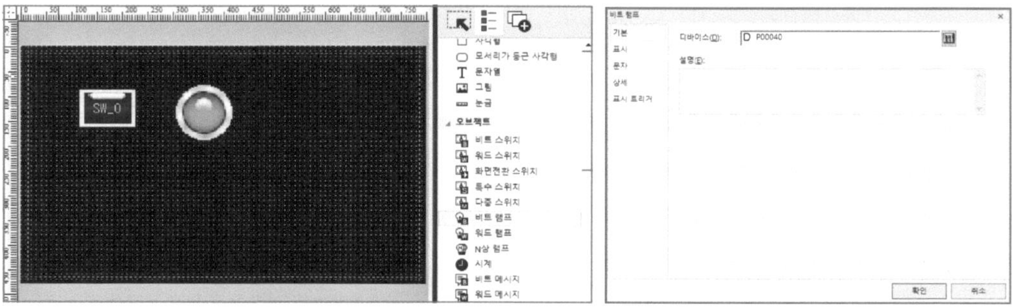

(4) PLC와 HMI 시뮬레이션 연동

① 메뉴에서 [공통-프로젝트 속성]을 선택한다.

② 프로젝트 속성 창에서 [XGT Panel 설정] 메뉴 선택한 후 아래 부분에 보이는 [PLC 시뮬레이터 이용] 옵션을 체크한다.

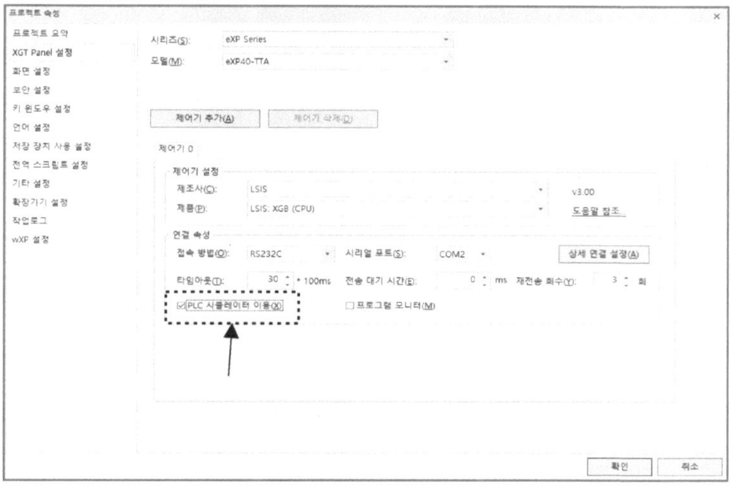

③ XG5000 시뮬레이터를 먼저 실행한 후 다음으로 XP-Builder 시뮬레이션을 실행한다.

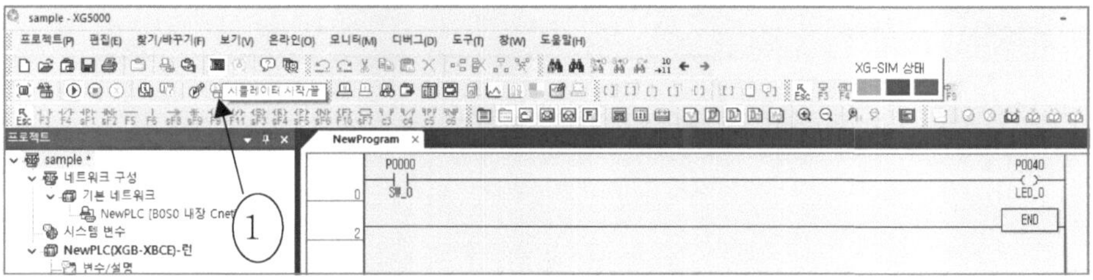

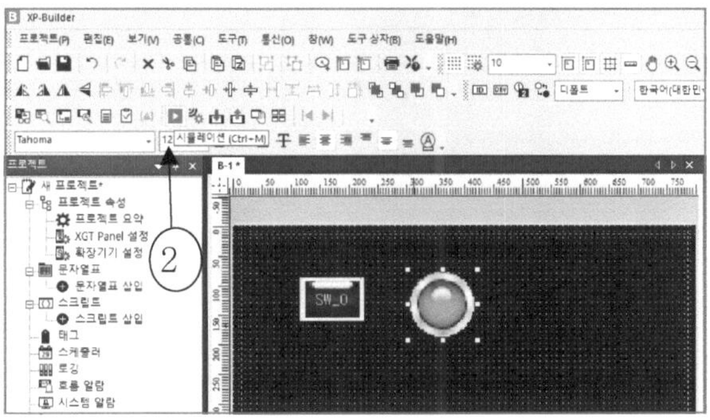

④ 버튼 'SW_0'을 누르면 램프 점등, 누르지 않으면 램프 소등된다. PLC와 HMI가 상호 연결되어 나타나는 결과를 확인할 수 있다.

CHAPTER 07

PLC 명령어

1 PLC 명령어의 종류

XGK/XGB 명령어는 크게 기본 명령, 응용 명령, 특수 명령 등으로 나눌 수 있다.

구분	명령어 종류	내 용
기본 명령	접점 명령	LOAD, AND, OR 관련 명령
	결합 명령	AND LOAD, OR LOAD, MPUSH, MLOAD, MPOP
	반전 명령	NOT
	마스터 컨트롤 명령	MCS, MCSCLR
	출력 명령	OUT, SET, RST, 1스캔출력명령, 출력반전명령(FF)
	순차/후입 우선 명령	스텝 컨트롤 명령 (SET Sxx.xx, OUT Sxx.xx)
	종료 명령	END
	무처리 명령	NOP
	타이머 명령	TON, TOFF, TMR, TMON, TRTG
	카운터 명령	CTD, CTU, CTUD, CTR

구분	명령어 종류	내 용
응용 명령	데이터 전송 명령	지정된 데이터 전송, 그룹 전송, 문자열 전송 (4/8/64비트 가능)
	변환 명령	지정된 데이터 BIN/BCD 변환, 그룹 BIN/BCD 변환 (4/8비트 가능)
	데이터형 변환 명령	정수/실수 변환 명령
	출력단 비교 명령	비교 결과를 특수 릴레이에 저장 (Unsigned 비교)
	입력단 비교 명령	비교 결과를 BR에 저장, 실수, 문자열 비교, 그룹 비교, 오퍼랜드 3개 비교 (Signed 비교)
	증감 명령	지정된 데이터 1 증가 또는 1 감소 (4/8비트 가능)
	회전 명령	지정된 데이터 좌회전, 우회전, 캐리 포함 회전 (4/8비트 가능)
	이동 명령	지정된 데이터 좌이동, 우이동, 워드단위 이동, 비트이동 (4/8비트 가능)
	교환 명령	디바이스 간 교환, 상·하위 바이트 교환, 그룹 데이터 교환
	BIN 사칙 명령	정수/실수 덧셈, 뺄셈, 곱셈, 나눗셈, 문자열 덧셈, 그룹 덧셈, 그룹 뺄셈
	BCD 사칙 명령	덧셈, 뺄셈, 곱셈, 나눗셈
	논리연산 명령	논리곱, 논리합, Exclusive OR, Exclusive NOR, 그룹 연산
	시스템 명령	고장 표시, WDT 초기화, 출력 제어, 운전 정지 등
	데이터 처리 명령	Encode, Decode, 데이터 분리/연결, 검색, 정렬, 최대, 최소, 합계, 평균 등
	데이터 테이블 처리 명령	데이터 테이블의 데이터 입출력
	문자열 처리 명령	문자열 관련 변환, 코멘트 읽기, 문자열 추출, 아스키 변환, HEX 변환, 문자열 검색 등
	특수함수 명령	삼각함수, 지수/로그 함수, 각도/라디안 변환 등
	데이터 제어 명령	상·하한 리미트 제어, 불감대 제어, 존 제어
	시간 관련 명령	날짜 시간 데이터 읽기/쓰기, 시간 데이터 가감 및 변환
	분기 명령	JMP, CALL
	루프 명령	FOR, NEXT, BREAK
	플래그 관련 명령	캐리 플래그 Set/Reset, 에러 플래그 클리어
	특수/통신 관련 명령	Bus Controller Direct 엑세스하여 데이터 읽기/쓰기
	인터럽트 관련 명령	인터럽트 Enable/Disable
	부호 반전 명령	정수/실숫값의 부호 반전, 절댓값 연산

2 PLC 명령

기본 명령은 LOAD/OUT 등과 같이 접점/코일에 관한 명령어들과 타이머/카운터, 마스터 컨트롤, 스텝 컨트롤 명령 등으로 이루어져 있다. 응용 명령에는 기본 명령을 제외한 대부분의 명령어들을 말한다.

1) 접점 명령

니모닉	래더도	설 명	스텝 수
LOAD		a접점 연산 개시	1
LOAD NOT		b접점 연산 개시	1
AND		a접점 직렬접속	1
AND NOT		b접점 직렬접속	1
OR		a접점 병렬접속	1
OR NOT	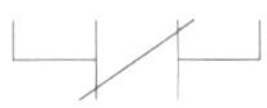	b접점 병렬접속	1
LOADP		양(Positive)변환 검출접점	2
LOADN		음(Negative)변환 검출접점	2
ANDP		양(Positive)변환 검출 직렬접속	2
ANDN		음(Negative)변환 검출 직렬접속	2
ORP		양(Positive)변환 검출 병렬접속	2
ORN		음(Negative)변환 검출 병렬접속	2

2) 결합 명령

니모닉	래더도	설 명	스텝 수
AND LOAD		A, B 블록 직렬접속	1
OR LOAD		A, B 블록 병렬접속	1
MPUSH		현재까지의 연산 결과 PUSH	1
MLOAD	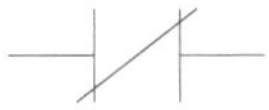	분기점 이전 연산 결과 LOAD	1
MPOP		분기점 이전 연산 결과 POP	1

3) 반전 명령

니모닉	래더도	설 명	스텝수
NOT		이전 연산 결과 반전	1

4) 마스터 컨트롤 명령

니모닉	래더도	설 명	스텝 수
MCS		마스터 컨트롤 설정 (n:0~7)	1
MCSCLR		마스터 컨트롤 해제 (n:0~7)	1

5) 출력 명령

니모닉	래더도	설 명	스텝 수
OUT	—( )—|	연산 결과 출력	1
OUT NOT	—(/)—|	연산 결과 반전 출력	1
OUTP	—(P)—|	입력 조건 상승 펄스 시 1 스캔 출력	2
OUTN	—(N)—|	입력 조건 하강 펄스 시 1 스캔 출력	2
SET	—(S)—|	접점 출력 ON 유지	1
RST	—(R)—|	접점 출력 OFF 유지	1
FF	—[FF D]—|	입력 조건 상승 펄스 시 출력 반전	2

6) 순차/후입 우선 명령

분류	니모닉	래더도	설 명	스텝 수
스텝 컨트롤	SET S	Sxx.xx —(S)—|	순차 제어	1
	OUT S	Sxx.xx —( )—|	후입 우선	1

7) 종료 명령

니모닉	래더도	설 명	스텝 수
END	—[END]—|	프로그램 종료	1

8) 무처리 명령

니모닉	래더도	설 명	스텝 수
NOP	래더 표현 없음	무처리 명령, 니모닉에서만 사용	1

9) 타이머 명령

니모닉	래더도	설 명	스텝 수
TON		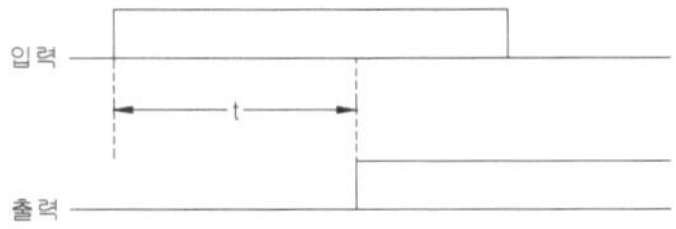	2
TOFF		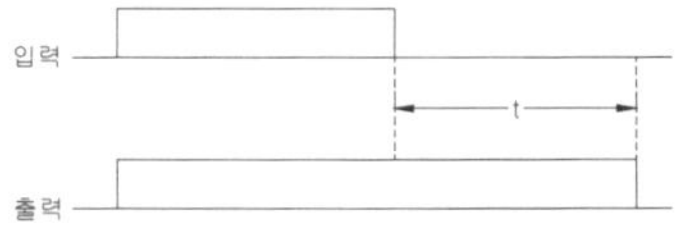	2
TMR		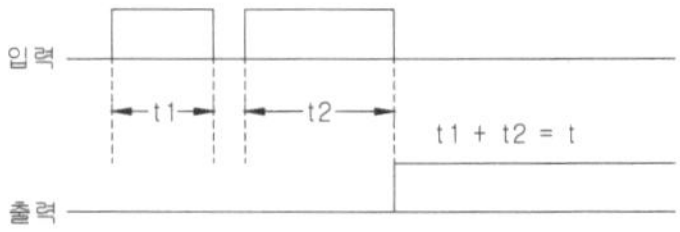	2
TMON		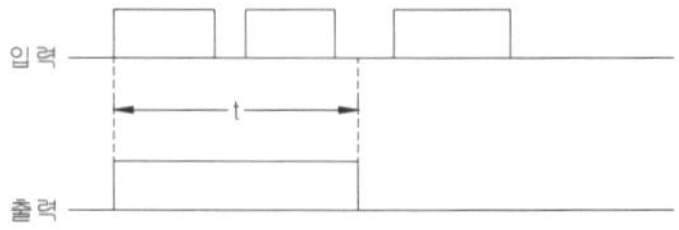	2
TRTG		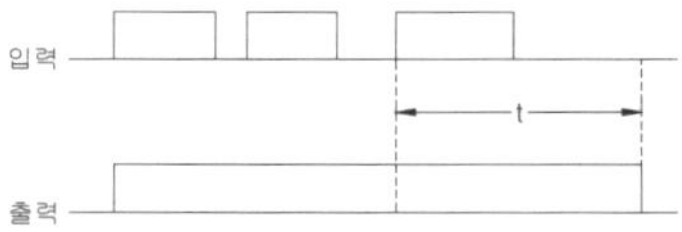	2

10) 카운터 명령

니모닉	래더도	설 명	스텝 수
CTD	[CTD | C | c]	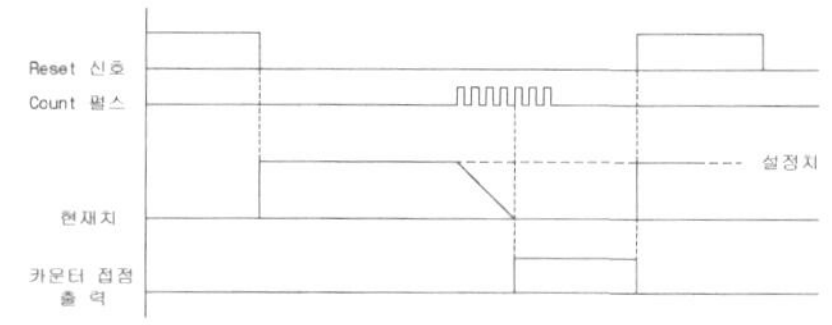	2
CTU	[CTU | C | c]	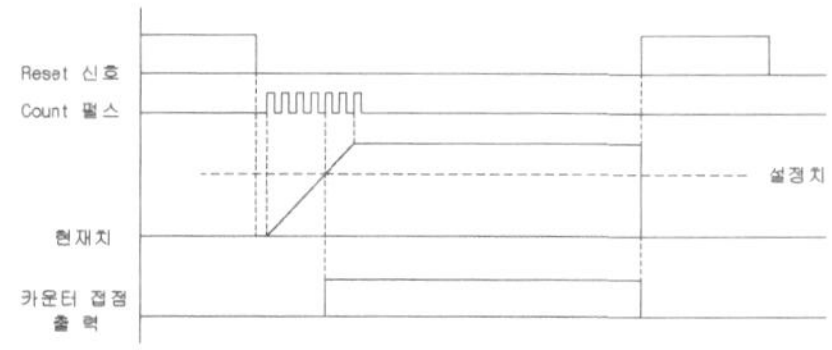	2
CTUD	[CTUD | C | U | D | c]	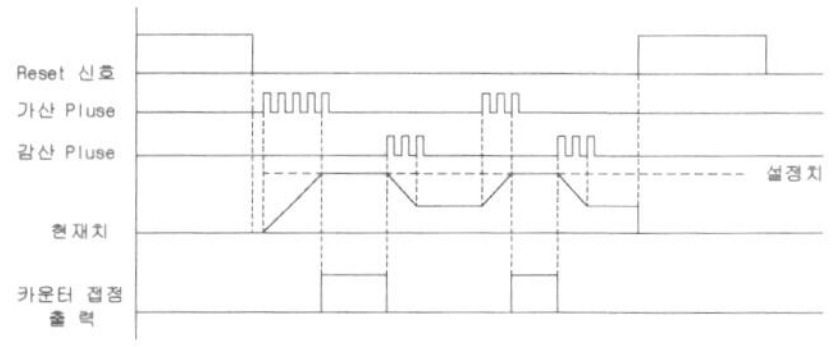	4
CTR	[CTR | C | c]	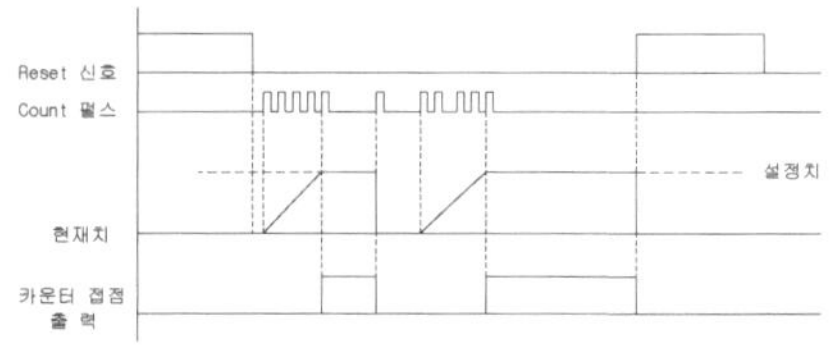	2

11) 데이터 전송 명령

분류	니모닉	래더도	설 명	스텝 수
16비트 전송	MOV	[MOV | S | D]	(S) → (D)	2
	MOVP	[MOVP | S | D]		3
32비트 전송	DMOV	[DMOV | S | D]	(S+1, S) → (D+1, D)	2
	DMOVP	[DMOVP | S | D]		3

12) 비교 명령

분류	니모닉	래더도	설 명	스텝 수
16비트 데이터 비교 (LOAD)	LOAD=		(S1)과 (S2)의 내용 비교하여 결과를 BR(Bit Result)에 저장 (Signed 연산)	2
	LOAD>			
	LOAD<			
	LOAD>=	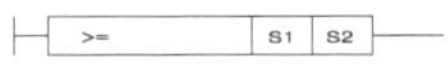		
	LOAD<=			
	LOAD<>			
16비트 데이터 비교 (AND)	AND=	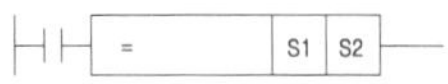	(S1)과 (S2)의 내용 비교 결과와 BR(Bit Result)에 저장된 값과 AND 연산한 후 BR에 저장 (Signed 연산)	2
	AND>	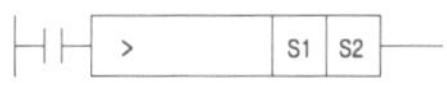		
	AND<			
	AND>=			
	AND<=	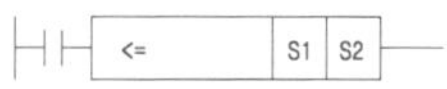		
	AND<>	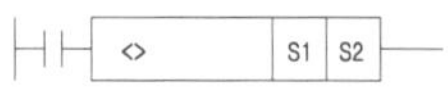		

13) 증감 명령

분류	니모닉	래더도	설 명	스텝 수
BIN 데이터 증감 (Signed)	INC	INC | D	(D)+1 → (D)	2
	INCP	INCP | D		
	DINC	DINC | D	(D+1, D)+1 → (D+1, D)	2
	DINCP	DINCP | D		
	DEC	DEC | D	(D)−1 → (D)	2
	DECP	DECP | D		
	DDEC	DDEC | D	(D+1, D)−1 → (D+1, D)	2
	DDECP	DDECP | D		

14) BIN 사칙연산 명령

분류	니모닉	래더도	설 명	스텝 수
정수 덧셈 (Signed)	ADD	[ADD S1 S2 D]	(S1)+(S2) → (D)	4
	ADDP	[ADDP S1 S2 D]		
	DADD	[DADD S1 S2 D]	(S1+1, S1)+(S2+1, S2) → (D+1, D)	4
	DADDP	[DADDP S1 S2 D]		
정수 뺄셈 (Signed)	SUB	[SUB S1 S2 D]	(S1)−S2) → (D)	4
	SUBP	[SUBP S1 S2 D]		
	DSUB	[DSUB S1 S2 D]	(S1+1, S1)−S2+1, S2) → (D+1, D)	4
	DSUBP	[DSUBP S1 S2 D]		
정수 곱셈 (Signed)	MUL	[MUL S1 S2 D]	(S1)×(S2) → (D+1, D)	4
	MULP	[MULP S1 S2 D]		
	DMUL	[DMUL S1 S2 D]	(S1+1, S1)×(S2+1, S2) → (D+3, D+2, D+1, D)	4
	DMULP	[DMULP S1 S2 D]		
정수 나눗셈 (Signed)	DIV	[DIV S1 S2 D]	(S1)÷(S2) → (D) 몫 (D+1) 나머지	4
	DIVP	[DIVP S1 S2 D]		
	DDIV	[DDIV S1 S2 D]	(S1+1, S1)÷ (S2+1, S2) → (D+1, D) 몫 (D+3, D+2) 나머지	4
	DDIVP	[DDIVP S1 S2 D]		

CHAPTER 08

PLC 프로그램 실습

1 연산 시작 명령 LOAD, LOAD NOT, LOADP, LOADN

1) 기능

① LOAD : 회로의 a접점(평상시 열린 접점) 연산 시작

② LOAD NOT : 회로의 b접점(평상시 닫힌 접점) 연산 시작

③ LOADP : 상승 펄스 시(양변환 검출 접점) 연산 시작 명령, 접점이 OFF에서 ON으로 변할 때(상승 펄스)만 연산 결과가 1 스캔 타임 동안만 ON

④ LOADN : 하강 펄스 시(음변환 검출 접점) 연산 시작 명령으로, 지정 접점이 ON에서 OFF로 변할 때(하강 펄스)만 연산 결과가 1 스캔 타임 동안만 ON

⑤ OUT : 연산 결과 출력

2) 동작 설명

① 전원 투입하면 출력 P41 ON

② 입력 P00 ON 동안 출력 P40 ON, 동시에 P41 OFF

③ 입력 P00 OFF 동안 출력 P40 OFF, 동시에 P41 ON

④ 입력 P01 상승 펄스 시 1 스캔 타임 동안만 P42 ON

⑤ 입력 P01 하강 펄스 시 1 스캔 타임 동안만 P43 OFF

3) 타임 차트

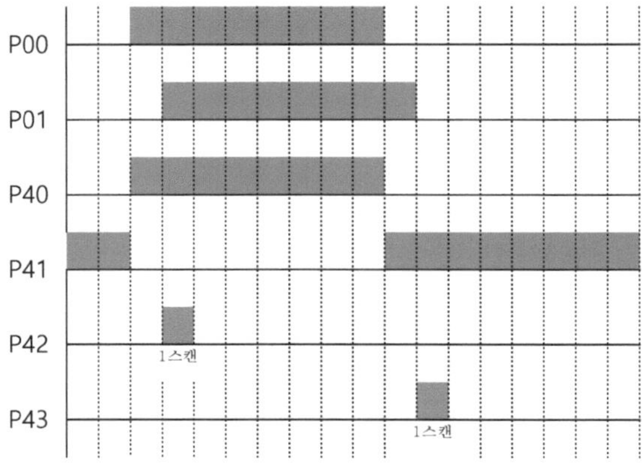

4) PLC 프로그램

[래더 프로그램]

[니모닉 프로그램]

스텝	니모닉	오퍼랜드	스텝	니모닉	오퍼랜드
0	LOAD	P0000	5	OUT	P0042
1	OUT	P0040	6	LOADN	P0001
2	LOAD NOT	P0000	7	OUT	P0043
3	OUT	P0041	8	END	
4	LOADP	P0001			

2 직렬접속 명령 AND, AND NOT

1) 기능

① AND : a접점 직렬접속 명령

② AND NOT : b접점 직렬접속 명령

2) 동작 설명

① 입력 조건 P00 값과 P01 값을 AND 연산하고,

② 그 결과값과 P02 값을 AND NOT 연산을 하여 그 결과를 P40에 출력

3) PLC 프로그램

[래더 프로그램]

[니모닉 프로그램]

스텝	니모닉	오퍼랜드
0	LOAD	P0000
1	AND	P0001
2	AND NOT	P0002
3	OUT	P0040
4	END	

3 병렬접속 명령 OR, OR NOT

1) 기능

① OR : 접점 1개의 a접점 병렬접속 명령

② OR NOT : b접점 병렬접속 명령

2) 동작 설명

① 입력 조건 P00 값과 P01 값을 OR 연산하고,

② 그 결과값과 P02 값을 OR NOT 연산을 하여 그 결과를 P40에 출력

3) PLC 프로그램

[래더 프로그램]

[니모닉 프로그램]

스텝	니모닉	오퍼랜드
0	LOAD	P0000
1	OR	P0001
2	OR NOT	P0002
3	OUT	P0040
4	END	

4 결합 명령 AND LOAD

1) 기능

① A블록과 B블록을 AND 연산한다.

② A블록과 B블록이 모두 ON 되어야 연산이 가능

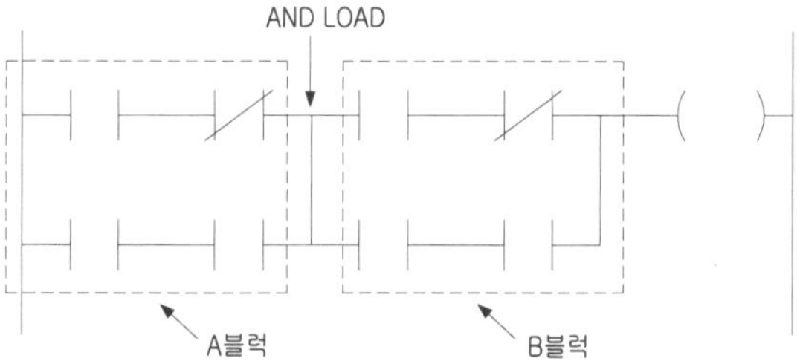

2) 동작 설명

입력 조건 P00, P04 또는 P00와 P05 또는 P02, P05 ON 되면, 출력 P40 ON

3) PLC 프로그램

[래더 프로그램]

[니모닉 프로그램]

스텝	니모닉	오퍼랜드	스텝	니모닉	오퍼랜드
0	LOAD	P0000	5	OR	P0005
1	OR NOT	P0001	6	AND LOAD	
2	OR	P0002	7	AND NOT	P0006
3	LOAD NOT	P0003	8	OUT	P0040
4	AND	P0004	9	END	

5 결합 명령 OR LOAD

1) 기능 :

A블록과 B블록을 OR 연산하여 연산 결과로 한다.

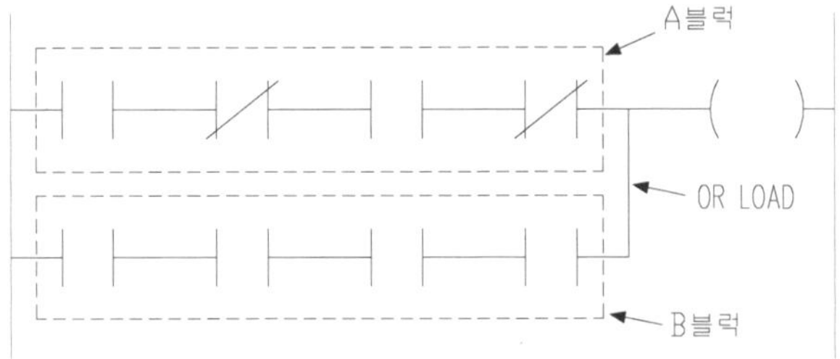

2) 동작 설명

입력 조건 P00와 P05 또는 P04와 P05 ON 되면 P40와 P41 출력 ON

3) 타임 차트

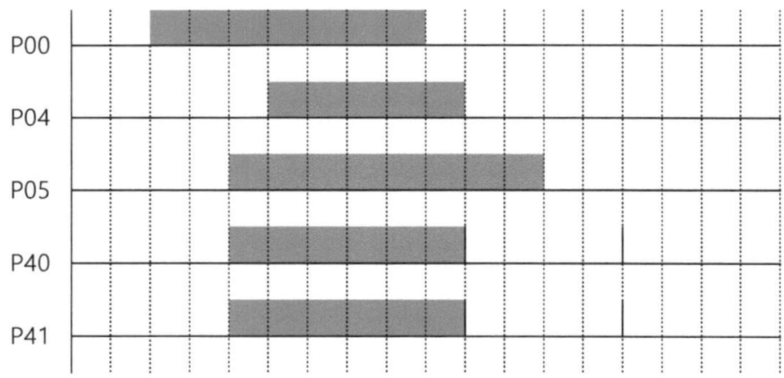

4) PLC 프로그램

[래더 프로그램]

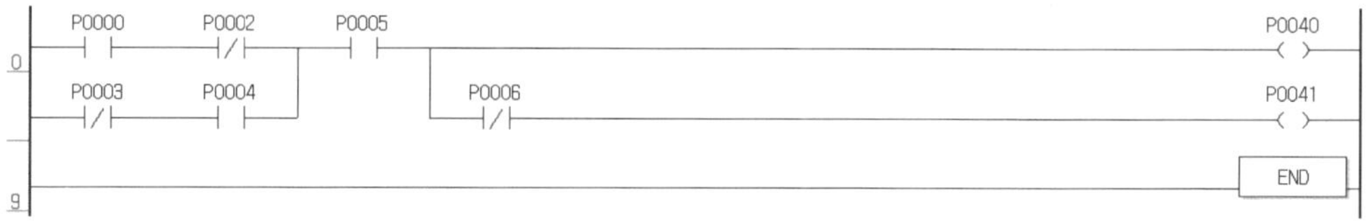

[니모닉 프로그램]

스텝	니모닉	오퍼랜드	스텝	니모닉	오퍼랜드
0	LOAD	P0000	5	AND	P0005
1	AND NOT	P0002	6	OUT	P0040
2	LOAD NOT	P0003	7	AND NOT	P0006
3	AND	P0004	8	OUT	P0041
4	OR LOAD		9	END	

6 반전 명령 NOT

1) 기능

NOT 명령은 이전의 결과를 반전시키는 기능을 수행한다.

2) 동작 설명

① 반전 명령(NOT)을 사용하면 반전 명령 좌측의 회로에 대하여 a접점 회로는 b접점 회로로, b접점 회로는 a접점 회로로 반전되고,

② 그리고 직렬연결 회로는 병렬연결 회로로, 병렬연결 회로는 직렬연결 회로로 반전된다.

3) PLC 프로그램

[래더 프로그램] ①

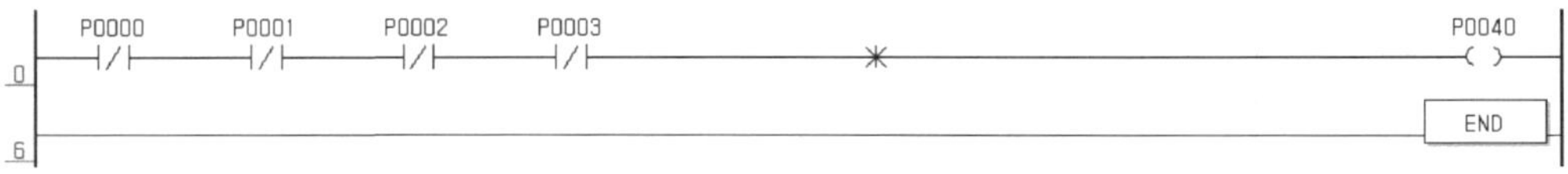

[니모닉 프로그램]

스텝	니모닉	오퍼랜드	스텝	니모닉	오퍼랜드
0	LOAD NOT	P0000	4	NOT	
1	AND NOT	P0001	5	OUT	
2	AND NOT	P0002	6	END	P0040
3	AND NOT	P0003			

[래더 프로그램] ②

7 자기 유지회로 1

1) 동작 설명

① 입력 P00 ON 하면 출력 P40과 P41 ON

② 입력 P00 OFF 해도 계속 출력 P40과 P41 ON 유지

③ 입력 P01 ON 하면 자기 유지 해제되어 P40과 P41 OFF

2) 타임 차트

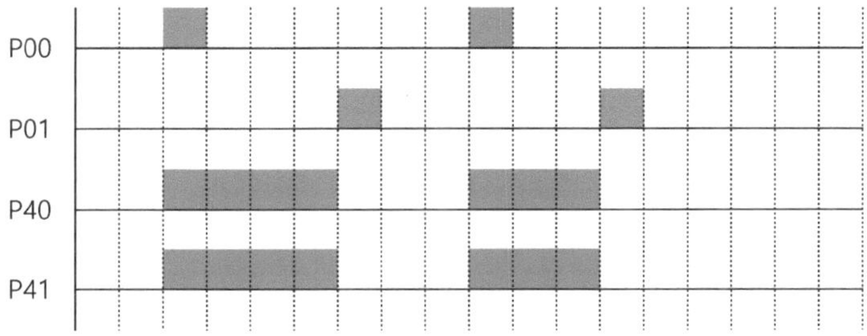

3) PLC 프로그램

[래더 프로그램]

- 자기 유지 접점으로 출력 P40과 내부 릴레이 접점 사용 동작도 가능

[니모닉 프로그램]

스텝	니모닉	오퍼랜드	스텝	니모닉	오퍼랜드
0	LOAD	P0000	5	LOAD	P0000
1	OR	M0000	6	OR	P0041
2	AND NOT	P0001	7	AND NOT	P0001
3	OUT	M0000	8	OUT	P0041
4	OUT	P0040	9	END	

8 자기 유지회로 2

1) 동작 설명

① 입력 P00 ON 할 때 출력 P40, P41 ON 되고,

② 입력 P00 ON에서 OFF될 때(하강 펄스시)는 출력 P42 ON 된다.

③ 입력 P00 OFF 해도 계속 출력 P40, P41, P42 ON 유지 된다..

④ 입력 P01 ON 할 때 자기 유지 해제되어 P40, P41, P42 OFF 된다.

2) 타임 차트

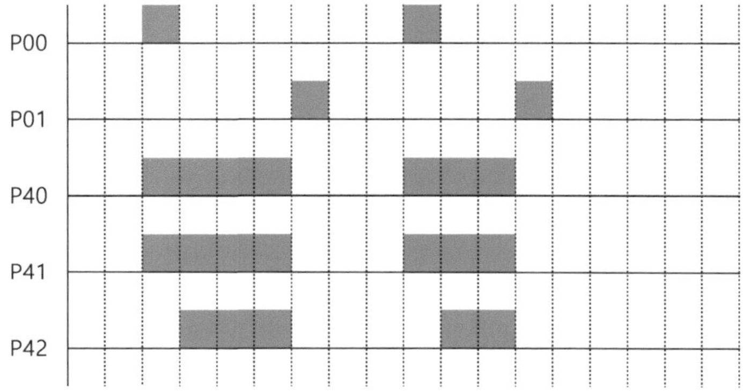

3) PLC 프로그램

[래더 프로그램]

9 모터의 정역 운전

1) 동작 설명

① 순간 접촉 푸시버튼 스위치 PB1(P01)을 누르면, 모터는 시계 방향으로 회전(정회전, P40)하고,

② 순간 접촉 푸시버튼 스위치 PB2(P02)를 누르면, 모터는 시계 반대 방향(역회전, P41)으로 회전한다.

③ 모터는 정지하지 않고 회전 방향을 변경할 수 있고, 순간 접촉 푸시버튼 스위치 PB0(P00)를 누르면 모터는 정지한다.

2) PLC 입 · 출력 할당

입 력				출 력			
P00	PB0	P04		P40	정회전 모터	P44	
P01	PB1	P05		P41	역회전 모터	P45	
P02	PB2	P06		P42			
P03		P07		P43			

3) PLC 프로그램

[래더 프로그램]

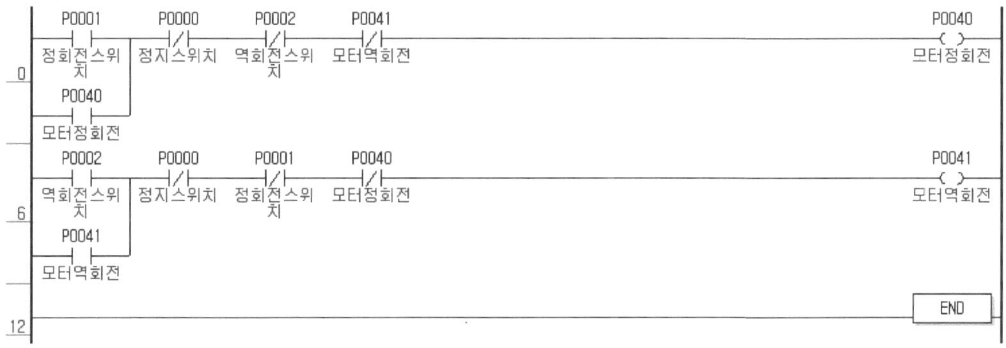

[니모닉 프로그램]

스텝	니모닉	오퍼랜드	스텝	니모닉	오퍼랜드
0	LOAD	P0001	6	LOAD	P0002
1	OR	P0040	7	OR	P0041
2	AND NOT	P0000	8	AND NOT	P0000
3	AND NOT	P0002	9	AND NOT	P0001
4	AND NOT	P0041	10	AND NOT	P0040
5	OUT	P0040	11	OUT	P0041

① 시계 방향 모터 운전

- 시계 반대 방향 모터 운전(P02)과 인터록(P41) 설정

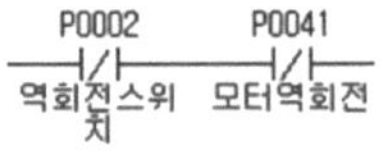

② 시계 반대 방향 모터 운전

- 시계 방향 모터 운전(P01)과 인터록(P40) 설정

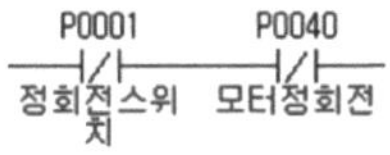

③ 자기 유지회로

- P01이 한 스캔 이상 ON 되면, 출력 P40을 ON 시키고, 이는 다시 자신을 사용한 입력 a접점 P40을 ON 시켜 출력 P40의 ON 상태를 지속하게 한다. 이런 회로를 자기 유지회로라 한다.

10 펌프 자동 제어

1) 동작 설명

① 고수위(P00), 중수위(P01), 저수위(P02) 3개의 센서가 부착된 탱크에 두 대의 펌프를 이용하여 수위를 고수위에서 저수위 사이를 유지한다.

② 저수위 센서만 감지되었을 때 두 대의 펌프(P40, P41) 모두 가동을 하고,

③ 중수위 센서가 감지되면 1대의 펌프만(P40) 가동하며,

④ 고수위 센서가 감지되면 두 대의 펌프(P40, P41) 모두 정지한다.

2) PLC 입 · 출력 할당

입 력				출 력			
P00	고수위 센서	P04		P40	펌프P1	P44	
P01	중수위 센서	P05		P41	펌프P2	P45	
P02	저수위 센서	P06		P42			
P03		P07		P43			

3) PLC 프로그램

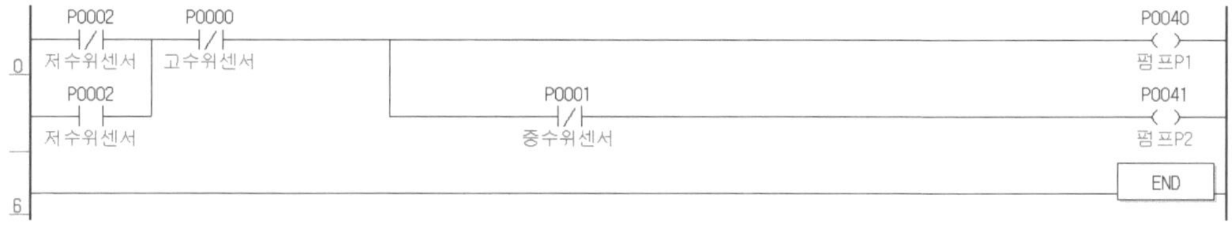

① 프로그램에서 P00002는 평상시 닫힌 접점과 평상시 열린 접점이 병렬로 사용되었다.

② 그 이유는 최초 동작 또는 다른 이유로 수위가 저수위 센서 아래일 때도 기동이 가능하게 하기 위함이다.

③ 이 경우 저수위 센서는 제거해도 제어에는 영향을 미치지 않는다.

④ 다만, 저수위 센서를 알람 등의 용도로 사용할 경우에는 저수위 센서를 제거할 수 없다.

11 상태 유지/해제 명령 SET, RST

1) 기능

① 입력 조건이 ON 되면 지정 출력 접점을 ON 상태로 유지시켜 입력이 OFF 되어도 출력이 ON 상태를 유지한다.

② 셋(SET) 명령으로 ON 된 접점은 RST 명령으로 OFF 시킬 수 있다.

2) 동작 설명

① 입력 조건이 P00가 ON → OFF 하였을 때 P40, P41의 출력 상태를 확인하고 P41 출력을 OFF 시키는 프로그램

② 입력 P00가 ON 동안만 출력 P40 ON

③ 입력 P00가 OFF 되면 출력 P40 OFF, P41 자기 유지 상태로 계속 ON

④ 입력 P01가 ON 되면 출력 P41 OFF

3) 타임 차트

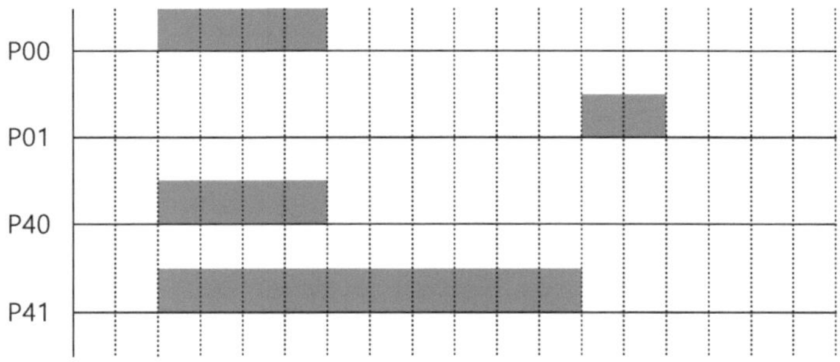

4) PLC 프로그램

[래더 프로그램]

[니모닉 프로그램]

스텝	니모닉	오퍼랜드	스텝	니모닉	오퍼랜드
0	LOAD	P0000	4	LOAD	P0001
1	OUT	P0040	5	RST	P0041
2	LOAD	P0000	6	END	
3	SET	P0041			

12 비트 출력 반전 명령 FF

1) 기능

비트 출력 반전 명령으로 입력 접점이 OFF에서 ON으로 될 때, 지정된 디바이스의 상태를 반전시킨다.

2) 동작 설명

① 입력 접점 P00 가 OFF → ON으로 변경될 때마다 P40의 출력 상태가 반전

② P00를 OFF → ON일 때 P40의 현재 상태가 OFF일 경우에는 P40 ON, 현재 현재 상태가 ON일 경우에는 P40 OFF

3) 타임 차트

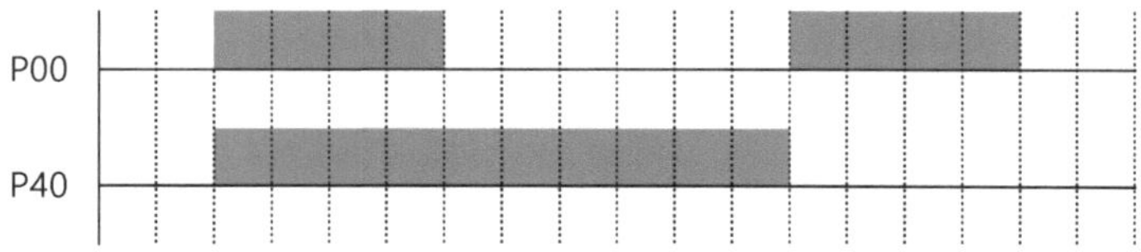

4) PLC 프로그램

13 선 입력 우선회로(인터록 회로)

1) 기능

① 기기를 보호하거나 작업 중인 사람을 보호하기 위한 안전장치로써 어떤 기기가 동작 중일 때는 다른 기기를 절대로 동작하지 못하도록 하거나, 어떤 특별한 상태에서는 다른 동작이 일어나지 못하도록 역할을 하는 회로이다.

② 두 입력 중 먼저 동작한 쪽이 우선 동작되고 다른 쪽의 동작을 금지시킴으로 선행 동작회로, 상대 동작 금지회로라고도 한다.

2) 동작 설명

① P00 ON 하면 P40 점등

② P00 OFF 해도 계속 P40 점등, 자기 유지

③ P40 점등 상태에서 P01 ON 해도 변화 없이 P40 점등 유지

④ P02 ON 하면 P40 소등되고 초기 상태

⑤ P01 ON 하면 P41 점등, 자기 유지

⑥ P41 점등 상태에서 P00 ON 해도 변화 없이 P41 점등 유지

⑦ P02 ON 하면 P40 소등되고 초기 상태

※ 선 입력에 동작하고 후 입력에는 동작하지 않는 선 입력 우선회로

3) 타임 차트

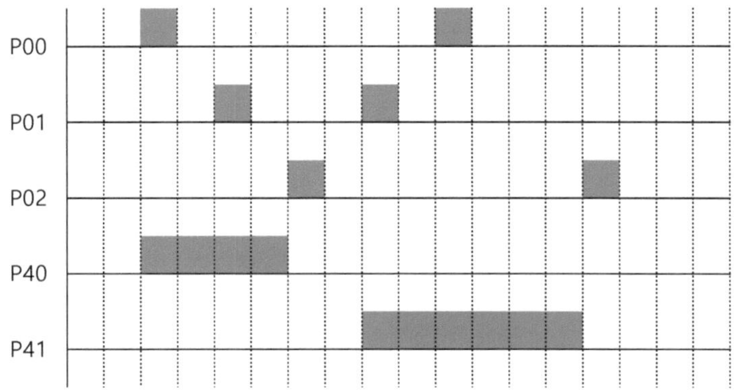

4) PLC 프로그램

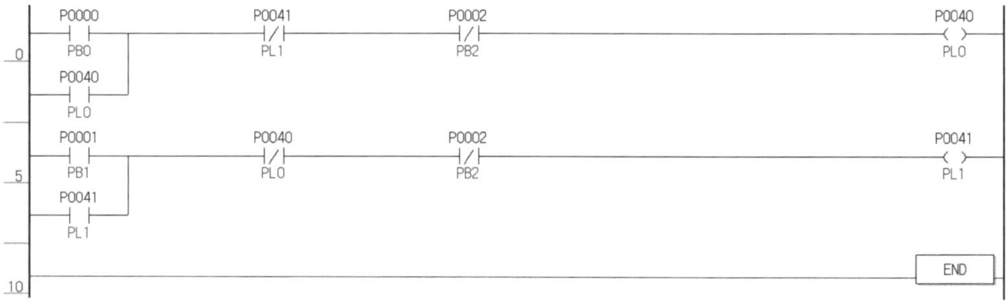

14 후 입력 우선회로(인터록 회로)

1) 기능

① 동작이 실행 중일 때 후 입력에 동작

② 우선 동작하고 있는 회로를 정지시킨 후, 후 입력에 의해 회로를 동작하게 하는 회로

2) 동작 설명

① P00 ON 하면 P40 점등

② P00 OFF 해도 계속 P40 점등, 자기 유지

③ P40 점등 상태에서 P01 ON 하면 P40 소등, P41 점등

④ P41 점등 상태에서 P00 ON 하면 P41 소등, P40 점등

※ 후 입력에 동작 우선하는 후 입력 우선회로

3) 타임 차트

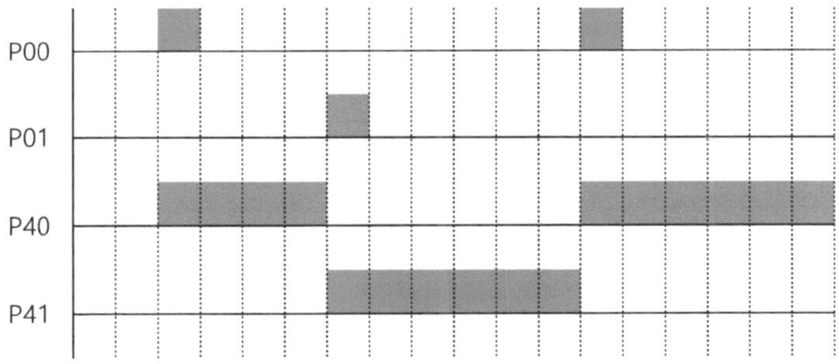

4) PLC 프로그램

[래더 프로그램]

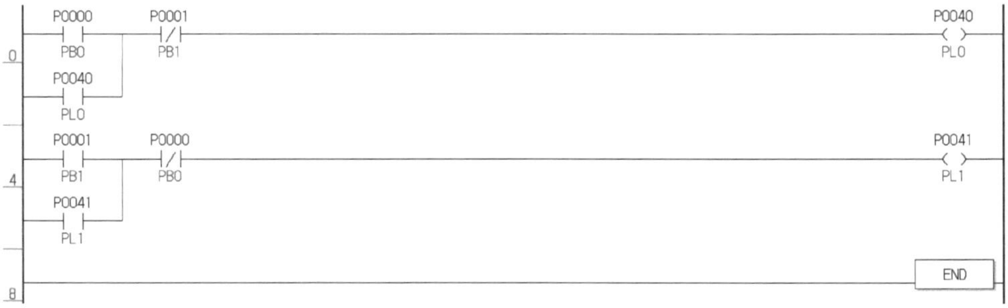

[니모닉 프로그램]

스텝	니모닉	오퍼랜드	스텝	니모닉	오퍼랜드
0	LOAD	P0000	5	OR	P0041
1	OR	P0040	6	AND NOT	P0000
2	AND NOT	P0001	7	OUT	P0041
3	OUT	P0040	8	END	
4	LOAD	P0001			

15 퀴즈 프로그램 - 선입 우선 인터록 회로

1) 동작 설명

① 퀴즈 참가자 A, B(PB0, PB1)가 사회자의 문제에 따라 Push Button을 누를 때, 먼저 누른 참가자 측의 램프가 점등된다.

② 사회자가 Reset Button(PB2)을 누르기 전까지 램프 출력을 유지한다.

③ 먼저 누른 참가자의 램프가 점등되어 있는 동안 다른 참가자가 Button을 눌러도 램프는 동작하지 않는다

2) PLC 입 · 출력 할당

입 력				출 력			
P00	PB0	P04		P40	램프1	P44	
P01	PB1	P05		P41	램프2	P45	
P02	PB2	P06		P42			
P03		P07		P43			

3) PLC 프로그램

- 다른 출력의 평상시 닫힌 접점(b접점)이 조건으로 사용된 경우 선입 우선 인터록 회로가 된다.

16 모터의 정 · 역운전 - 후입 우선 인터록 회로

1) 동작 설명

① 정방향 PB1(P01)를 누르면 모터는 정방향으로 회전(P40 ON, P41 OFF)하고,

② 역방향 PB2(P02)를 누르면 모터가 역방향으로 회전(P40 OFF, P41 ON)한다.

③ 정지 PB0(P00)를 누르면 모터는 정지(P40 OFF, P41 OFF)한다.

2) PLC 입 · 출력 할당

입 력				출 력			
P00	PB0	P04		P40	정방향P1	P44	
P01	PB1	P05		P41	역방향P2	P45	
P02	PB2	P06		P42			
P03		P07		P43			

3) PLC 프로그램

① 위의 예제에서와 같이 Push Button 을 이용하여 장비를 조작할 때 양변환 검출 접점과 함께 자기 유지회로를 사용하는 것이 편리

② 다른 출력 조건의 평상시 닫힌 접점(b접점)이 조건으로 삽입된 경우 후입 우선 인터록 회로가 된다.

17 모터 제어

1) 동작 설명

① PB0(P00)을 한 번 누르면 모터 M1(P40)이 ON 되고,

② 두 번 누르면 모터 M1(P40)과 모터 M2(P41)가 ON 되며,

③ 세 번 누르면 모터 M1(P40), M2(P41), M3(P42)가 모두 ON 된다.

④ PB1(P01)을 누르면 ON 되어 있는 모든 모터가 정지한다.

2) PLC 입 · 출력 할당

입 력				출 력			
P00	PB0	P04		P40	모터M1	P44	
P01	PB1	P05		P41	모터M2	P45	
P02		P06		P42	모터M3		
P03		P07		P43			

3) PLC 프로그램

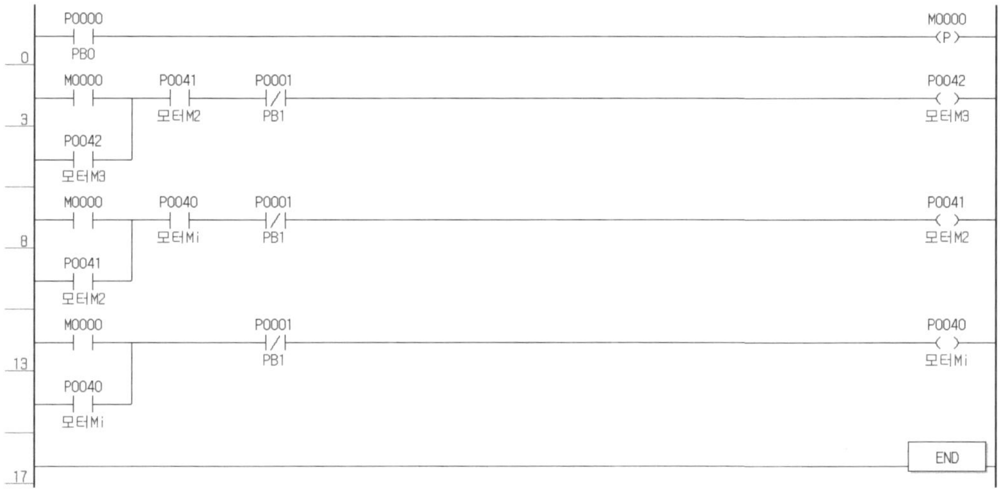

18 자동문 개폐 제어회로

1) 기능

문 안과 밖에 사람이 오면 자동으로 열리고, 사람이 없으면 자동으로 닫히는 자동문 개폐 제어회로

2) 동작 설명

① 문의 안과 밖에 설치한 센서로 사람을 감지하면 모터 정회전(개방)

② 문이 완전히 열린 것으로 검출되면 모터 정지한다.

③ 문이 완전히 열리고 5초 후 모터는 역회전하고, 문을 닫는다.

④ 문이 완전히 닫힌 것으로 검출되면 모터는 정지한다.

3) PLC 입 · 출력 할당

① SEN1 ↔ 문밖 사람 감지 센서, SEN2 ↔ 문안 사람 감지 센서

② LS1 ↔ 문 열림 검출 리미트 스위치, LS1 ↔ 문 닫힘 검출 리미트 스위치

③ MC1 ↔ 모터 정회전용 전자개폐기, MC2 ↔ 모터 역회전용 전자개폐기

입 력				출 력			
P00	SEN1	P04		P40	MC1	P44	
P01	SEN2	P05		P41	MC2	P45	
P02	LS1	P06		P42			
P03	LS2	P07		P43			

4) PLC 프로그램

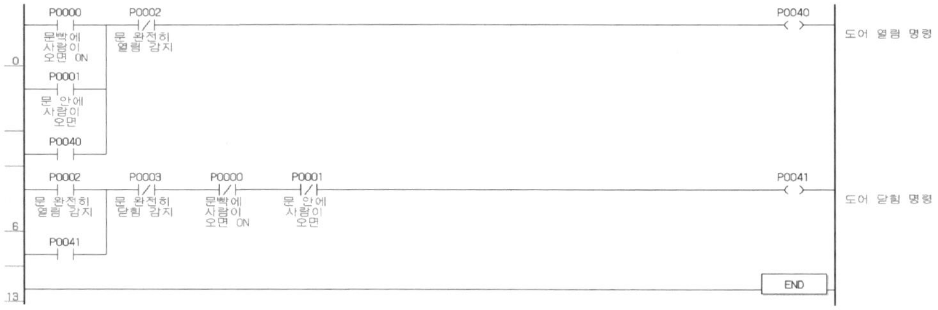

19 펄스 출력 명령 OUTP, OUTN

1) 기능

① OUTP : 입력 조건이 OFF에서 ON 될 때 지정 접점을 1 스캔 타임 동안 ON 하여 그 이외에는 OFF 된다

② OUTN : 입력 조건이 ON에서 OFF 될 때 지정 접점을 1 스캔 타임 동안 ON 하여 그 이외에는 OFF 된다

2) 동작 설명

① P00 입력 조건이 성립할 때(OFF에서 ON 될 때) OUTP 명령을 실행

- M00 접점 : 1 스캔 동안만 ON

② P01 입력 조건이 성립할 때(ON에서 OFF 될 때) OUTN 명령을 실행

- M01 접점 : 1 스캔 동안만 ON

3) 타임 차트

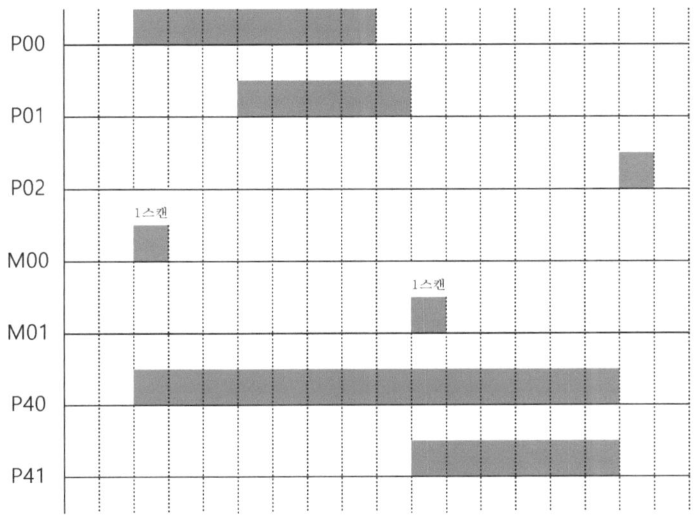

4) PLC 프로그램

[래더 프로그램]

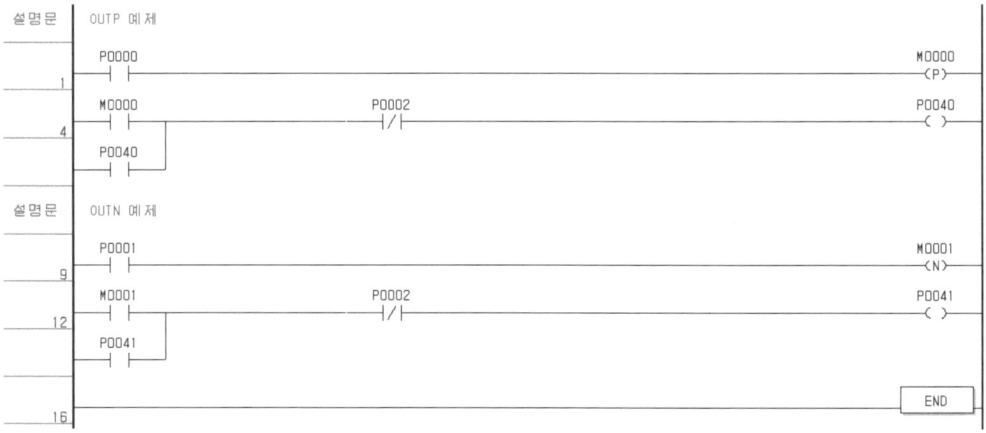

[니모닉 프로그램]

스텝	니모닉	오퍼랜드	스텝	니모닉	오퍼랜드
0	설명문	OUTP 예제	9	LOAD	P0001
1	LOAD	P0000	11	OUTN	M0001
2	OUTP	M0000	12	LOAD	M0001
4	LOAD	M0000	13	OR	P0041
5	OR	P0040	14	AND NOT	P0002
6	AND NOT	P0002	15	OUT	P0041
7	OUT	P0040	16	END	
8	설명문	OUTN 예제			

20 펄스 출력 명령 응용 - 원 버튼 제어

1) 기능

① 한 개의 순간 접촉 푸시버튼 PB0을 첫 번째 누르면 출력이 ON 하고, 두번째 누르면 출력이 OFF 된다.

② 한 개의 버튼 PB0을 누를 때마다 출력이 ON과 OFF를 반복한다.

2) 동작 설명

① 순간 접촉 푸시버튼 P00을 첫 번째 누르면 출력이 ON 하고, 두번째 누르면 출력이 OFF

② P00을 누를 때마다 출력이 ON과 OFF 반복

3) 타임 차트

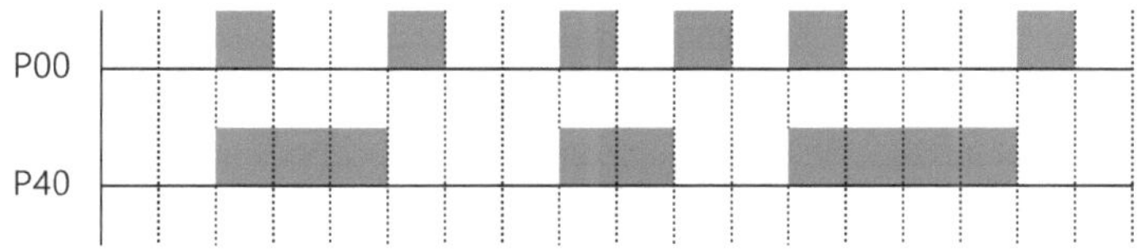

4) PLC 프로그램

21 펄스 출력 명령 응용 - 순차 점등회로

1) 동작 설명

① 순간 접촉 푸시버튼 PB0(P00)을 첫 번째 누르면 출력이 P40 ON 하고,

② 두 번째 누르면 출력이 P41 ON, 세 번째 누르면 출력이 P42 ON,

③ P00을 세 번 누르면, P40, P41, P42 순차적으로 ON

③ PB1(P01)을 누르면 초기 상태

2) 타임 차트

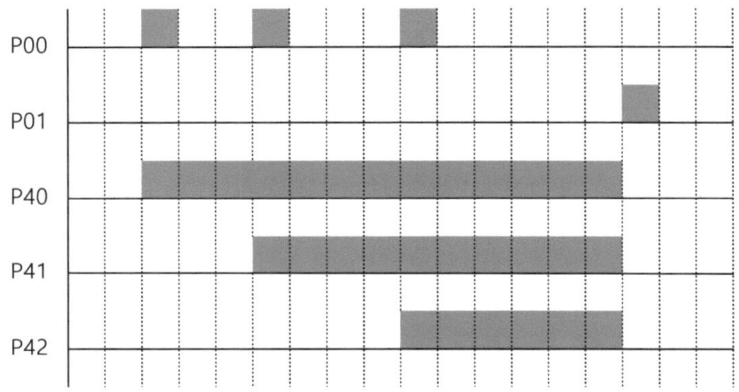

3) PLC 프로그램

4) 프로그램 설명

1회 PB0 ON 시		입력 조건			출력
첫 번째 SCAN	①	M00	P41	P01	P42
	②	M00	P40	P01	P41
	③	M00		P01	P40

- P00 ON 하면 M00는 펄스 출력 명령에 의해 1 SCAN만 ON

- P01은 b접점이므로 연결되어 있는 상태

⇨ ①②는 P41, P40이 OFF이므로 P42, P41 OFF, ③의 P40 만 ON

1회 PB0 ON 시		입력 조건			출력	비고
첫 번째 SCAN 이후	①	M00	P41	P01	P42	
	②	M00	P40	P01	P41	
	③	M00		P01	P40	자기 유지

2회 PB0 ON 시		입력 조건			출력	비고
첫 번째 SCAN	①	M00	P41	P01	P42	
	②	M00	P40	P01	P41	1회 PB0 ON 시 P40 ON
	③	M00		P01	P40	자기 유지

- P01 b접점으로 연결되어 있는 상태, 출력 코일 P40 여자되어 접점 P40 ON 상태

- P00을 다시 ON 하면 M00는 펄스 출력 명령에 의해 1 SCAN ON

⇨ ①은 P41이 OFF이므로 P42 OFF, ②③의 P41, P40 ON

2회 PB0 ON 시		입력 조건			출력	비고
첫 번째 SCAN 이후	①	M00	P41	P01	P42	
	②	M00	P40	P01	P41	
	③	M00		P01	P40	자기 유지

3회 PB0 ON 시		입력 조건			출력	비고
첫 번째 SCAN	①	M00	P41	P01	P42	
	②	M00	P40	P01	P41	자기 유지
	③	M00		P01	P40	자기 유지

- P01 b접점으로 연결되어 있는 상태, 출력 코일 P40, P41 여자되어 접점 P40, P41 ON 상태

- P00을 또다시 ON 하면 M00 는 펄스 출력 명령에 의해 1 SCAN ON

⇨ ①②③의 P42, P41, P40 ON

3회 PB0 ON 시		입력 조건			출력	비고
첫 번째 SCAN 이후	①	M00	P41	P01	P42	
	②	M00	P40	P01	P41	
	③	M00		P01	P40	자기 유지

22 타이머 명령

<table>
<tr><th>타이머 종류</th><th>명칭 및 가산 방법</th><th>동작 특성 및 타임 차트</th></tr>
<tr><td>TON</td><td>On delay
타이머

가산</td><td>입력 조건이 ON 되면, 타이머 접점 출력 OFF
타이머 현재값이 설정값 t에 도달했을 때 타이머 접점 출력 ON
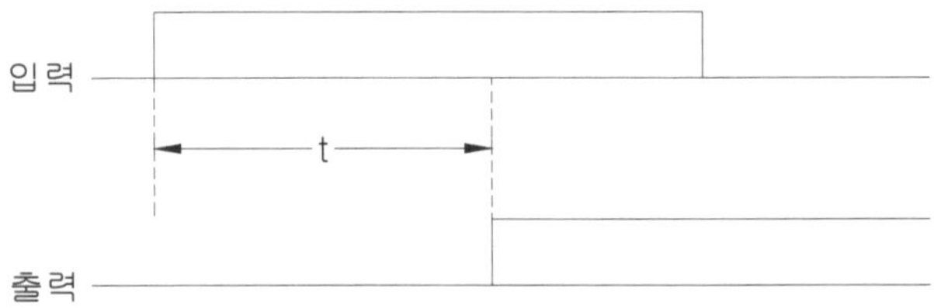
</td></tr>
<tr><td>TOFF</td><td>Off delay
타이머

감산</td><td>입력 조건이 ON 되면, 현재값은 설정값 t가 되고 타이머 접점 출력 ON
현재값이 감소되어 0이 되면 타이머 접점 출력 OFF
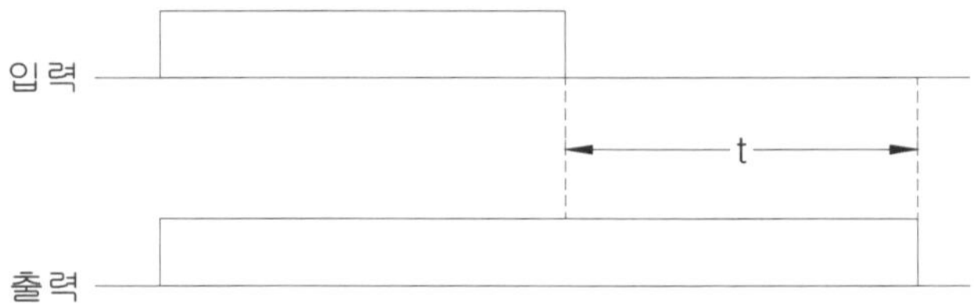
</td></tr>
<tr><td>TMR</td><td>적산
On delay
타이머

가산</td><td>입력 조건이 OFF 되어도 현재값 유지
누적된 타이머 값이 설정값 t에 도달하면 타이머 접접 출력 ON
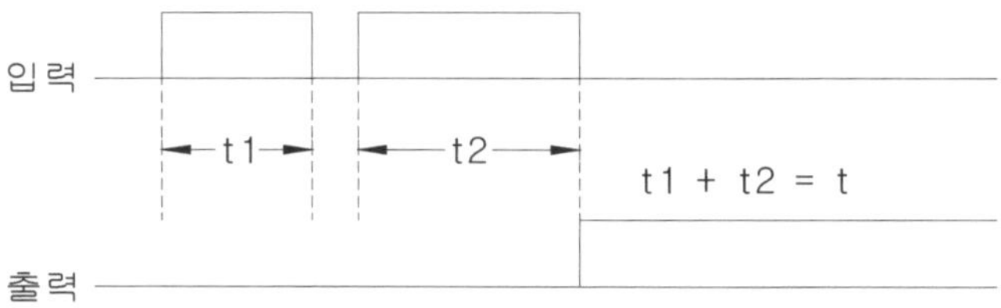
</td></tr>
<tr><td>TMON</td><td>모노스테이블
Monostable
타이머

감산</td><td>입력 조건이 ON 되면, 현재값은 설정값 t가 되고 설정 시간 동안 타이머 접점 출력 ON
입력 조건이 OFF 되어도 계속 현재값 감소. 0이 되면 접점 출력 OFF
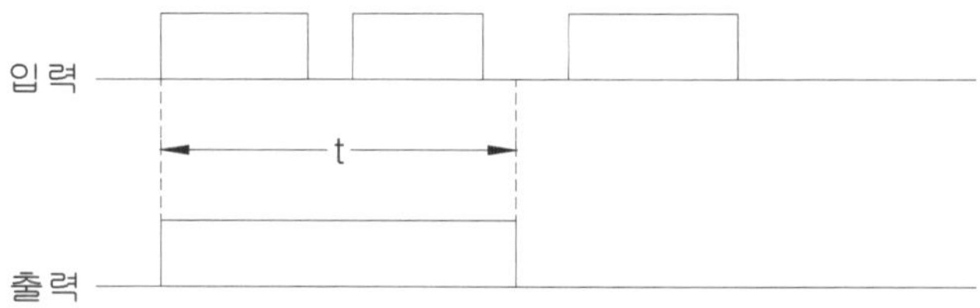
</td></tr>
</table>

TRTG	리트리거블 Retriggerabl e 타이머 감산	모노스테이블 타이머와 같은 기능을 하되, 현재값이 감소하고 있을 때 다시 입력 조건이 ON 되면 현재값은 다시 설정값 t가 되어 동작함. 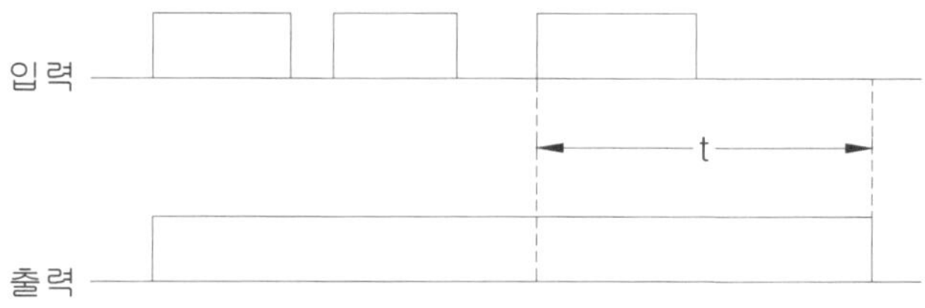

- 타이머는 시간 지연 요소가 필요할 경우 사용하는 프로그램 요소이다.
- XGK PLC는 2,048개, XGB는 256개의 타이머가 있으며, 타이머의 기능별로 TON, TOFF, TMR, TMON, TRTG 등 5종, 시간 설정 단위로 100ms, 10ms, 1ms, 0.1ms의 4종의 타이머가 있다. XGB는 0.1ms 지원하지 않는다.
- 타이머 명령의 최대 설정치는 hFFFF(65535)까지 10진수 또는 16진수로 설정 가능하다.

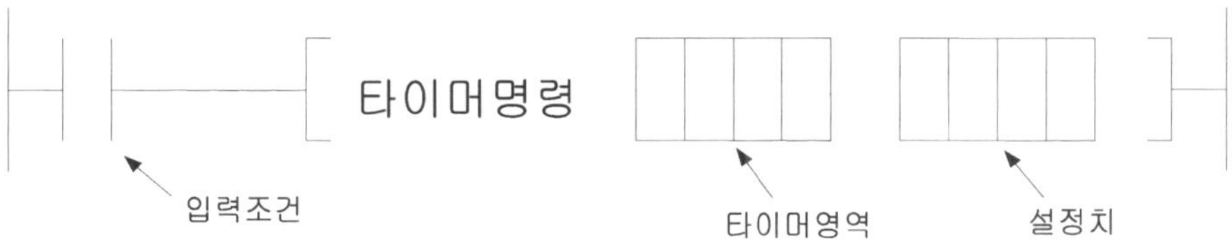

23 타이머 명령 TON (ON Delay Timer)

1) 기능

① TON은 조건이 만족된 후 설정된 시간 이상 조건이 유지될 때 타이머의 접점이 ON 되는 타이머이다

② 타이머의 기동 조건이 만족되면 현재값을 설정 시간 단위로 1씩 증가시키며, 현재값 = 설정값이 될 때 타이머 접점이 ON 된다.

③ 타이머 동작 중 기동 조건이 해제되면 현재값 = 0이 된다.

④ 타이머 접점이 ON 된 상태에서 기동 조건이 해제되면 타이머 접점 OFF

⑤ 타이머를 리셋하면 현재값 = 0이 되며, 타이머 접점이 ON 되어 있는 경우 접점은 OFF 된다.

2) 동작 설명

① P00 누르면 타이머 T00 ON 되고 자기 유지되며 5초 후 P40 점등

② P01 누르면 T00 OFF, P40 소등

3) 타임 차트

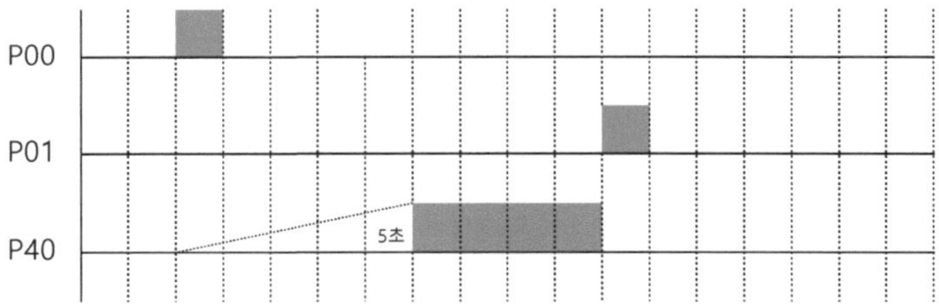

4) PLC 프로그램

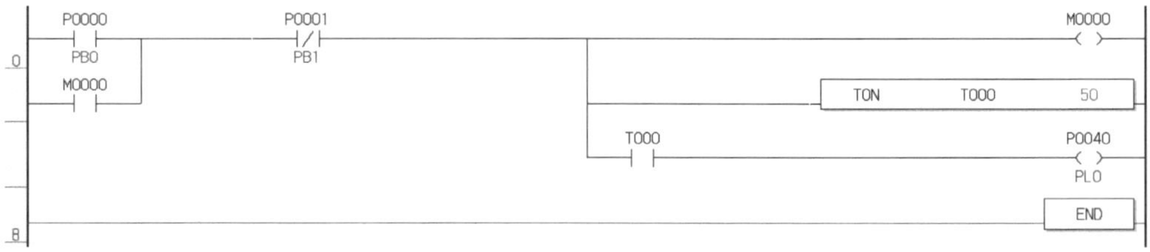

24 타이머 명령 TON 응용 - 순차 점등회로

1) 동작 설명

① P00 ON 시점부터 2초 후 P40 점등, 6초 후 P41 점등

② P01 ON에서 OFF 하는 시점부터 2초 후 P42 점등, 5초 후 P43 점등

③ P00, P01 OFF 해도 계속 P40, P41 점등

④ P02 ON 하면 P40, P41, P42, P43 소등

2) 타임 차트

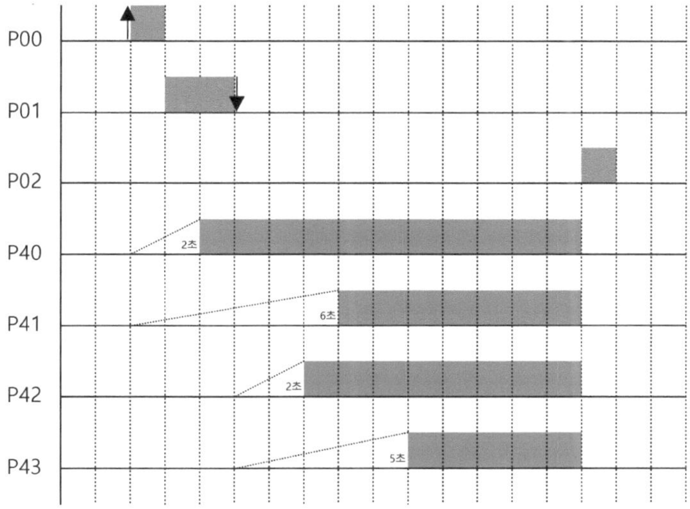

3) PLC 프로그램

[래더 프로그램 ①] - 타이머 2개 사용

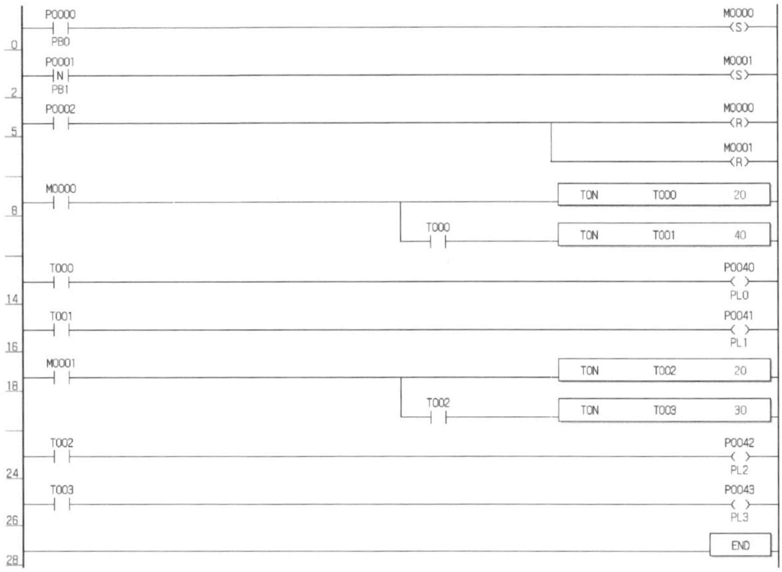

[래더 프로그램 ②] - 비교문 사용

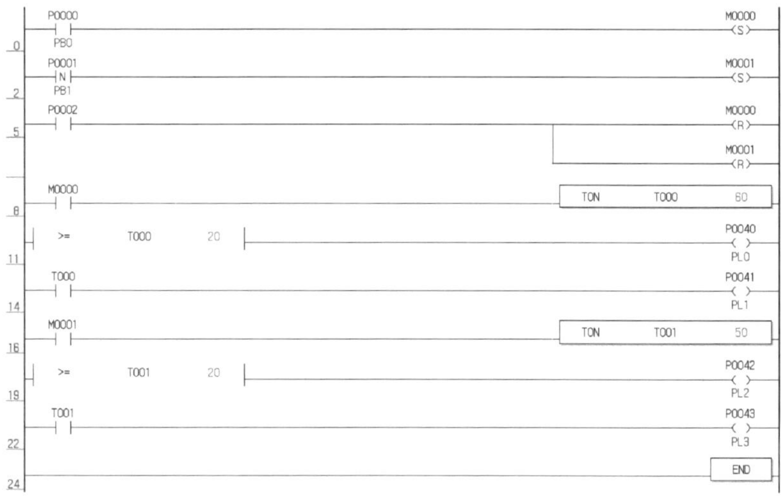

25 타이머 명령 TON 응용 - 플리커 회로 1

1) 동작 설명

① P00 ON 되면 P40 1초 동안 ON, 1초 동안 OFF 반복 점멸

② P00 OFF 되면 플리커 동작 OFF

2) 타임 차트

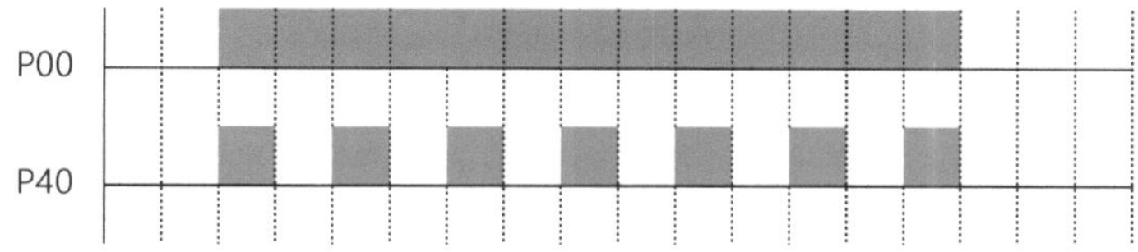

3) PLC 프로그램

[래더 프로그램 ①] - 타이머 2개 사용

[래더 프로그램 ②] - 비교문 사용

26 타이머 명령 TON 응용 - 플리커 회로 2

1) 동작 설명

① P00 ON 되면 P40 2초 동안 OFF, 1초 동안 ON 반복 점멸

② P00 OFF 되면 플리커 동작 OFF

2) 타임 차트

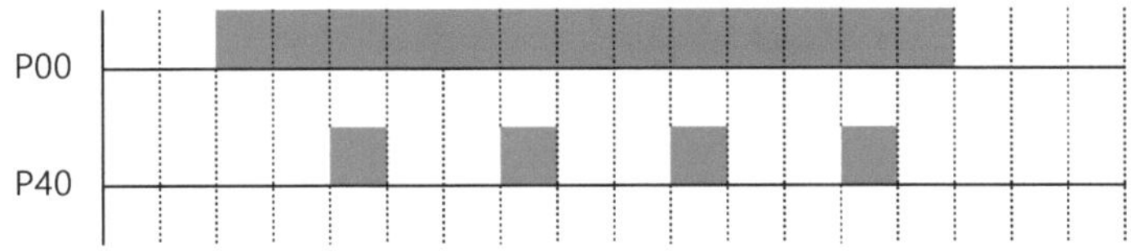

3) PLC 프로그램

[래더 프로그램 ①] - 타이머 2개 사용]

[래더 프로그램 ②] - 비교문 사용

27 타이머 명령 TON 응용 - 플리커 회로 3

1) 동작 설명

① P00 눌렀다 떼면, P40, P41 1초 간격으로 점등/소등 교대 점멸

② P00 OFF 해도 플리커 동작 지속

③ P01 눌렀다 떼면, 플리커 동작 중지

2) 타임 차트

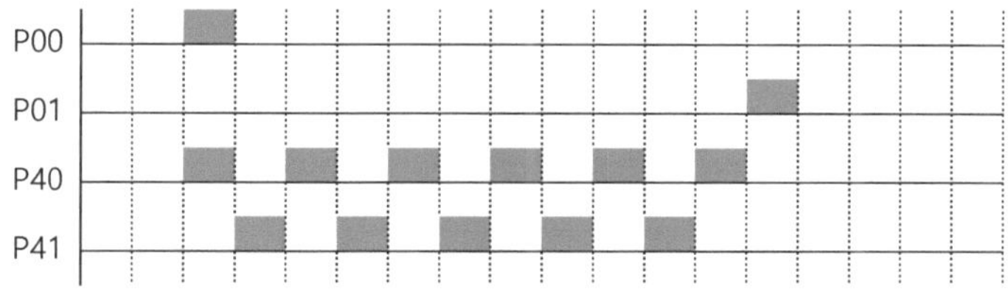

3) PLC 프로그램

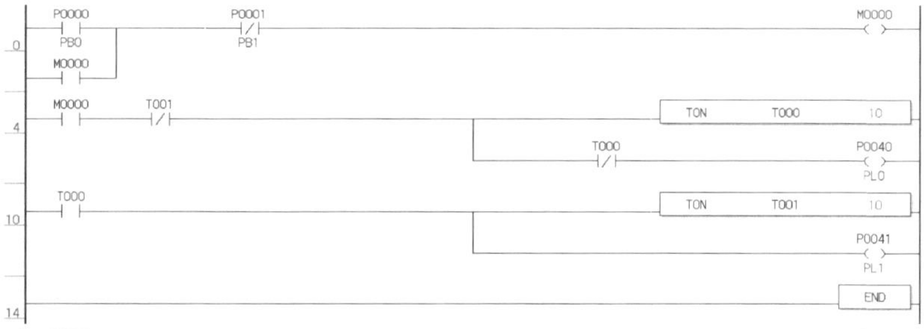

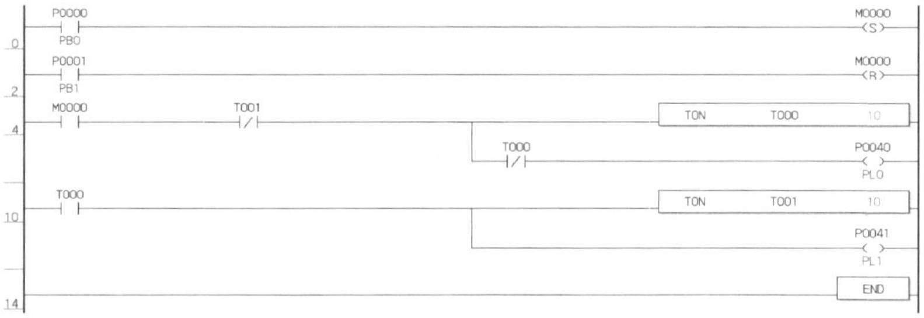

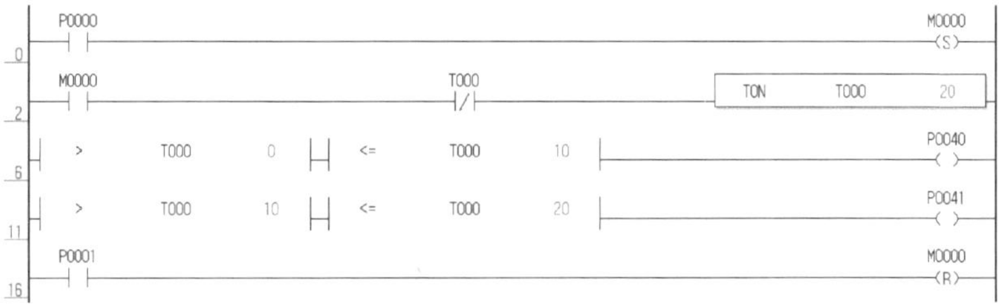

28 타이머 명령 TON 응용 - 플리커 회로 4

1) 동작 설명

① P00 눌렀다 떼면, P40 점등/소등 지정된 시간으로 점멸 반복 동작

② P40 1초간 점등 후, 1초간 소등, 다시 1초간 점등 후, 3초간 소등

③ 위 ②번 동작 지속적으로 반복

④ P01 눌렀다 떼면, 반복 플리커 동작 중지

2) 타임 차트

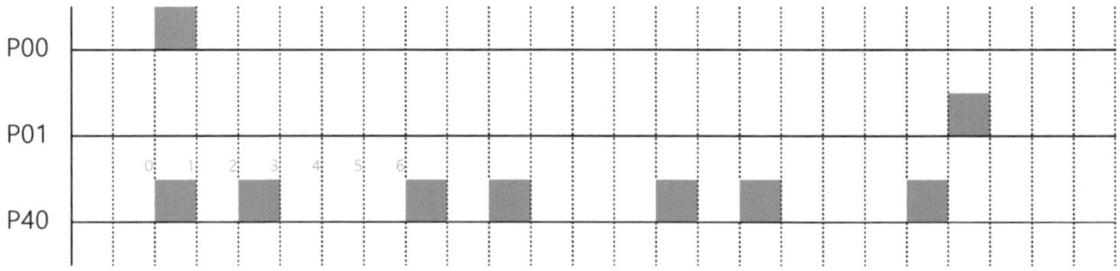

3) PLC 프로그램

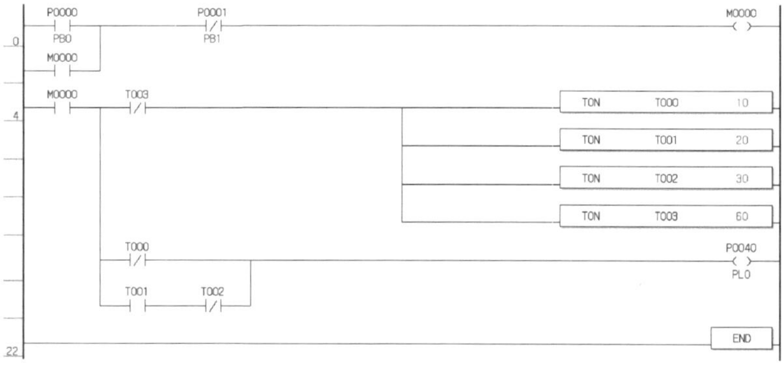

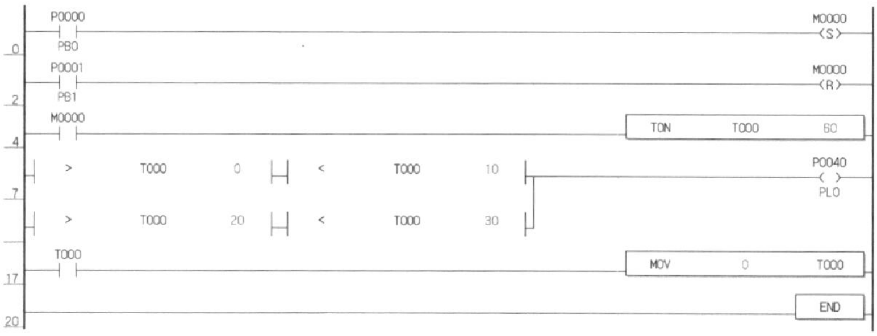

29 타이머 명령 TON 응용 - 플리커 회로 5

1) 동작 설명

① P00 ON 하면 P40 점등/소등 지정된 시간으로 점멸 반복 동작

② P40 2초간 점등 후, 1초간 소등, 다시 2초간 점등 후

③ P40 1초간 소등 후, 1초간 점등, 다시 1초간 소등 후 2초간 점등

④ 위 ③번 동작 지속적으로 반복

⑤ P01 ON→OFF 한 시점부터 3초 후 P41 1초간 점등 후 1초간 소등 반복

⑥ P02 ON 하면 P40, P41 반복 플리커 동작 중지

2) 타임 차트

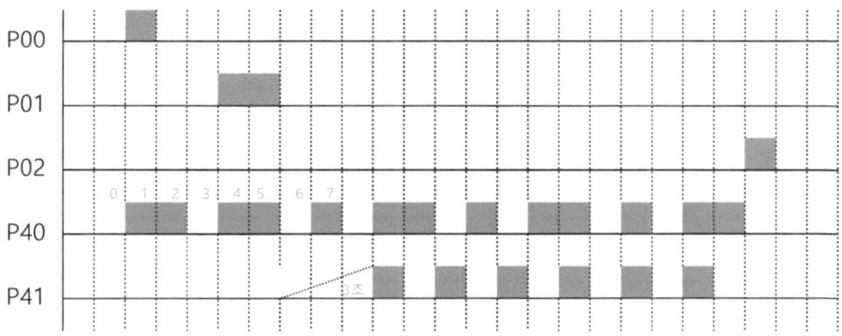

3) PLC 프로그램

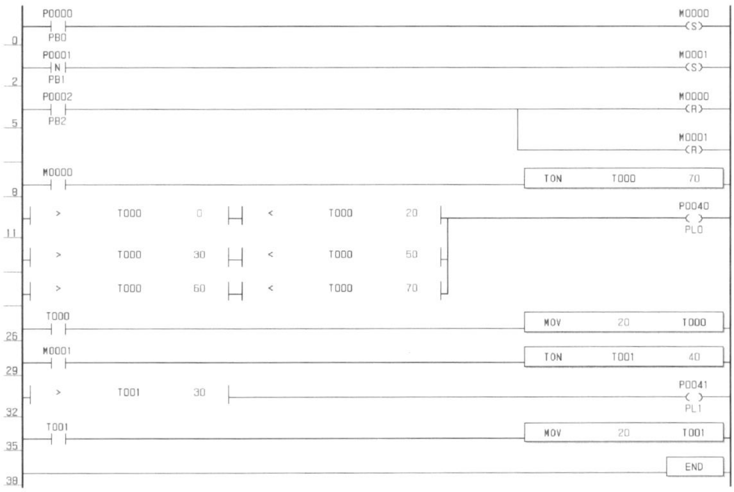

30 타이머 명령 TOFF(OFF Delay Timer)

1) 기능

① TOFF는 조건이 만족될 때 타이머 접점이 ON 되고, 조건이 OFF 된 후 설정된 시간 동안 접점이 ON 상태를 유지하는 타이머이다

② 타이머 기동 조건 만족되면 현재값=설정값이 되고, 타이머 접점 ON

③ 타이머의 기동 조건이 해제되면 현재값을 설정 시간 단위로 1씩 감소 시키고 현재값이 0이 될 때 타이머의 접점은 OFF 된다.

④ 타이머의 현재값이 감소하고 있는 상태에서 다시 기동 조건이 만족되면 현재값=설정값이 되고, 접점은 ON 된다.

⑤ 타이머를 리셋하면 현재값=0이 되며, 타이머 접점이 ON 되어 있는 경우 접점은 OFF 된다.

2) 동작 설명

① P00 ON 하면 P40 점등

② P00 OFF 하면 5초 후 P40 소등

③ P01 ON 하면 타이머 초기화(0)

3) 타임 차트

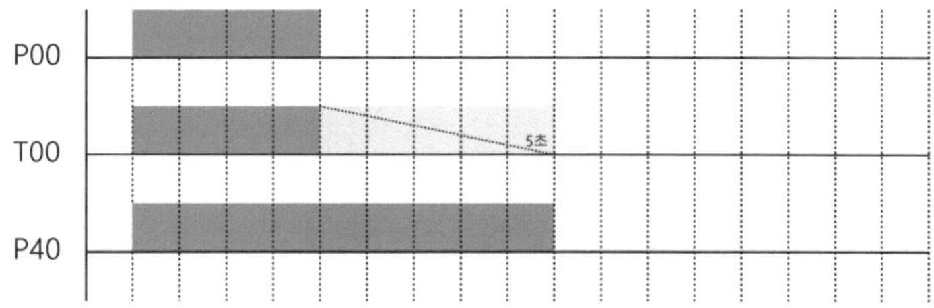

4) PLC 프로그램

31 타이머 명령 응용 - 화장실 자동 밸브 제어

1) 동작 설명

① 사용자가 변기에 접근하면(P00 ON) 1초 후 2초간 물 공급(P40 ON)

② 이탈 후(P00 OFF) 3초간 물 공급(P40 ON)

2) 타임 차트

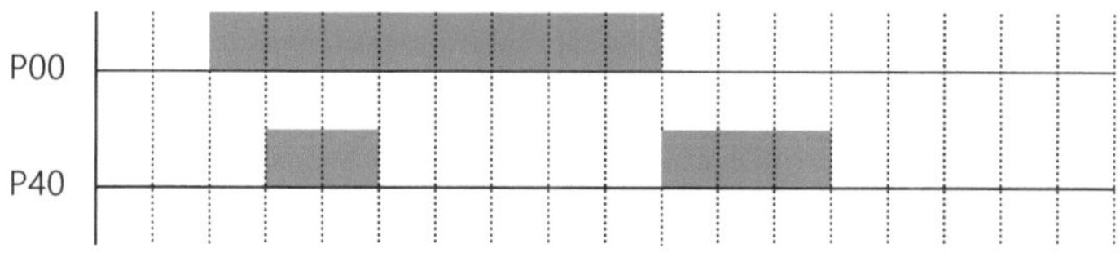

3) PLC 프로그램

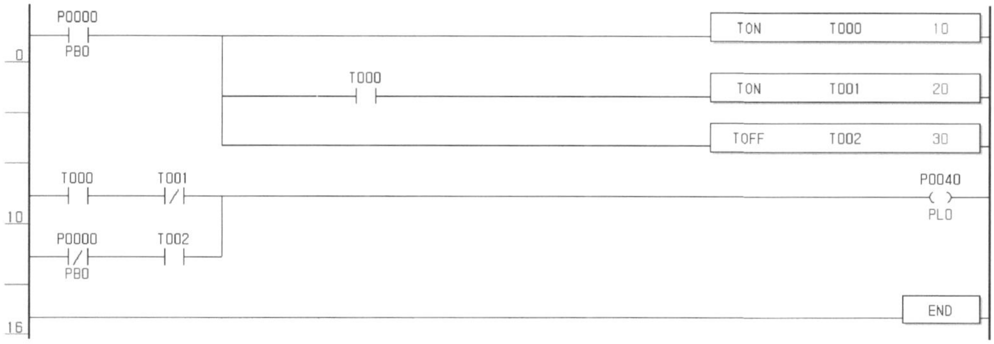

32 타이머 명령 응용 - 컨베이어 순차 제어

1) 동작 설명

① 여러 대의 컨베이어를 순서에 따라 3초 간격으로 기동, 정지

② 기동 순서 A→B→C, 정지 순서 C→B→A

③ P00(기동S/W), P01(정지S/W), P40(모터M1), P41(모터M2), P42(모터M3)

2) 타임 차트

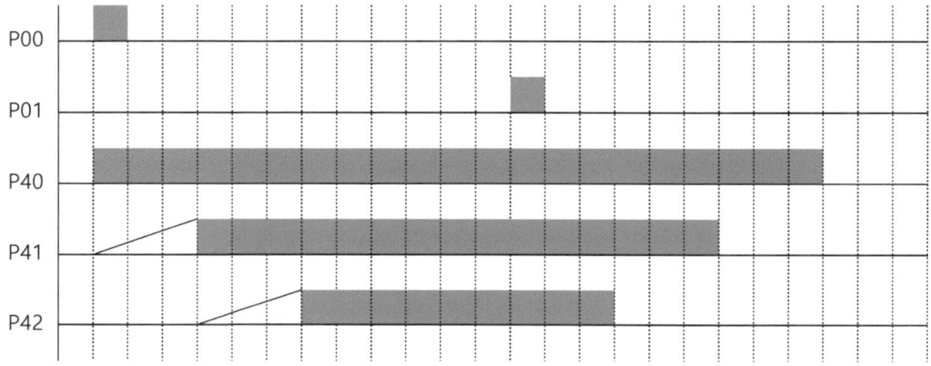

3) PLC 프로그램

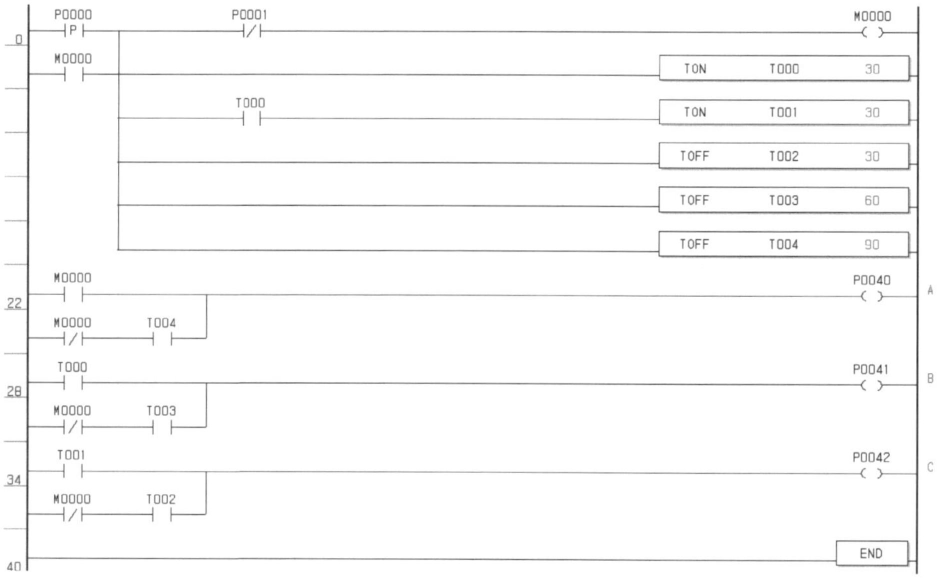

33 타이머 TON 응용 - 순차 점등/소등

1) 동작 설명

① P00 ON 하면 P40 ON, 2초 후 P41 ON, 그다음 2초 후 P42 ON

② P01 ON 하면 P42 OFF, 2초 후 P41 OFF, 그다음 2초 후 P40 OFF

③ P02 ON 하면 동시에 P40, P41 P42 모두 OFF

2) 타임 차트

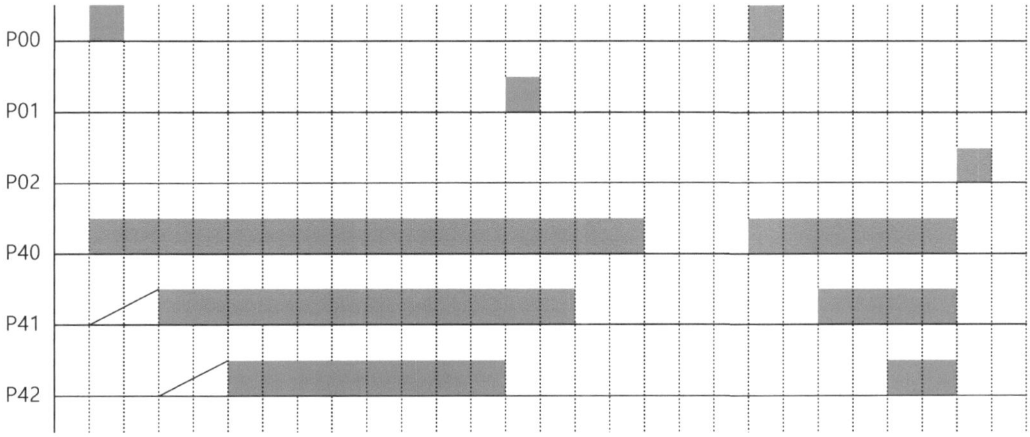

3) PLC 프로그램

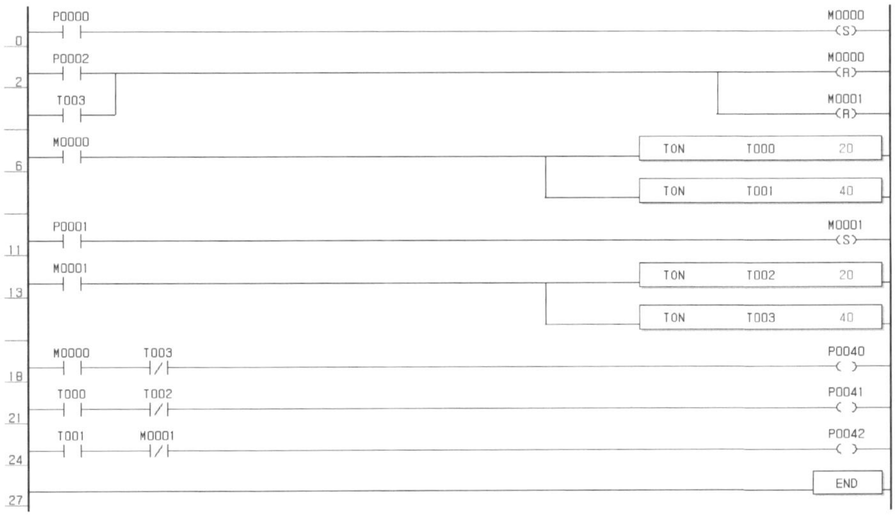

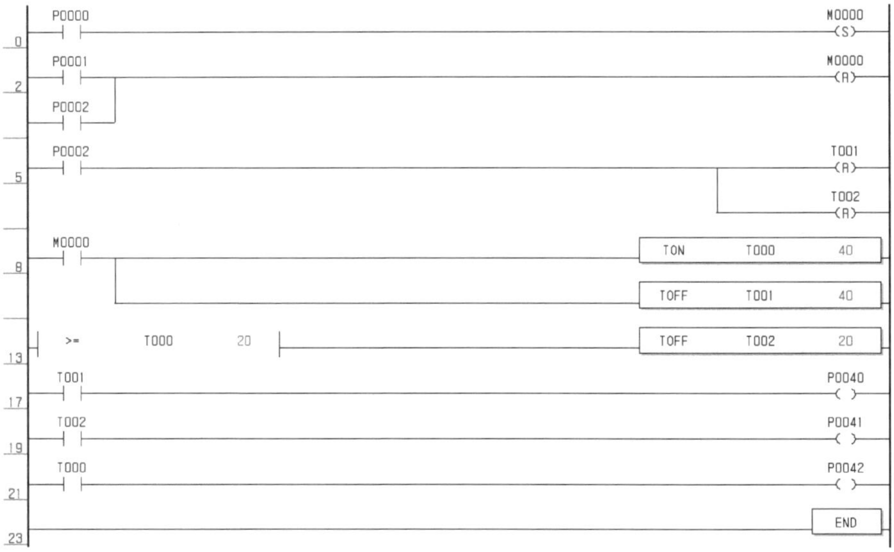
P0000
M0000
P0001
M0000
P0002
P0002
T001
T002
M0000
TON T000 40
TOFF T001 40
>= T000 20
TOFF T002 20
T001
P0040
T002
P0041
T000
P0042
END

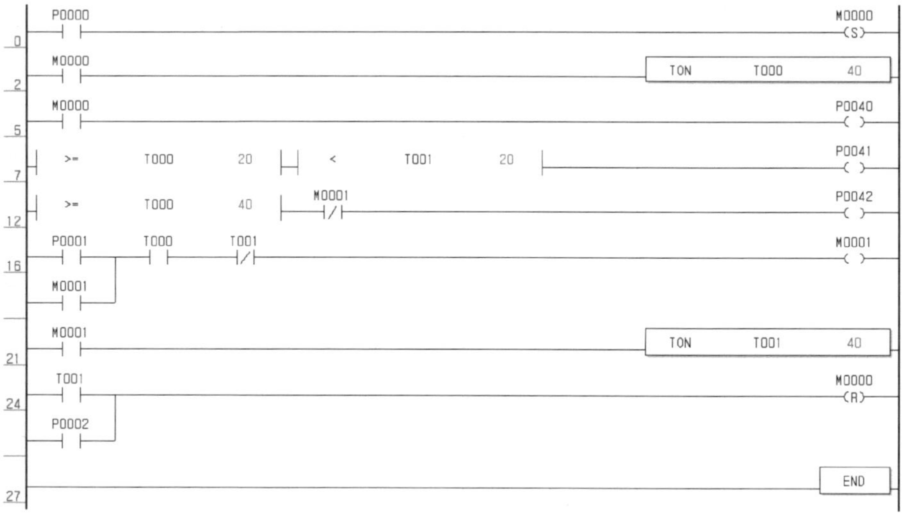
P0000
M0000
M0000
TON T000 40
M0000
P0040
>= T000 20
< T001 20
P0041
>= T000 40
M0001
P0042
P0001
T000
T001
M0001
M0001
M0001
TON T001 40
T001
M0000
P0002
END

34 타이머 명령 TMR(적산 타이머)

1) 기능

① 적산 Timer는 조건이 만족된 후 설정된 시간 이상 조건이 유지될 때 타이머의 접점이 ON 되는 타이머이다

② 타이머의 기동 조건이 만족되면 현재값을 설정 시간 단위로 1씩 증가시키며, 현재값 = 설정값이 될 때 타이머 접점이 ON 된다.

③ 타이머의 접점이 ON 된 상태에서 기동 조건을 계속 만족하더라도 더 이상 현재값은 증가하지 않는다.

④ 타이머 동작 중 기동 조건이 해제되면 현재값을 유지한다.

⑤ 타이머 접점이 ON 된 상태에서 기동 조건이 해제되면 타이머 접점이 ON 상태를 유지한다.

⑥ 타이머를 리셋하면 현재값 = 0이 되며, 타이머 접점이 ON 되어 있는 경우 접점은 OFF 된다.

2) 동작 설명

① P00 ON 시간의 합이 5초가 경과할 때 P40 점등

② P01 ON 하면 경과 시간 초기화(0)되고 P40 소등

3) 타임 차트

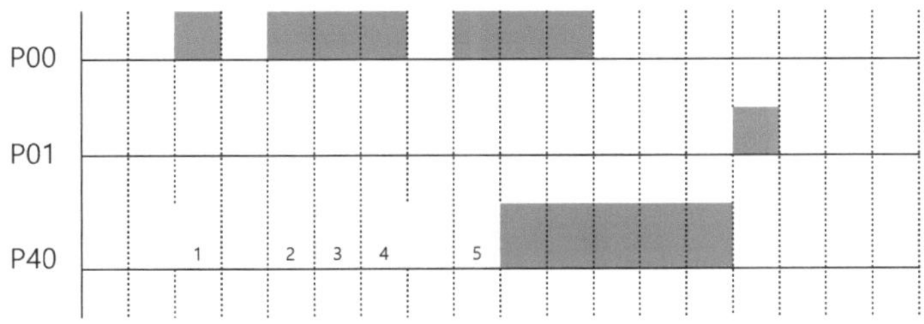

4) PLC 프로그램

35 타이머 TMR 명령 응용

1) 동작 설명

① P00 ON 시간의 합이 3초가 경과하고 그 후에 P01 ON 하면,

② P40, P41, P42 순으로 1초간씩 순차적으로 ON/OFF 반복

③ P02 ON 하면 경과 시간 초기화되고, P40, P41, P42 모두 OFF

2) 타임 차트

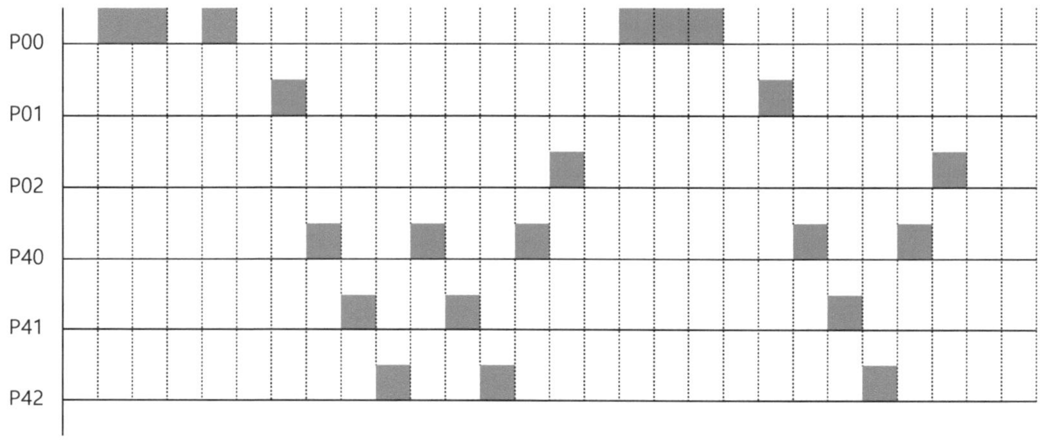

3) PLC 프로그램

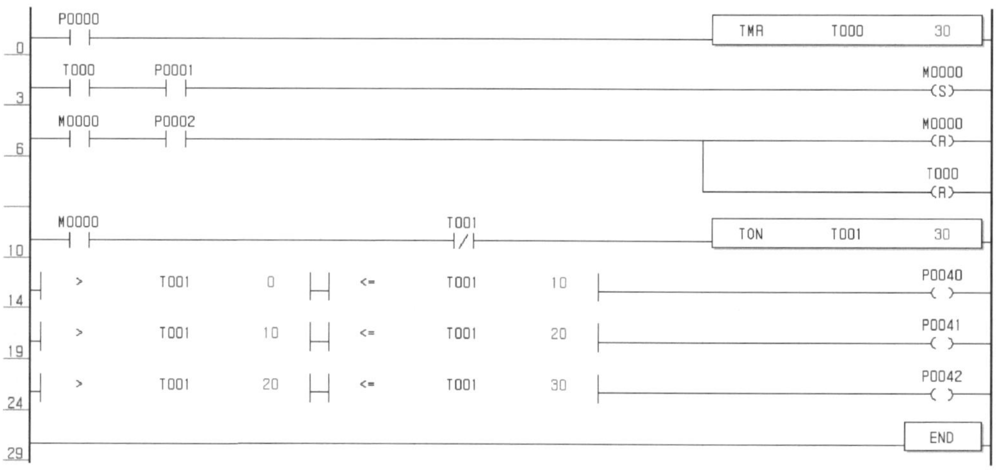

36 타이머 TMR 명령 응용 - 공구 수명 경보회로

1) 동작 설명

머시닝 센터 등의 공구 사용 시간을 누적하여 측정하고, 공구 교환을 위한 경보 램프를 ON 한다.

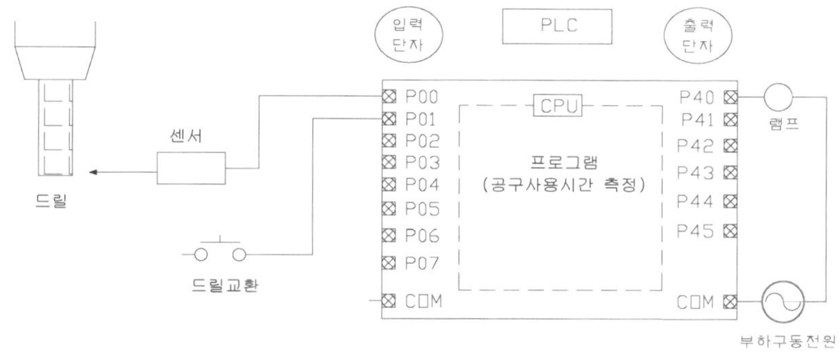

어드레스	용 도
P0000	드릴 하강 검출
P0001	드릴 교환 완료
P0040	공구 수명 경보 램프
T000	공구 수명 설정 타이머

2) PLC 프로그램

37 타이머 TMR 명령 응용 - 시스템 플래그 사용

1) 동작 설명

① P00 입력 스위치가 ON 되면 P40 LED가 ON 되고,

② P40 LED의 누적된 ON 시간이 1시간이 되면 P41 LED가 200ms 주기로 점멸(100ms ON, 100ms OFF 반복)한다.

2) PLC 프로그램

3) 프로그램 설명

① F00092 비트는 200ms 주기의 클럭으로 100ms ON, 100ms OFF를 반복하는 시스템 플래그이다. 이와 같이 사용자가 제어하지 않아도 PLC 시스템에서 제어해 주는 데이터를 플래그 또는 시스템 메모리라고 한다.

② XGT PLC는 시스템 플래그(F 영역), PID 플래그(K 영역), P2P 플래그(L 영역), 고속링크 플래그(L 영역) 등 기능별 플래그를 제공하고 있으며, 대부분의 플래그는 읽기 전용 영역으로 사용된다.

③ 아래의 표는 프로그램에서 자주 사용되는 시스템 플래그이다.

디바이스	변 수	설 명	디바이스	변 수	설 명
F00000	_RUN	PLC Run 시 ON	F00096	_T20S	20초 주기 CLOCK (10초 ON, 10초 OFF)
F00001	_STOP	PLC Run 시 ON	F00097	_T60S	1분 주기 CLOCK (30초 ON, 30초 OFF)

F00002	_ERROR	Error 발생 시 ON	F00099	_ON	항상 ON
F00090	_T20MS	20ms 주기 CLOCK (10ms ON, 10ms OFF)	F0009A	_OFF	항상 OFF
F00091	_T100MS	100ms 주기 CLOCK (50ms ON, 50ms OFF)	F0009B	_1ON	첫 스캔 ON
F00092	_T200MS	200ms 주기 CLOCK (100ms ON, 100ms OFF)	F0009C	_1OFF	첫 스캔 OFF
F00093	_T1S	1초 주기 CLOCK (0.5초 ON, 0.5초 OFF)	F0009D	_STOG	매 스캔 반전
F00094	_T2S	2초 주기 CLOCK (1초 ON, 1초 OFF)	F00110	_LER	연산 에러 (1 스캔 ON)
F00095	_T10S	10초 주기 CLOCK (5초 ON, 5초 OFF)	F00112	_CARRY	연산 캐리 발생 시 ON

38 타이머 명령 TMON(Mono-Stable Timer)

1) 기능

① TMON는 조건 만족되면 설정된 시간 동안 타이머 접점 ON

② 타이머 기동 조건이 만족되면 현재값=설정값 되고, 타이머 접점이 ON

③ 타이머의 기동 조건이 만족된 후 기동 조건의 변화와 관계없이 현재값이 설정 시간 단위로 1씩 감소되며, 현재값=0 될 때 접점 OFF

④ 타이머를 리셋하면 현재값=0 되며, 타이머 접점이 ON 되어 있는 경우 접점 OFF

2) 동작 설명

① P00를 ON 하면 접점 T00(설정치 7초)는 즉시 ON 하며 타이머의 현재값이 설정값으로 감소하기 시작(감산)

② 감산 중에 P00 ON, OFF를 반복하여도 감산은 계속

③ 출력 P40 7초간 ON 후에 OFF

④ 리셋(Reset)신호 P01을 ON 하면 현재값은 0이 되며 출력 OFF

3) 타임 차트

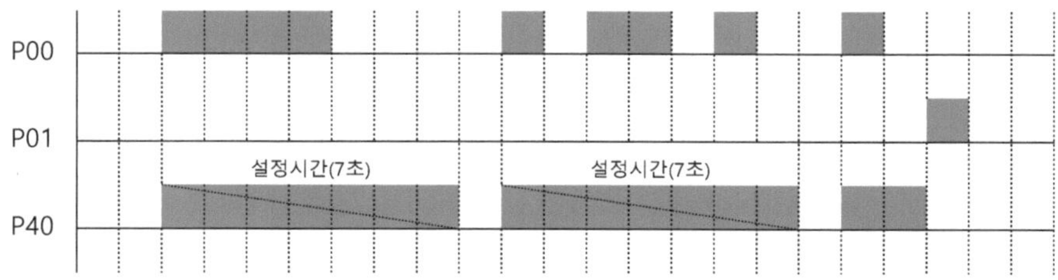

4) PLC 프로그램

39 타이머 TMON 명령 응용

1) 동작 설명

① P00 ON에서 OFF시에 P40, P41, P42 동시에 ON 하고

② P40 2초 후에 OFF, P41 3초 후에 OFF, P42 5초 후에 OFF

③ P01 ON에서 OFF시에 반복 동작

④ 리셋(Reset)신호 P01을 ON 하면 현재값은 0이 되며 모든 출력 OFF

2) 타임 차트

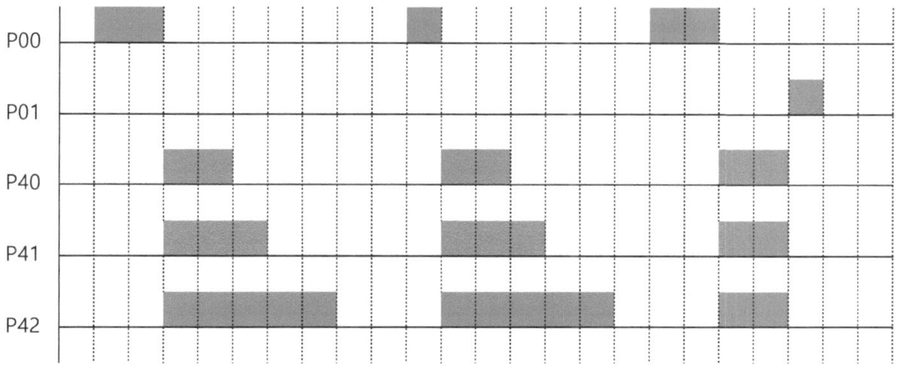

3) PLC 프로그램

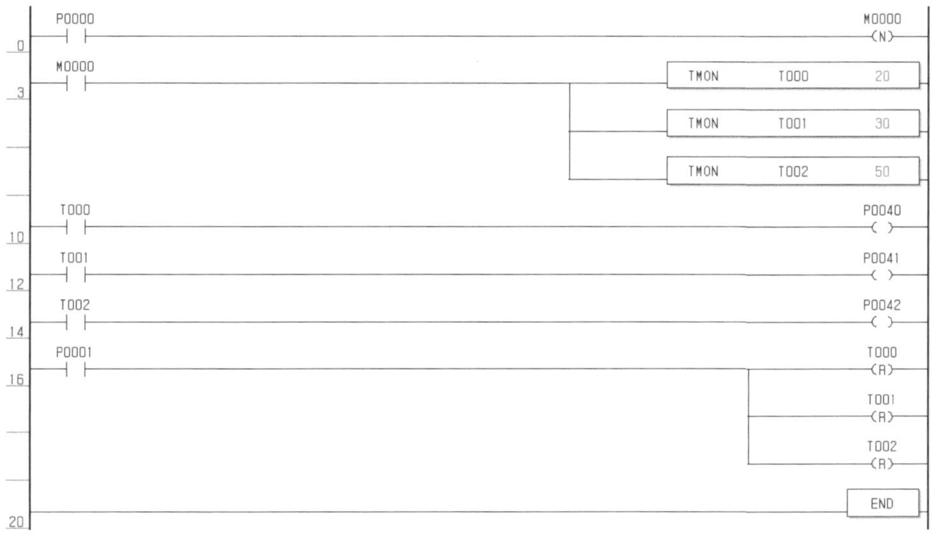

40 타이머 TMON 명령 응용 - 신호 떨림 방지회로

1) 동작 설명

- 속도가 일정치 않은 물체의 통과신호를 접촉 검출 센서(리미트 스위치)에 검출하는 경우 순가적으로 신호의 떨림 현상 발생
- 신호의 떨림을 방지하여 안정된 신호를 얻기 위해 TMON 타이머 사용

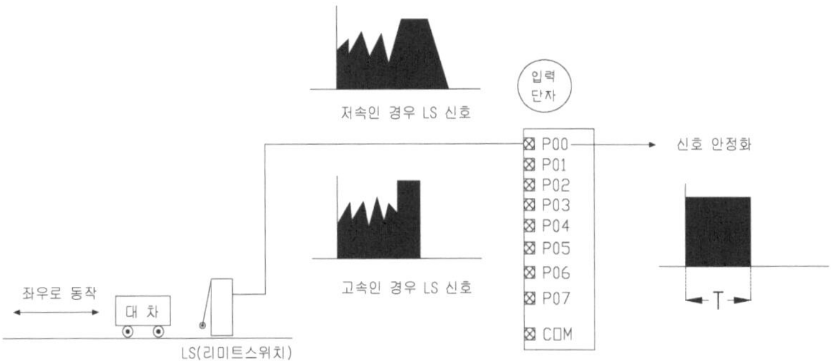

어드레스	용 도
P0000	위치 검출용 리미트 스위치
M0000	일정 시간 출력 릴레이
T000	떨림 방지 타이머

2) PLC 프로그램

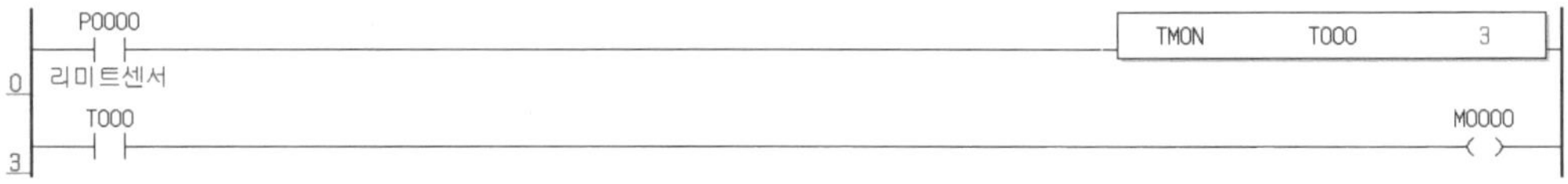

- P0000 순간적으로 ON 하면 그 후에 P0000이 순간적으로 떨리더라도 M0000는 0.3초간 은 ON 되어 안정적 신호 획득이 가능

41 타이머 명령 TRTG(리트리거블 타이머)

1) 기능

① TRTG는 조건 만족되면 설정된 시간 동안 타이머 접점 ON

② 타이머 기동 조건 만족되면 '현재값=설정값' 되고, 타이머 접점 ON

③ 타이머의 기동 조건이 만족된 후 설정 시간 단위로 1씩 감소되며, '현재값=0' 될 때 접점 OFF

④ 타이머 동작 중 타이머의 기동 조건에서 상승 에지가 발생(OFF → ON)하면 '현재값=설정값' 된 후 현재값이 다시 설정 시간 단위로 1씩 감소하고 '현재값=0' 될 때 접점 OFF

⑤ 타이머를 리셋하면 '현재값=0' 되며, 타이머 접점이 ON 되어 있는 경우 접점 OFF

2) 동작 설명

① P00 ON 하는 순간부터 P40 ON 되고, 설정치 5초 경과 후 P40 OFF

② 5초 경과하기 전 다시 ON 되면 경과치(현재치)는 다시 초기화되고

③ 다시 설정치 5초부터 다시 감산 시작하여 5초 경과 후 P40 OFF

④ 도중에 P01 ON 하면, 현재치 초기화(0)되고 동시에 P40 OFF

3) 타임 차트

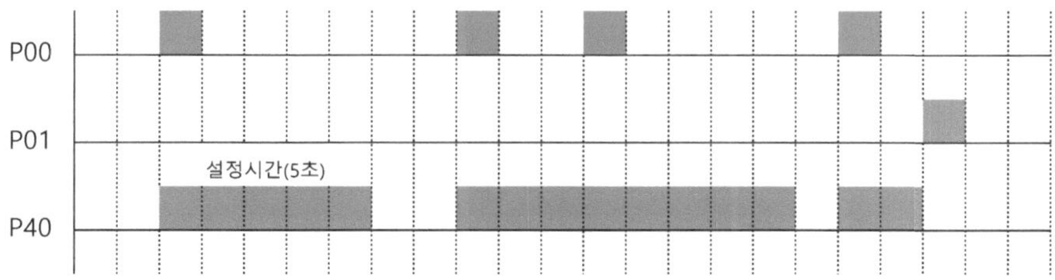

4) PLC 프로그램

42 타이머 TRTG 명령 응용 - 반송장치 고장 검출회로

1) 동작 설명

일정 시간마다 공급되는 제품/부품에 의해 반송장치의 고장을 검출한다.

일정 시간 내에 제품/부품이 공급되지 않는 경우에는 고장이라고 판단

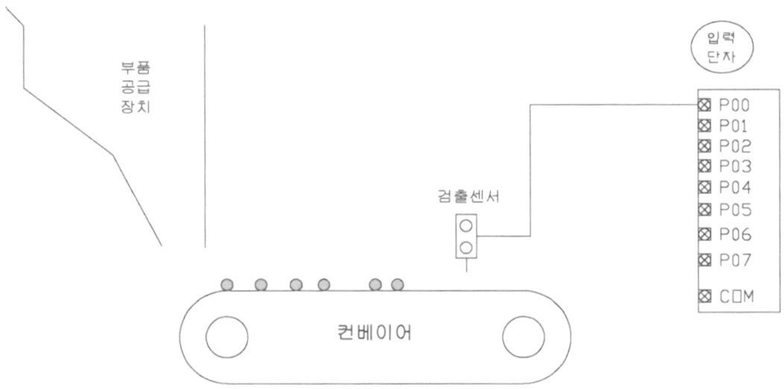

2) 타임 차트

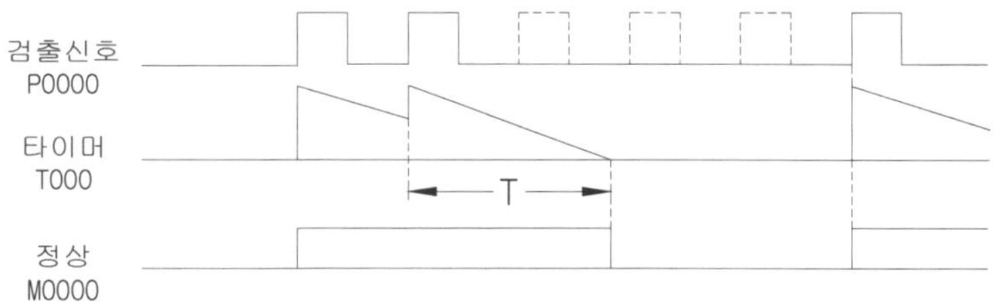

3) PLC 프로그램

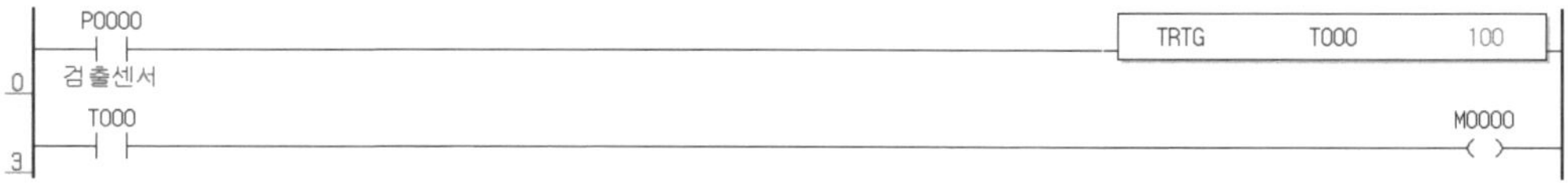

- 다음 제품/부품이 10초 이내에 들어오지 않는다면 타이머 OFF 하여 M0000 OFF
- 다음 제품/부품이 10초 이내에 들어온다면 지속적으로 타이머 ON 하여 M0000 계속 ON

43 카운터 명령

① 카운터는 펄스가 입력될 때마다 현재치를 가산/감산해서 설정값을 만족하면 출력을 ON 한다.

② 카운터는 그 동작 특성에 따라 다음과 같이 4개의 명령어가 존재한다.

명령어	명칭	동작 특성 및 타임 차트
CTD	Down 카운터	- 펄스가 입력될 때마다 설정치로부터 1씩 감산 - 0이 되면 출력 ON
CTU	Up 카운터	- 펄스가 입력될 때마다 현재치를 1씩 가산 - 설정치 이상이면 출력 ON
CTUD	Up-Down 카운터	- UP 단자에 펄스가 입력되면 1씩 가산 - DOWN 단자에 펄스가 입력되면 1씩 감산 - 현재치가 설정치 이상이면 ON
CTR	Ring 카운터	- 펄스가 입력될 때마다 현재치를 1씩 가산 - 현재치가 설정치에 도달하면 출력 ON - 이후 다시 펄스가 입력되면 현재치는 0

③ 카운터는 조건의 만족 회수를 계수하는 프로그램 요소이다. 즉 조건이 만족될 때 현재값을 1씩 증가 또는 감소 시켜 조건이 만족되는 회수를 누적한다.

④ 카운터 종류와 관계없이 모두 XGK는 2,048개, XGB는 256개의 카운터를 사용할 수 있다. 기능별로 CTU, CTD, CTUD, CTR 등 4종의 카운터가 있으며, 1개의 카운터는 최대 65,535까지 계수할 수 있다.

44 카운터 명령 CTU(Up 카운터)

1) 기능

① 펄스 신호가 입력될 때마다 현재치를 +1 가산하고 현재치가 설정치 이상이면 출력을 ON 하고 카운터 최대치(65,535)까지 Count 한다.

② 리셋(Reset) 신호가 ON 하면 출력을 OFF 시키며 현재치는 0이 된다.

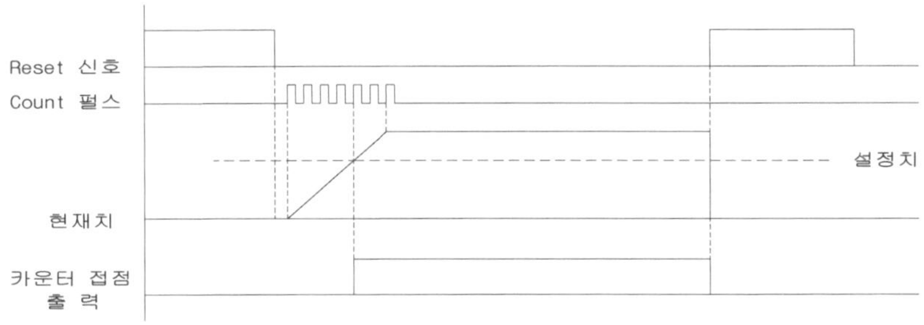

2) 동작 설명

① P00 접점으로 Count Up 하여 현재치와 설정치(2번)가 같을 때 P40 ON

② P01 접점 ON 하면 출력은 OFF 시키며 현재치는 0으로 초기화

3) 타임 차트

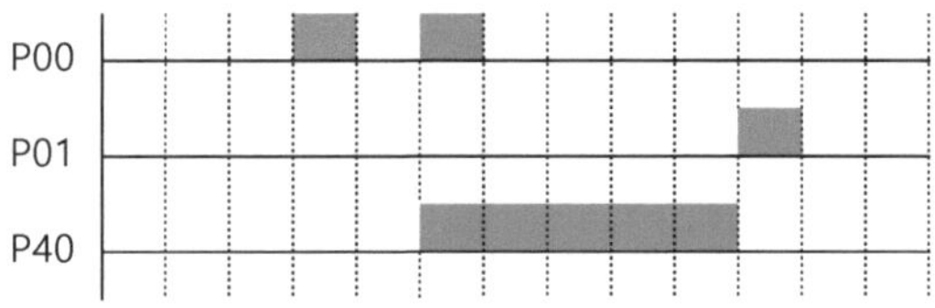

4) PLC 프로그램

45 카운터 명령 CTU 응용 - 양변환 ON/양변환 OFF

1) 동작 설명

① PB0(P00)를 두 번 누르면 P40 ON, 세 번 누르면 P40 OFF 되고 회로는 초기화 상태

② P40이 ON 상태에서 PB1을 누르면 P40 OFF 되고 회로는 초기화

2) 타임 차트

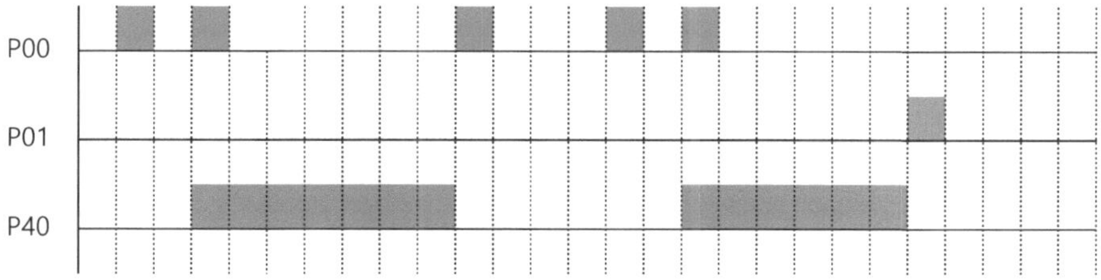

3) PLC 프로그램

46 카운터 명령 CTU 응용 - 양변환 ON/음변환 OFF

1) 동작 설명

① PB0(P00)를 한 번 누르면 P40 ON, 두 번째 눌렀다 떼면 P40 OFF 되고 회로는 초기화 상태

② P40이 ON 상태에서 PB1을 누르면 P40 OFF 되고 회로는 초기화

2) 타임 차트

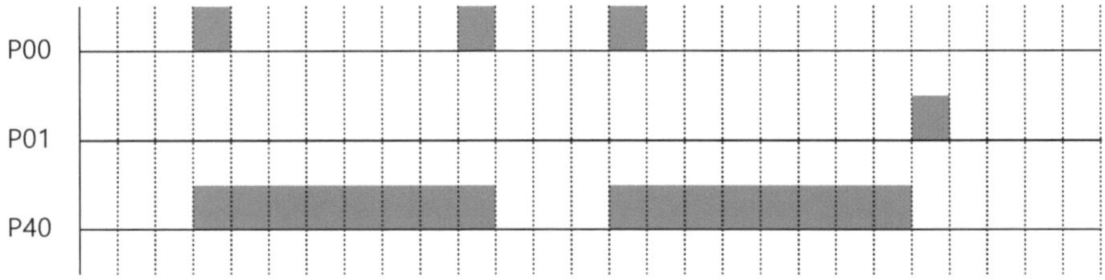

3) PLC 프로그램

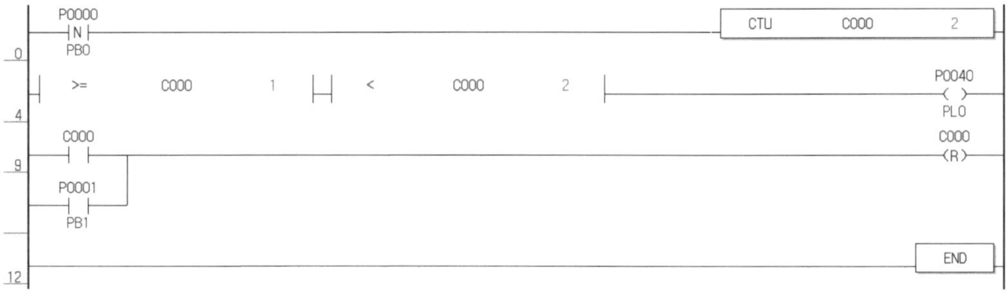

47 카운터 명령 CTU 응용 - 음변환 ON/음변환 OFF

1) 동작 설명

① PB0(P00)를 한 번 눌렀다 떼면 P40 ON, 두 번 눌렀다 떼면 P40 OFF 되고 회로는 초기화 상태

② P40이 ON 상태에서 PB1을 누르면 P40 OFF 되고 회로는 초기화

2) 타임 차트

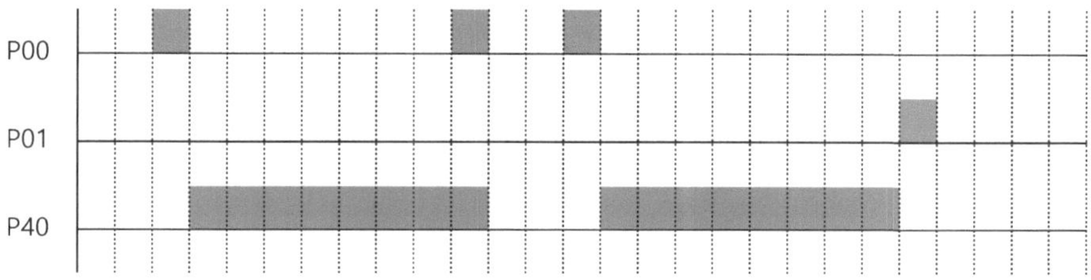

3) PLC 프로그램

48 카운터 명령 CTU 응용 - 음변환 ON/양변환 OFF

1) 동작 설명

① PB0(P00)를 한 번 눌렀다 떼면 P40 ON, 두 번 누르면 P40 OFF 되고 회로는 초기화 상태

② P40이 ON 상태에서 PB1을 누르면 P40 OFF 되고 회로는 초기화

2) 타임 차트

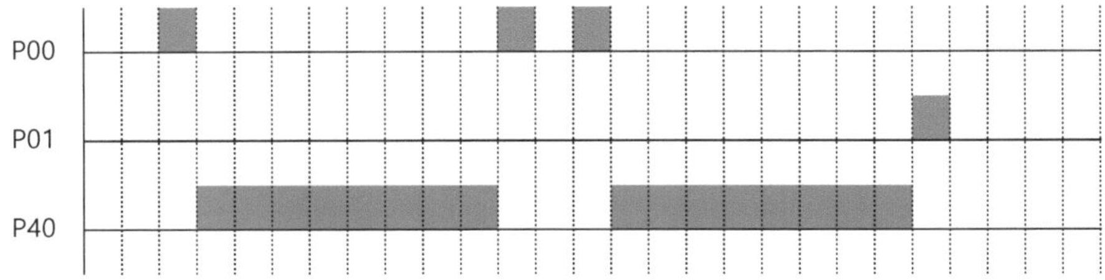

3) PLC 프로그램

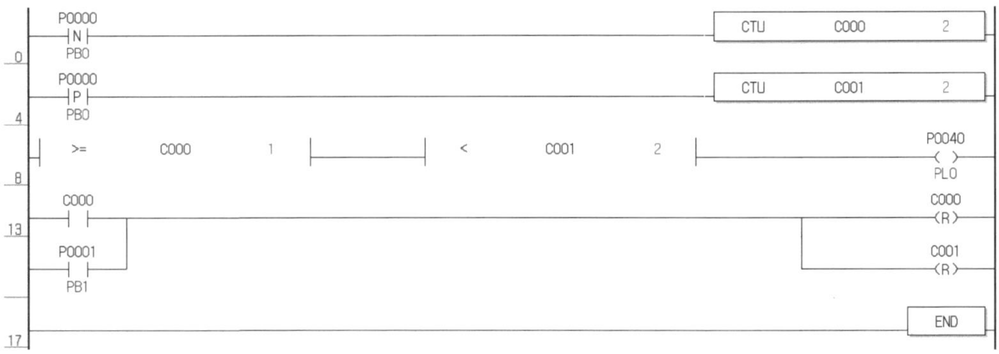

49 카운터 명령 CTU 응용 - 증감회로(버튼 1개 이용)

1) 동작 설명

① PB0(P00)을 한 번 누르면 P40 ON, 두 번 누르면 P41 ON, 세 번 누르면 P42 ON

② P40, P41, P42 모두 ON 상태에서 PB0(P00)을 누르면(네 번째) P42 OFF, 다섯 번 누르면 P41 OFF, 여섯 번 누르면 P40 OFF 되면서 초기화 상태

2) 타임 차트

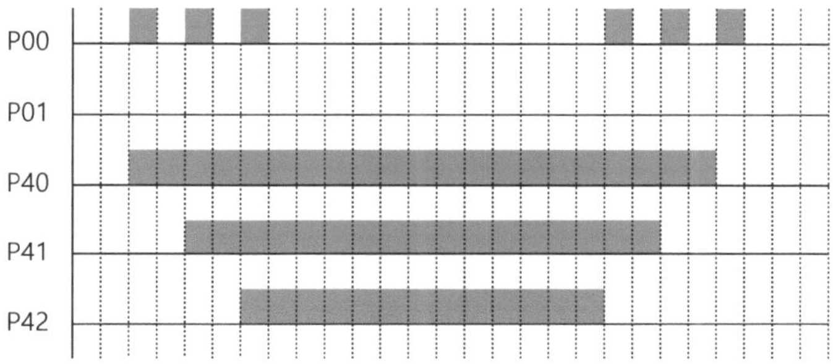

3) PLC 프로그램

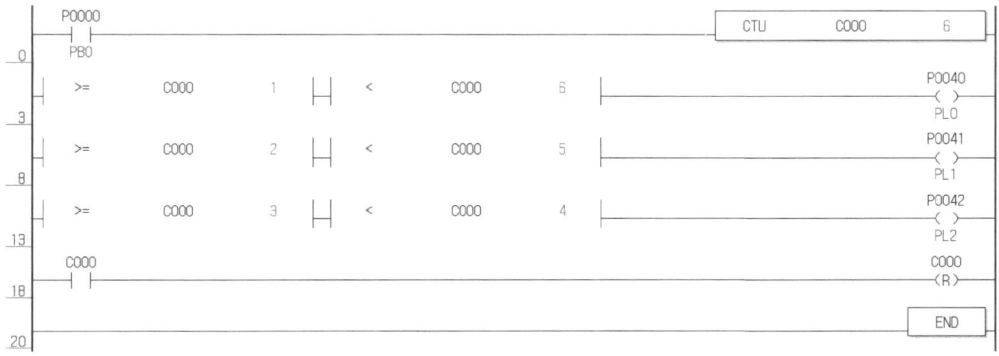

50 카운터 명령 CTU 응용 - 증감회로(버튼 2개 이용)

1) 동작 설명

① PB0(P00)을 한 번 눌렀다 떼면 P40 ON, 두 번 눌렀다 떼면 P41 ON, 세 번 눌렀다 떼면 P42 ON, 네 번 눌렀다 떼면 P43 ON

② PB1(P01)을 한 번 눌렀다 떼면 P43 OFF, 두 번 눌렀다 떼면 P42 OFF, 세 번 눌렀다 떼면 P41 OFF, 네 번 눌렀다 떼면 P40 OFF 되면서 초기화 상태

2) 타임 차트

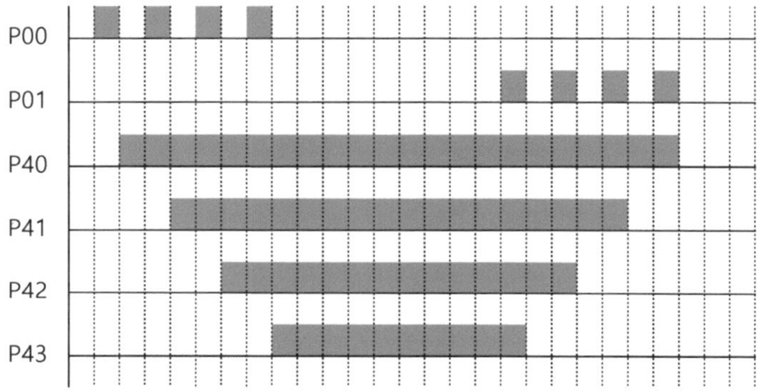

3) PLC 프로그램

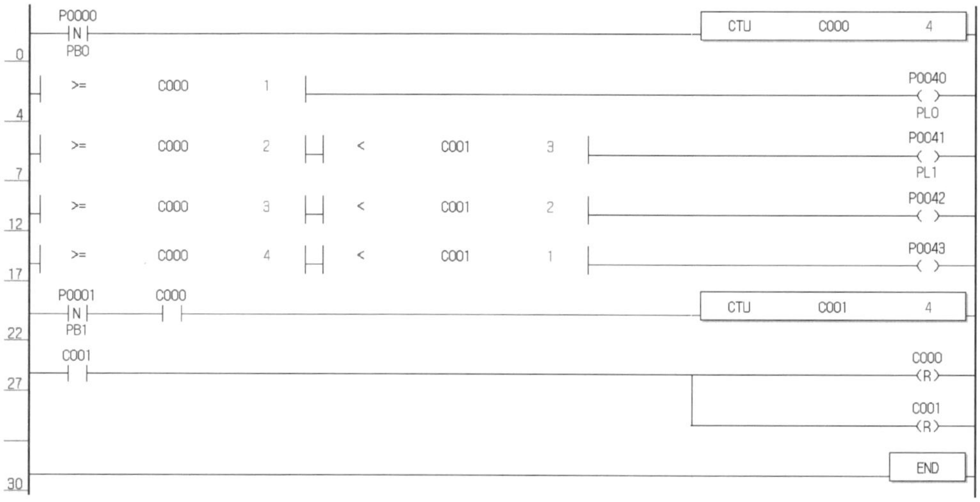

51 카운터 명령 CTD(Down 카운터)

1) 기능

① 펄스 신호가 입력될 때마다 설정치로부터 1씩 감산을 하여 0이 되면 출력을 ON 한다.

② 리셋(Reset) 신호가 ON 하면 출력을 OFF 시키며 현재치=설정치 된다.

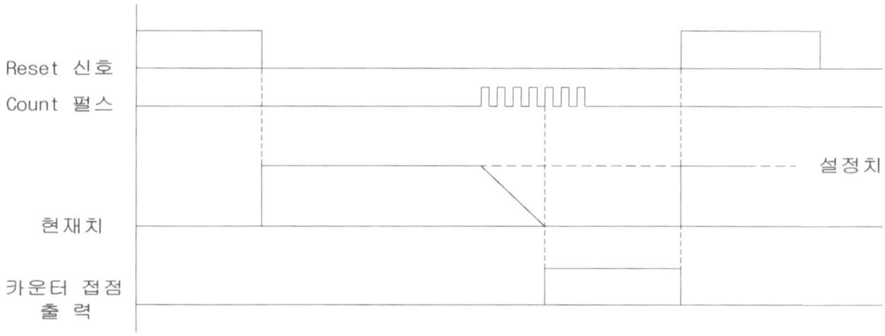

2) 동작 설명

① P00 접점이 5회 ON 하면 Count Down 하여 현재치 0이 될 때 P40 ON

② P01 접점이 ON 하면 출력을 OFF 시키며 현재치는 설정치로 설정

3) 타임 차트

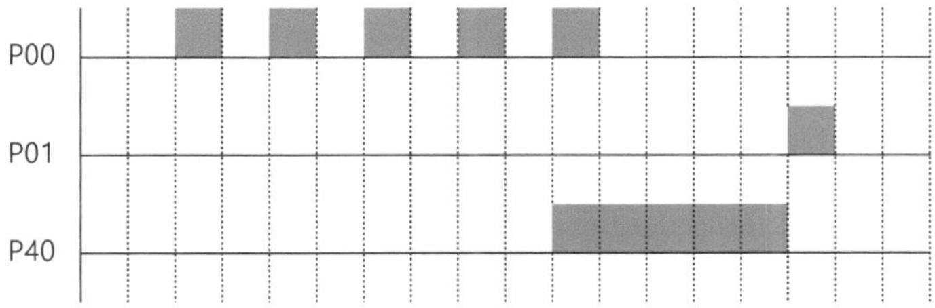

4) PLC 프로그램

52 카운터 명령 CTUD(Up-Down 카운터)

1) 기능

① U로 지정된 디바이스에 상승 신호가 입력될 때마다 현재치를 +1 하며, 현재치가 설정치 이상이면 출력을 ON 하고 카운터 최대치(65,535)까지 Count 한다.

② D로 지정된 디바이스에 상승신호가 입력될 때마다 현재치는 -1이 된다.

③ 리셋(Reset) 신호가 ON 하면 현재치는 0이 된다.

④ U, D로 지정된 디바이스에 펄스가 동시에 ON 하면 현재치는 변하지 않는다.

⑤ Count 동작 허용신호는 ON 된 상태를 유지하고 있어야 Up-Down 카운트가 가능하다.

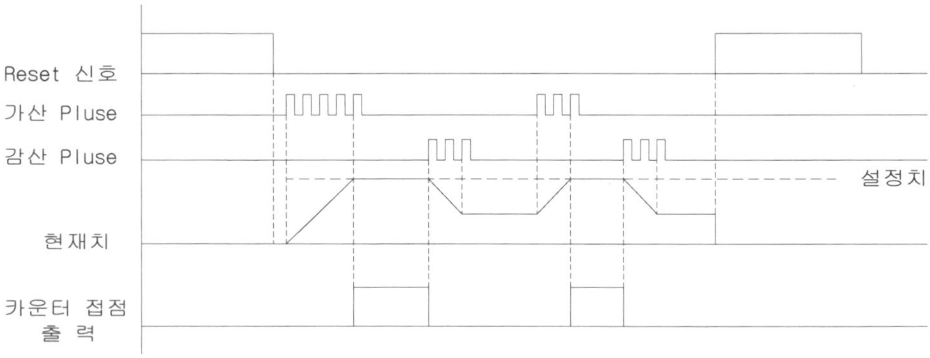

2) 동작 설명

① P00 접점으로 Count Up 하여 현재치와 설정치(5회)가 같을 때 P40 출력 ON

② P01 접점의 입상 펄스에 의해 Count Down

③ P02가 ON 되어 리셋(Reset) 조건이 만족되면 출력은 OFF 되고 카운터 현재치는 0

④ 카운터 허용신호인 F00099(상시 ON 플래그)에 의해 항상 가감산 카운트가 가능

3) 타임 차트

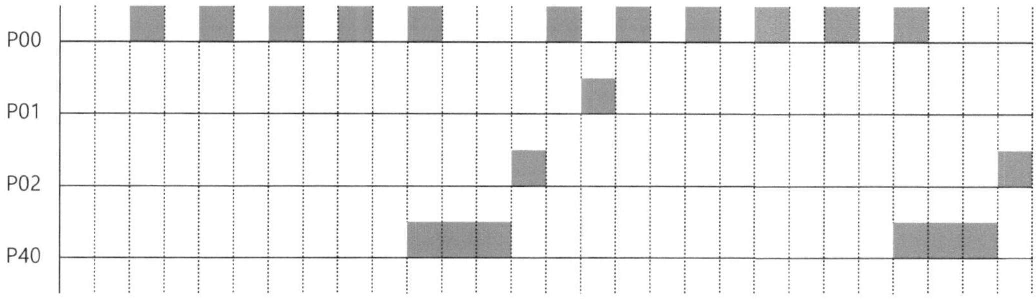

4) PLC 프로그램

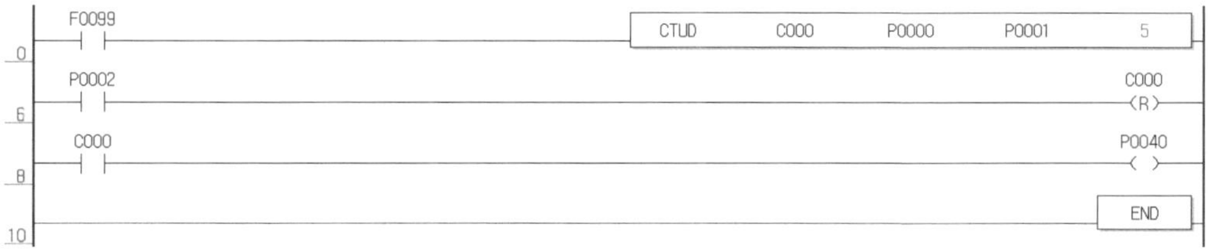

53 카운터 명령 CTUD 응용 - 모터 동작수 증감 제어

1) 동작 설명

① 4대의 모터를 제어하는데, 순간접촉 푸쉬버튼 PB0(P00)을 누를 때마다 동작하는 모터 수를 1개씩 증가시키고,

② 순간 접촉 푸시버튼 PB1(P01)을 누를 때마다 모터 동작 수를 1개씩 감소시킨다.

③ 4개의 모터가 동작하고 있을 때 PB2(P02)를 누르면 모든 모터는 정지하고,

④ 1개의 모터가 동작하고 있을 때 PB1(P01)을 누르면 모터는 하나도 동작하지 않는다.

2) PLC 입·출력 할당

입 력				출 력			
P00	PB1	P04		P40	M1	P44	
P01	PB2	P05		P41	M2	P45	
P02		P06		P42	M3		
P03		P07		P43	M4		

3) 타임 차트

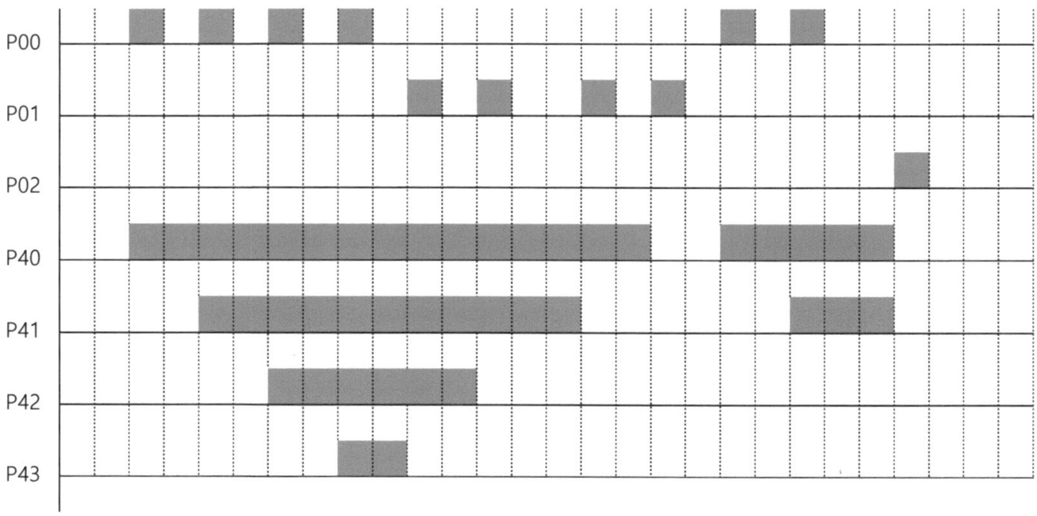

4) PLC 프로그램

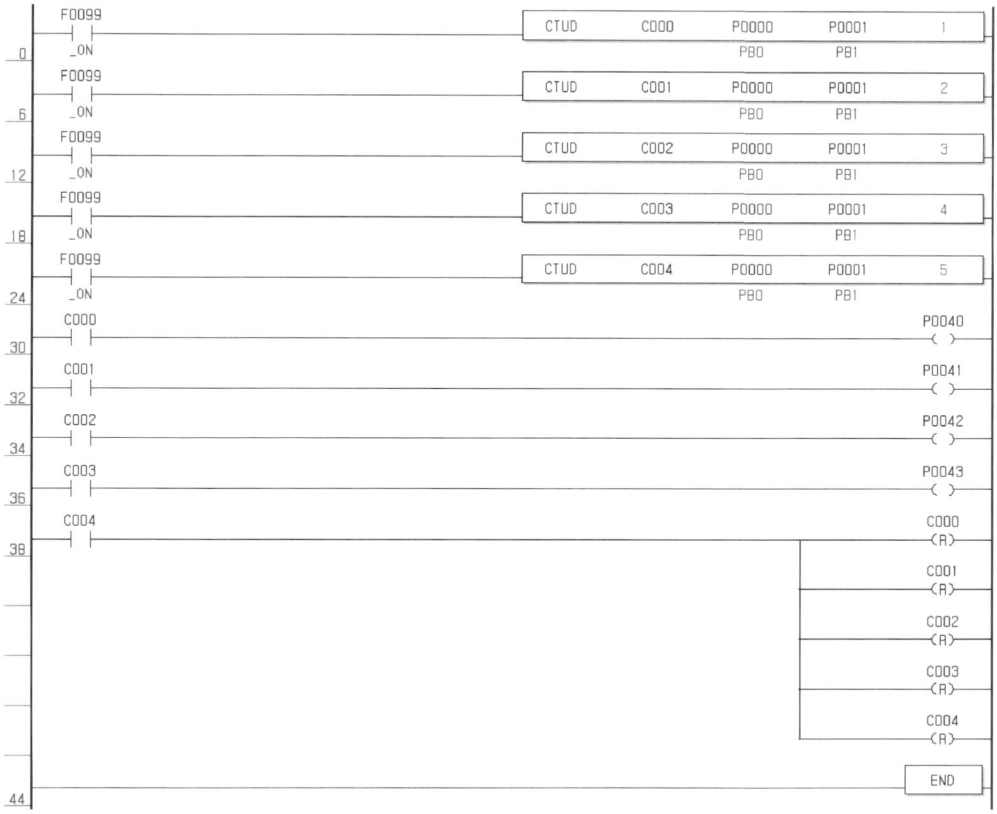

F0099
_ON
CTUD C000 P0000 P0001 1
PB0 PB1
CTUD C001 P0000 P0001 2
CTUD C002 P0000 P0001 3
CTUD C003 P0000 P0001 4
CTUD C004 P0000 P0001 5
C000
P0040
C001
P0041
C002
P0042
C003
P0043
C004
C000
C001
C002
C003
C004
END

54 카운터 명령 CTUD 응용

1) 동작 설명

① P00 ON/OFF마다 가산, P01 ON/OFF마다 감산

② P00 ON/OFF 1회 P40 ON, 2회 P41 ON, 3회 이상 P42 ON

③ P01 ON/OFF 1회 P42 OFF, 2회 P41 OFF, 3회 이상 P40 OFF

④ P02 ON하면 초기화 상태

2) 타임 차트

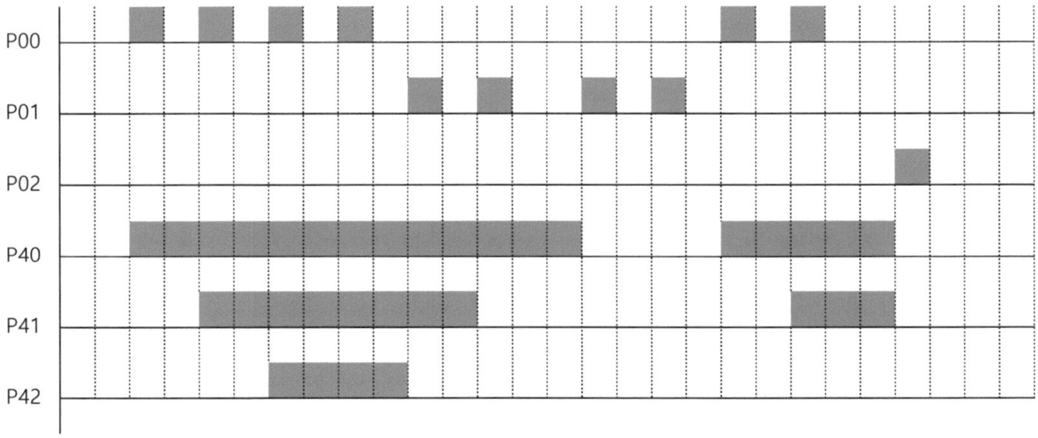

3) PLC 프로그램

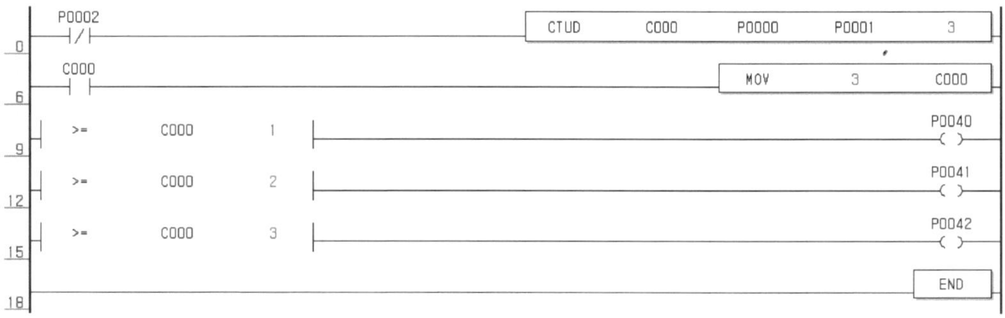

55 카운터 명령 CTR(Ring Counter)

1) 기능

① 펄스 신호가 입력될 때마다 현재치를 +1 하고 현재치가 설정치에 도달한 후 입력신호가 OFF에서 ON 되면 현재치는 0으로 된다.

② 현재치가 설정치에 도달하면 출력은 ON 된다.

③ 현재치가 설정치 미만이거나 리셋(Reset) 조건이 ON이면 출력은 OFF 된다.

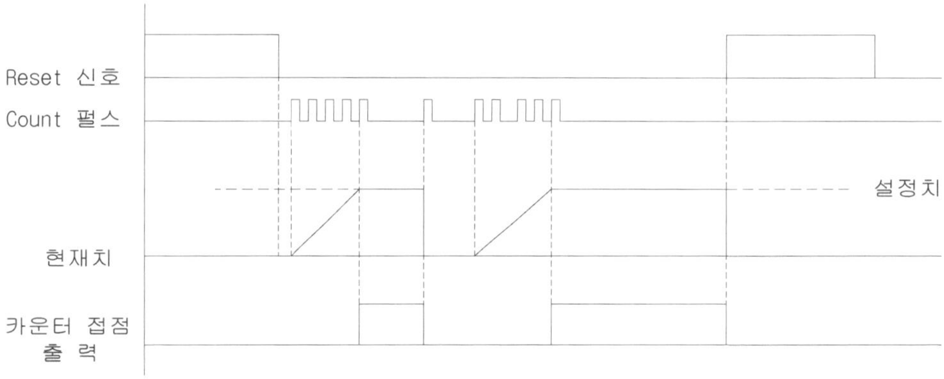

2) 동작 설명

① P00 접점의 펄스 신호에 의해 Count Up 하여 현재치와 설정치(3회)가 같을 경우 출력 P40 ON

② P00 접점이 4회째 ON 하면 P40 출력이 OFF 되면서 현재치는 0으로 리셋(Reset) 되어 P41 OFF

③ P00 접점이 3회 전에 P01 ON 하면 현재치는 0으로 리셋

3) 타임 차트

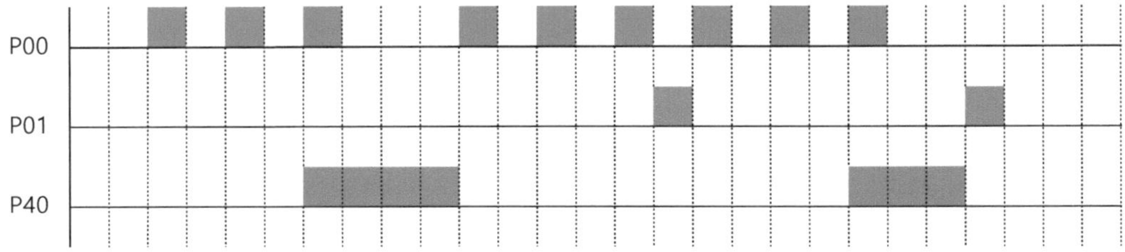

4) PLC 프로그램

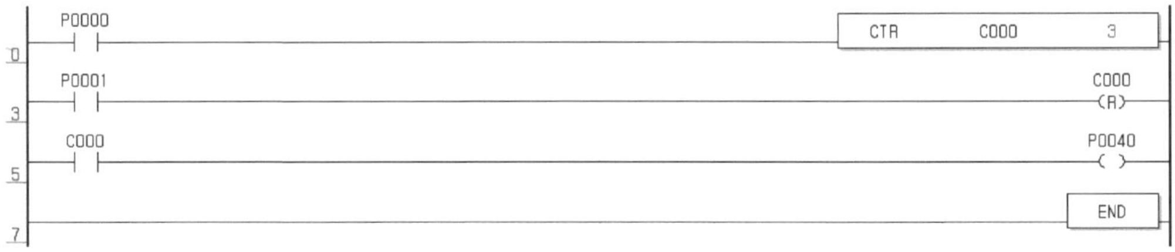

56 카운터 명령 CTR 응용

1) 동작 설명

① BOX에 미리 지정된 개수, 한 예로 10개의 제품이 들어가면 컨베이어가 정지하고,

② BOX 센서가 ON 되면 다시 컨베이어가 기동한다.

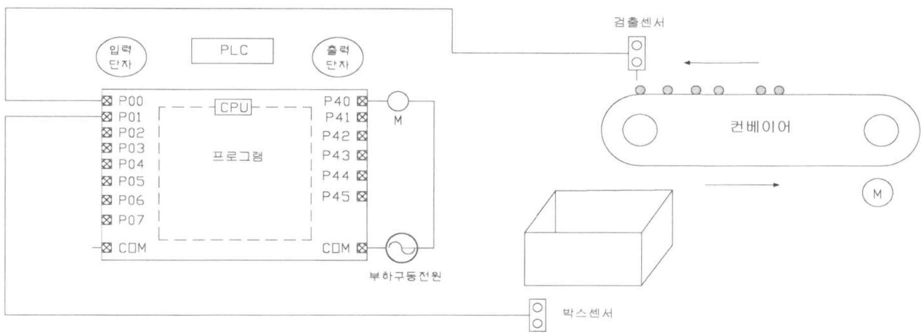

2) PLC 프로그램

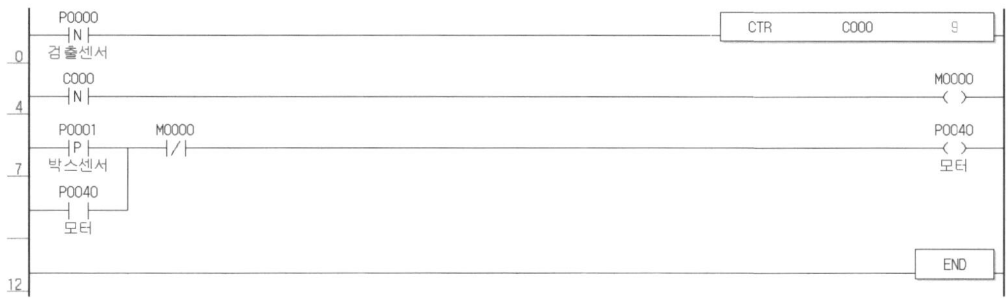

57 원 버튼 출력 ON/OFF 회로

1) 동작 설명

① P00 첫 번째 ON/OFF 하면 P40 ON 자기 유지, 두 번째 ON/OFF 하면 P40 OFF

② 버튼 P00 ON/OFF 할 때마다 위 동작 반복

2) 타임 차트

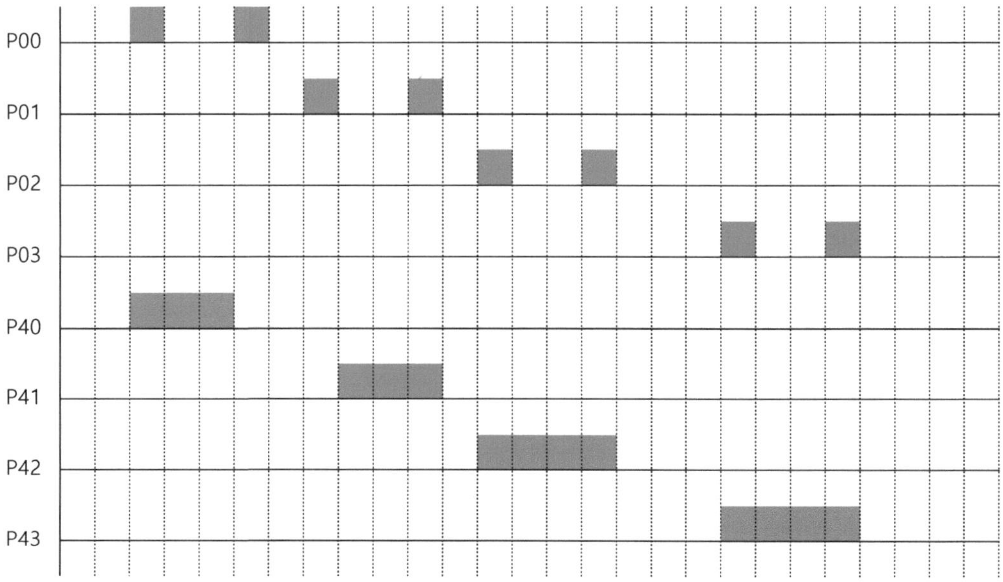

3) PLC 프로그램

※ 원 버튼 자기 유지 4가지 방법

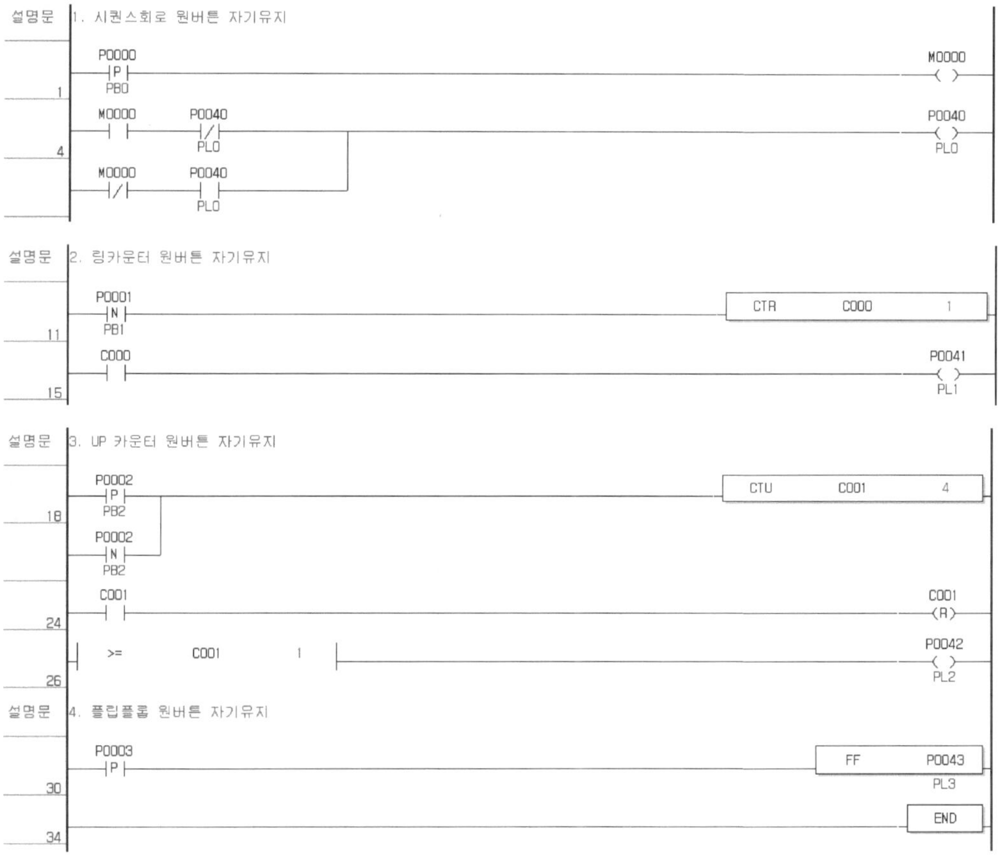

58 타이머와 카운터 명령 응용 - 순차 점등 / 순차 소등

1) 동작 설명

① PB0(P00)을 2번 ON/OFF 하면 P40 ON, 1초 후 P41 ON, 2초 후 P42 ON

② P40 ON, P41 ON, P42 ON 상태에서 PB1(P01)을 2번 ON/OFF 하면 P40 OFF, 1초 후 P41 OFF, 2초 후 P42 OFF 된다.

③ 자동화 컨베이어 제어에 응용되는 회로이다.

2) 타임 차트

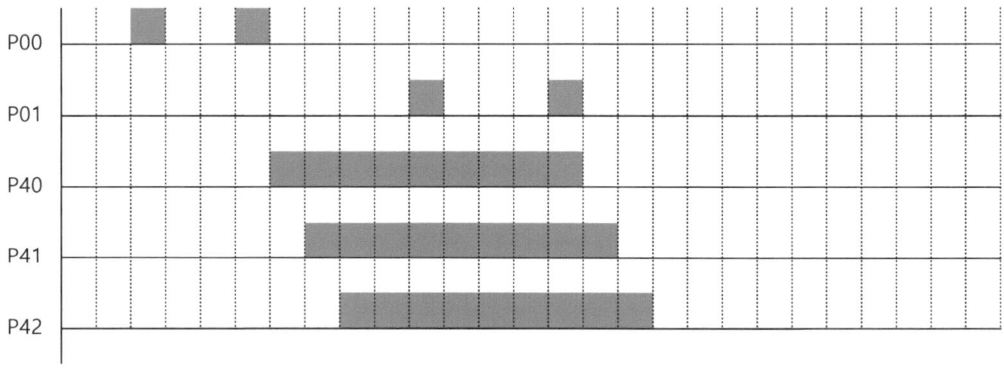

3) PLC 프로그램

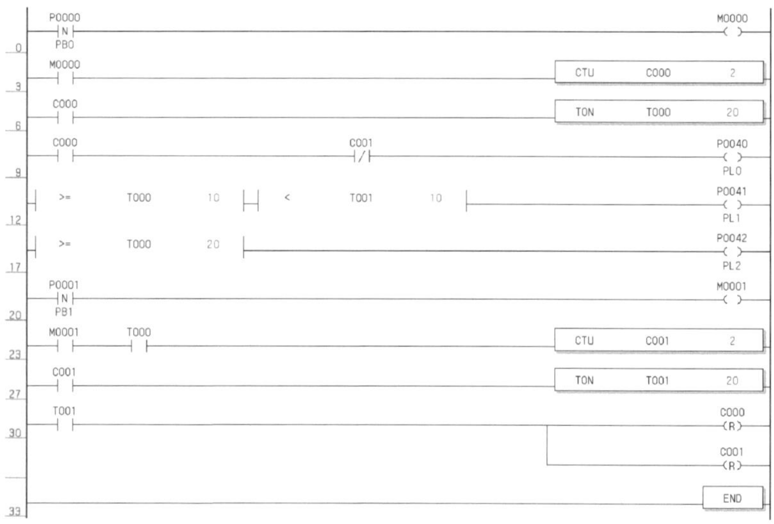

59 타이머와 카운터 명령 응용 - 동시 반복 구간 존재

1) 동작 설명

① PB0(P00)을 눌렀다 떼면,

- P40 1초 ON, 1초 OFF 반복하고,
- P41 1초 후 2초 ON, 1초 OFF, 3초 ON, 1초 OFF, 4초 ON, 1초 OFF 반복
- P42 2초 후 1초 ON, 1초 OFF, 2초 ON, 1초 OFF, 3초 ON, 2초 OFF 반복

② PB1(P01)을 눌렀다 떼면, 모두 OFF 되어 초기화

2) 타임 차트

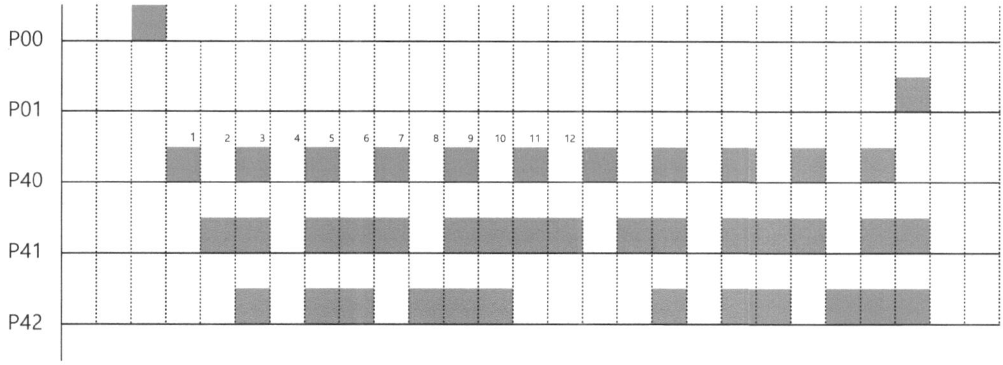

3) PLC 프로그램

① 여러 개 점등 조건이 있는 경우 동시에 반복 구간이 있는지 여부 파악

② P40, P41, P42 동시에 반복 구간이 있는 회로

③ 12초 구간에서 P40, P41, P42 동시에 반복되고 있는 형태(타임 차트 참조)

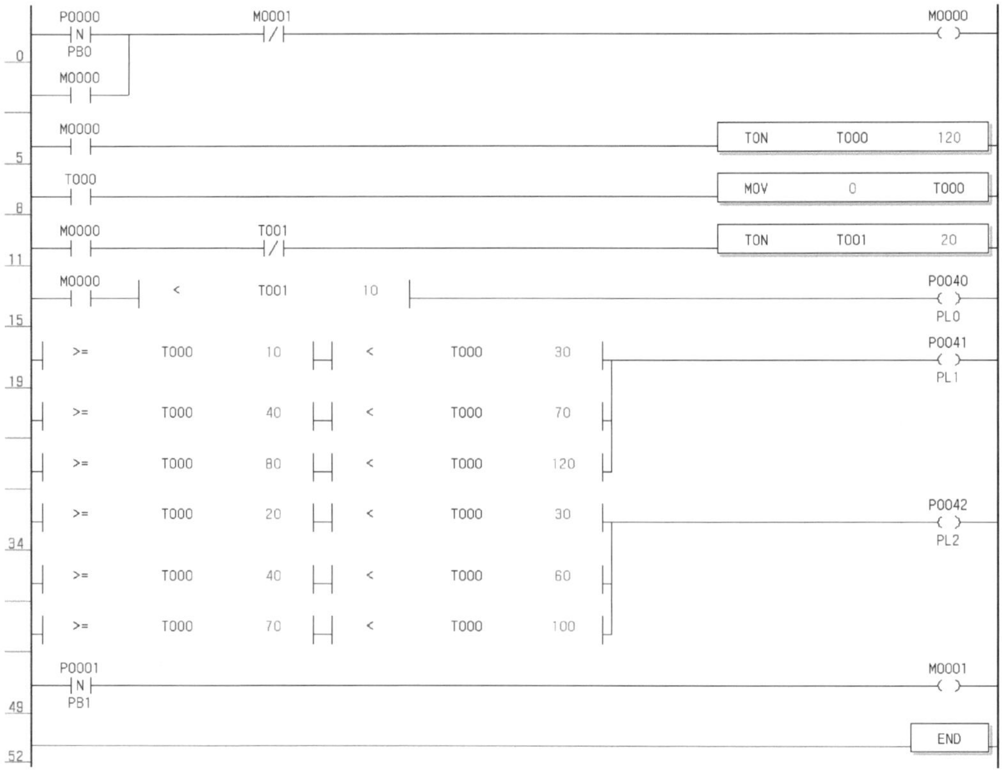

P0000
PB0
M0000
M0001
M0000
M0000
TON T000 120
T000
MOV 0 T000
M0000
T001
TON T001 20
M0000
< T001 10
P0040
PL0
>= T000 10 < T000 30
P0041
PL1
>= T000 40 < T000 70
>= T000 80 < T000 120
>= T000 20 < T000 30
P0042
PL2
>= T000 40 < T000 60
>= T000 70 < T000 100
P0001
PB1
M0001
END
0
5
8
11
15
19
34
49
52

60 타이머와 카운터 명령 응용 - 플리커 회로

1) 동작 설명

① PB0(P00)를 눌렀다 떼면, P40은 2초간 ON/6초간 OFF, P41은 2초 후 1초간 ON/1초간 OFF, P42는 3초간 ON/5초간 OFF 동작을 반복

② PB1(P01)을 누르면 모두 OFF 되고 초기화 상태

2) 타임 차트

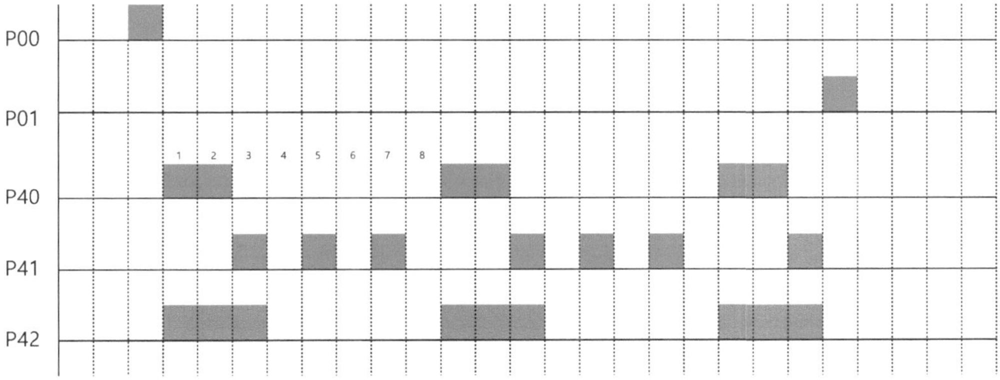

3) PLC 프로그램

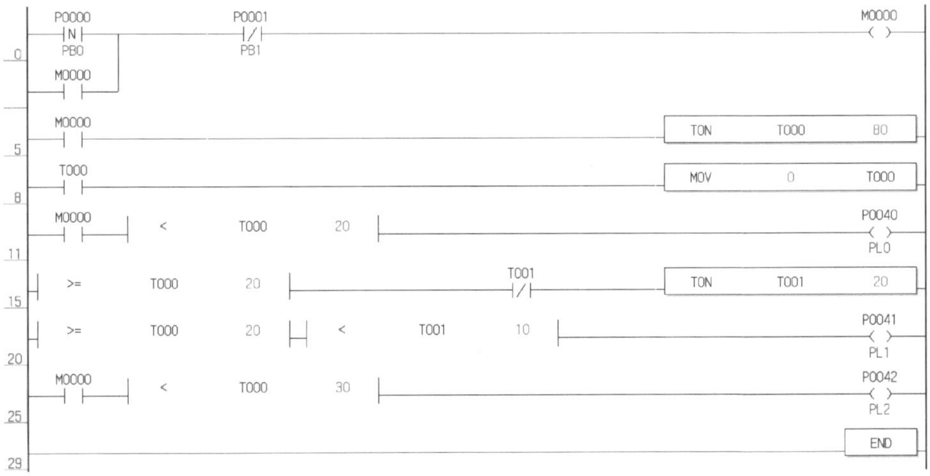

61 타이머와 카운터 명령 응용 - 순차 점등 / 소등 반복

1) 동작 설명

① PB0(P00)을 2번 눌렀다 뗐을 때 2초씩만 순차적으로 P40 ON, P41 ON, P42 ON, P41 ON 반복 동작

② PB1(P01)을 2번 눌렀다 떼면 모두 소등되고 초기화 상태

③ 순차적으로 점등과 소등을 반복하는 회로

2) 타임 차트

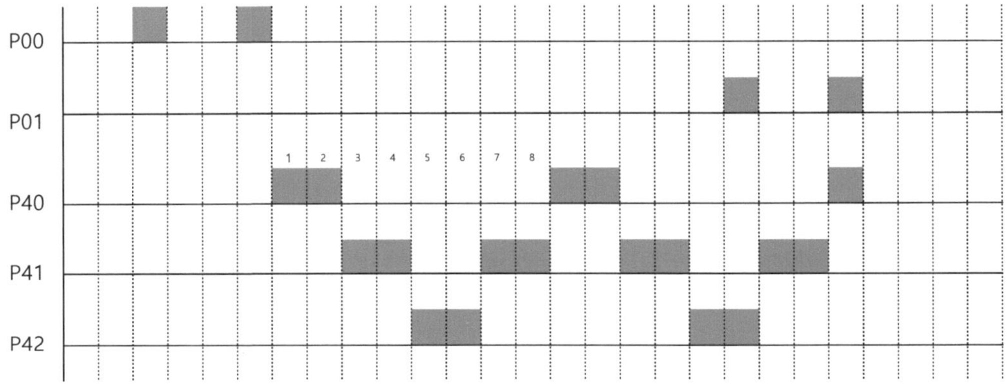

3) PLC 프로그램

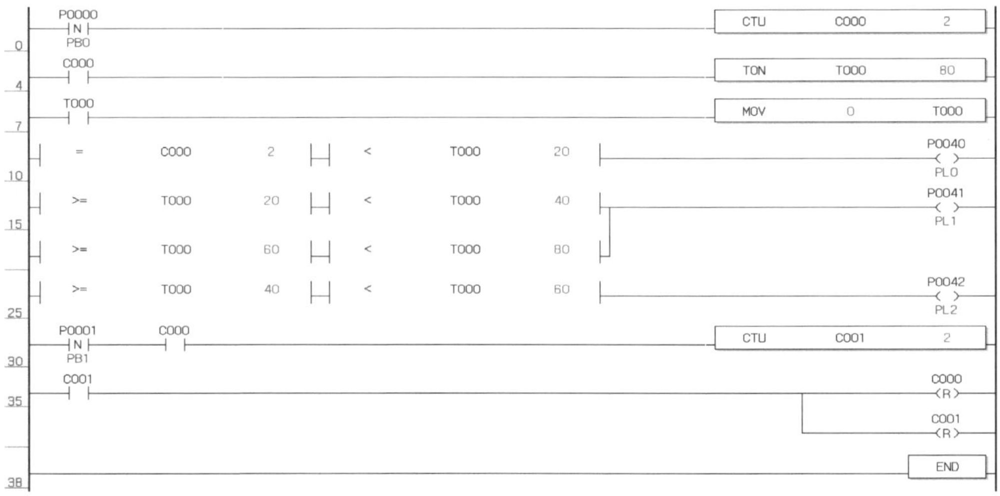

62 타이머와 카운터 명령 응용 - 역순차 점등 / 순차 소등

1) 동작 설명

① PB0(P00)을 2번 누르면 P42 ON, 1초 후 P41 ON, 2초 후 P40 ON

② P40, P41, P42 모두 ON 상태에서 PB1(P01)을 누르면 P42 OFF, 1초 후 P41 OFF, 2초 후 P40 OFF 되어 회로는 초기화 상태

2) 타임 차트

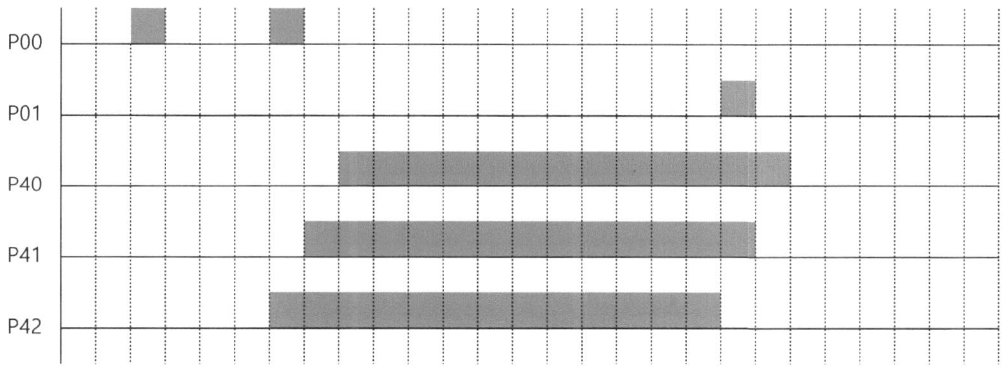

3) PLC 프로그램

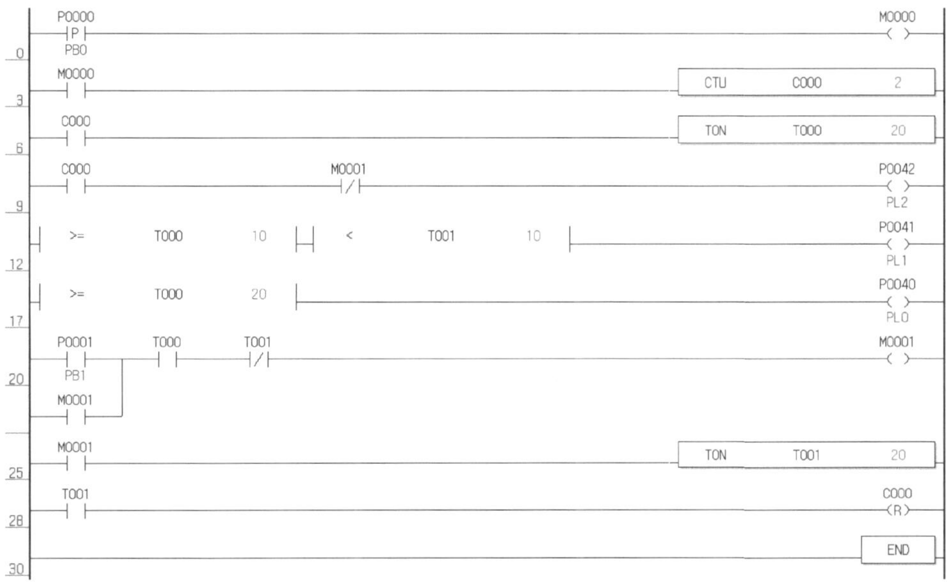

63 타이머와 카운터 명령 응용 - 교대 점멸

1) 동작 설명

① 전원을 투입하면 P40 2초 ON/1초 OFF 반복 동작

② PB0(P00)를 두 번 눌렀다 떼면 P41은 4초 ON/2초 OFF 반복, P42는 2초 후 4초 ON/2초 OFF 반복 동작

③ PB1(P01)을 눌렀다 떼면, P41과 P42이 OFF 되고 초기화 상태

2) 타임 차트

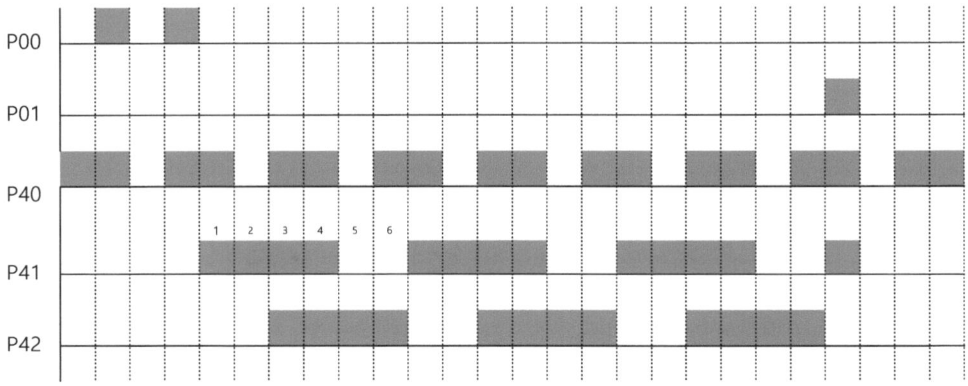

3) PLC 프로그램

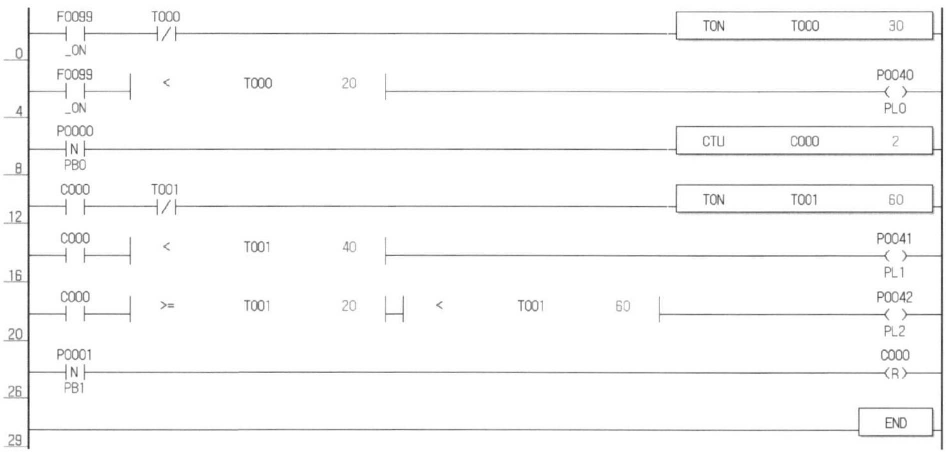

64 타이머와 카운터 명령 응용 - 교대 점멸(후 입력 우선)

1) 동작 설명

① PB0(P00)를 첫 번째 누르면 P40과 P41이 1초 ON/1초 OFF 교대 점멸
② PB0(P00)를 두 번째 눌렀다 떼면, P40과 P42가 1초 ON/1초 OFF 동시 점멸
③ PB0(P00)를 세 번째 누르면 첫 번째 누른 상태와 동일한 상태로 돌아가서 P40과 P41이 1초 ON/1초 OFF 교대 점멸
④ PB1(P01)을 눌렀다 떼면, 모두 OFF 되어 초기화 상태

2) 타임 차트

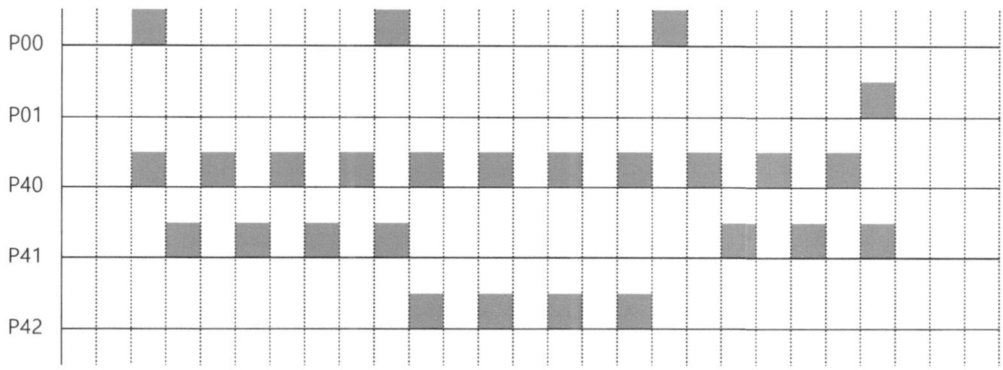

3) PLC 프로그램

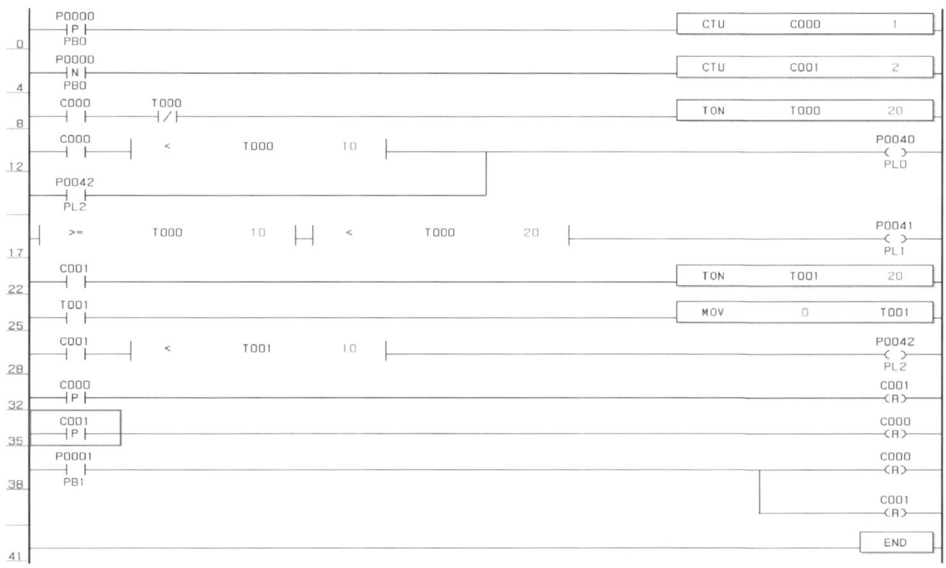

65 타이머와 카운터 명령 응용 - 이중 교대 점멸

1) 동작 설명

① PB0(P00)를 첫 번째 눌렀다 떼면, P40과 P41이 2초 ON/2초 OFF 교대 점멸

② PB0(P00)를 두 번째 누르면, P42와 P41이 2초 ON/2초 OFF 교대 점멸

③ PB0(P00)를 세 번째 눌렀다 떼면, 첫 번째 누른 상태와 동일한 상태로 돌아가서 P40과 P41이 2초 ON/2초 OFF 교대 점멸

④ PB1(P01)을 눌렀다 떼면, 모두 OFF 되어 초기화 상태

2) 타임 차트

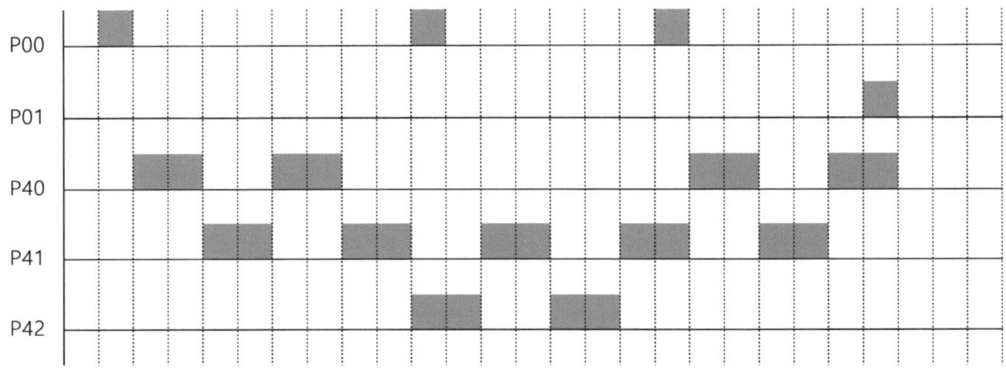

3) PLC 프로그램

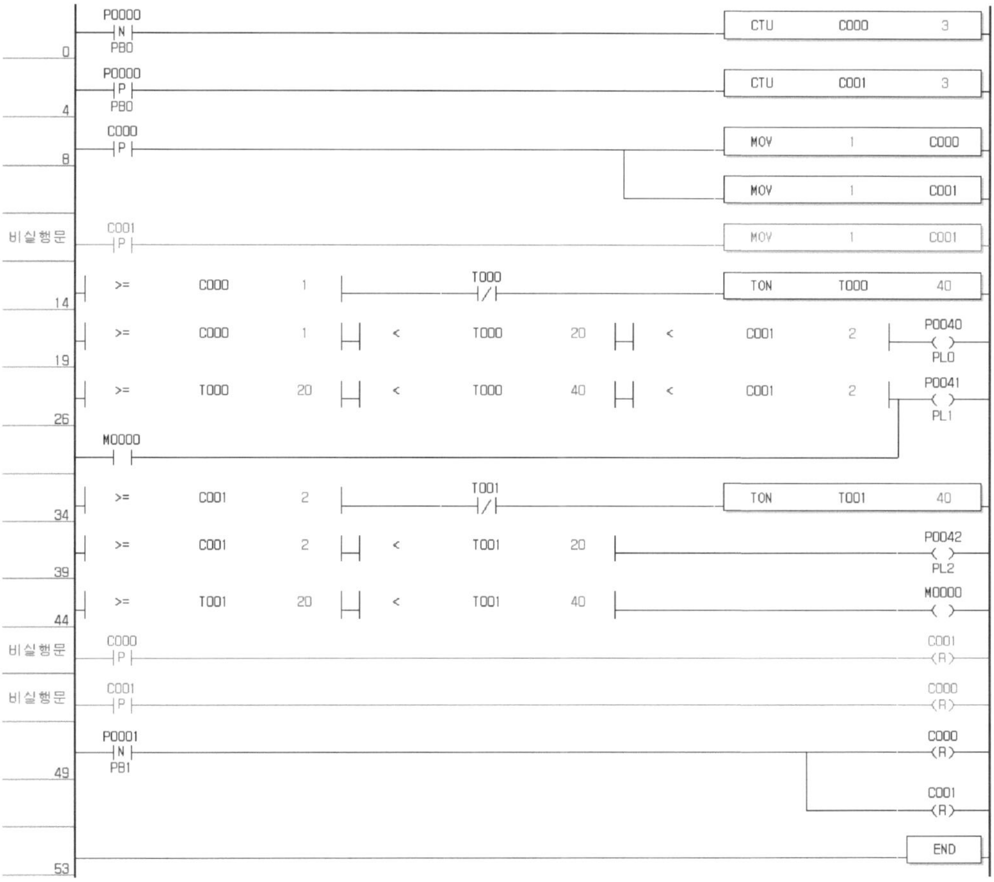

P0000
PB0
CTU C000 3
P0000
PB0
CTU C001 3
C000
MOV 1 C000
MOV 1 C001
비실행문
C001
MOV 1 C001
>= C000 1
T000
TON T000 40
>= C000 1 < T000 20 < C001 2
P0040
PL0
>= T000 20 < T000 40 < C001 2
P0041
PL1
M0000
>= C001 2
T001
TON T001 40
>= C001 2 < T001 20
P0042
PL2
>= T001 20 < T001 40
M0000
C000
C001
C001
C000
P0001
PB1
C000
C001
END

66 타이머와 카운터 명령 응용 - 신호등회로

1) 동작 설명

① PB0(P00)을 눌렀다 떼면, P41(인도 적색) 5초 동안 ON 차도 녹색 3초 동안 ON 후 차도 황색 2초간 ON 후 차도 적색 ON

② 차도 황색과 인도 적색이 OFF 되면 인도 녹색은 5초 동안 ON 후 6초 동안 1초 OFF와 1초 ON 반복

③ 인도 녹색과 차도 적색이 OFF 되면 회로는 다시 반복 동작

④ 다시 PB0(P00)을 누르면 회로는 초기화

2) PLC 입 · 출력 할당

입 력	출 력				
PB0	인도 녹색	인도 적색	차도 녹색	차도 황색	차도 적색
P00	P40	P41	P42	P43	P44

3) 타임 차트

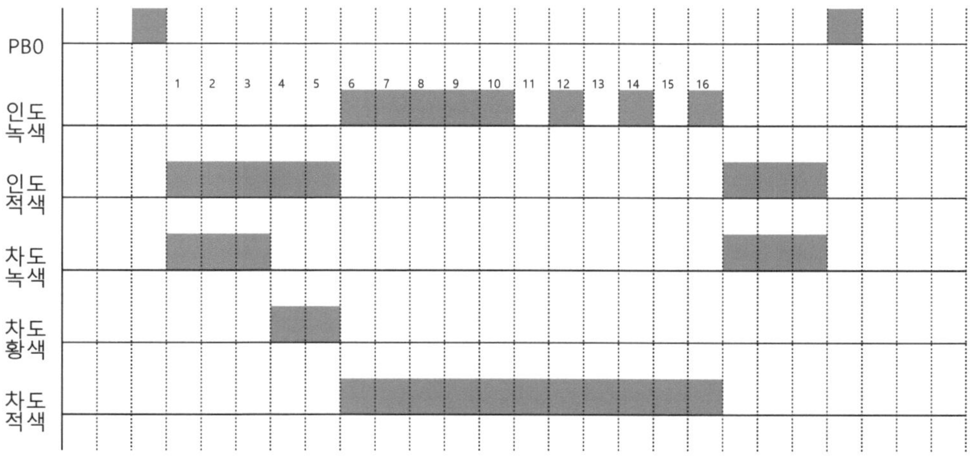

4) PLC 프로그램

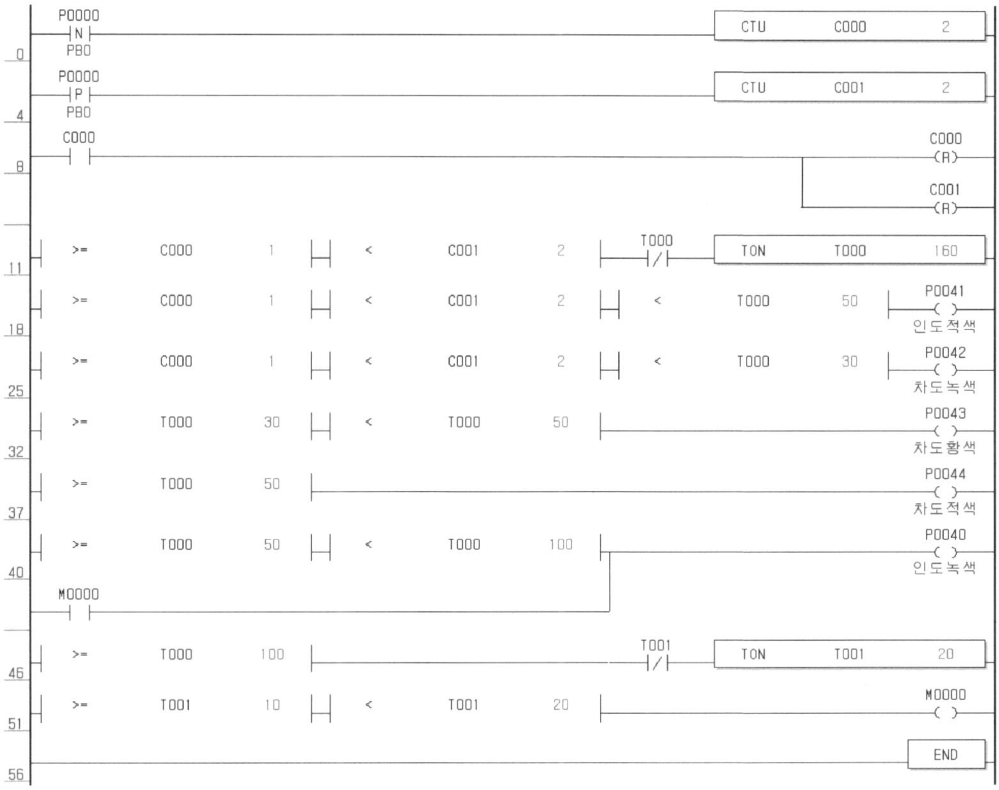
P0000
PB0
CTU C000 2
P0000
PB0
CTU C001 2
C000
C000
C001
>= C000 1 < C001 2
T000
TON T000 160
>= C000 1 < C001 2 < T000 50
P0041
인도적색
>= C000 1 < C001 2 < T000 30
P0042
차도녹색
>= T000 30 < T000 50
P0043
차도황색
>= T000 50
P0044
차도적색
>= T000 50 < T000 100
P0040
인도녹색
M0000
>= T000 100
T001
TON T001 20
>= T001 10 < T001 20
M0000
END
0
4
8
11
18
25
32
37
40
46
51
56

67 타이머와 카운터 명령 응용

1) 동작 설명

① PB0(P00)을 누르면 PL0(P40) 점등, 1초 후 PL1(P41) 점등, 2초 후 PL2(P42) 점등, 3초 후 PL3(P43) 점등

② SS(P03)을 누르면 PL0(P40), PL1(P41), PL2(P42), PL3(P43) 모두 소등

③ PB1(P01)을 3번 누르면 PL3(P43) 점등, 1초 후 PL2(P42) 점등, 2초 후 PL1(P41) 점등, 3초 후 PL0(P40) 점등

④ PB2(P02)를 3번 누르면 PL3(P43) 소등, 1초 후 PL2(P42) 소등, 2초 후 PL1(P41) 소등, 3초 후 PL0(P40) 소등

⑤ SS(P03)을 누르면 PL0(P40), PL1(P41), PL2(P42), PL3(P43) 모두 소등

2) 타임 차트

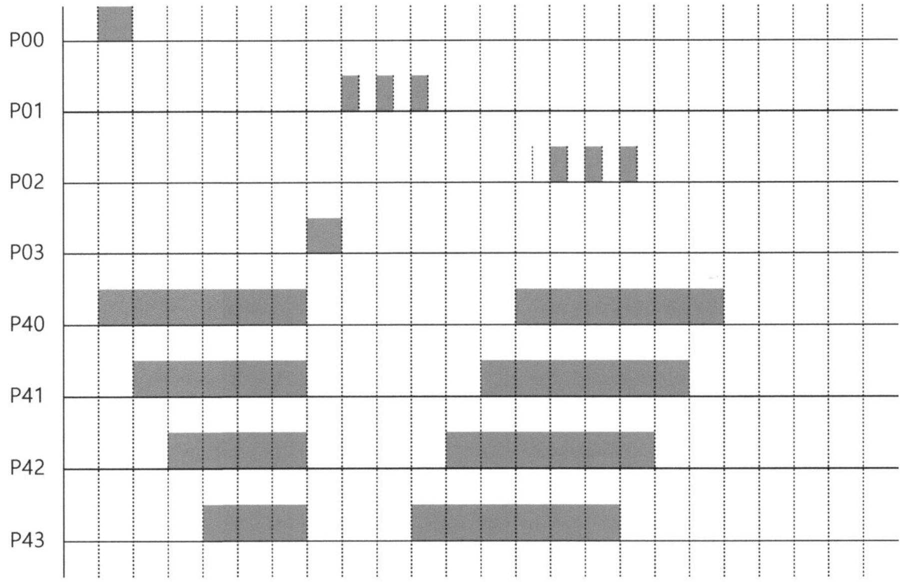

3) PLC 프로그램

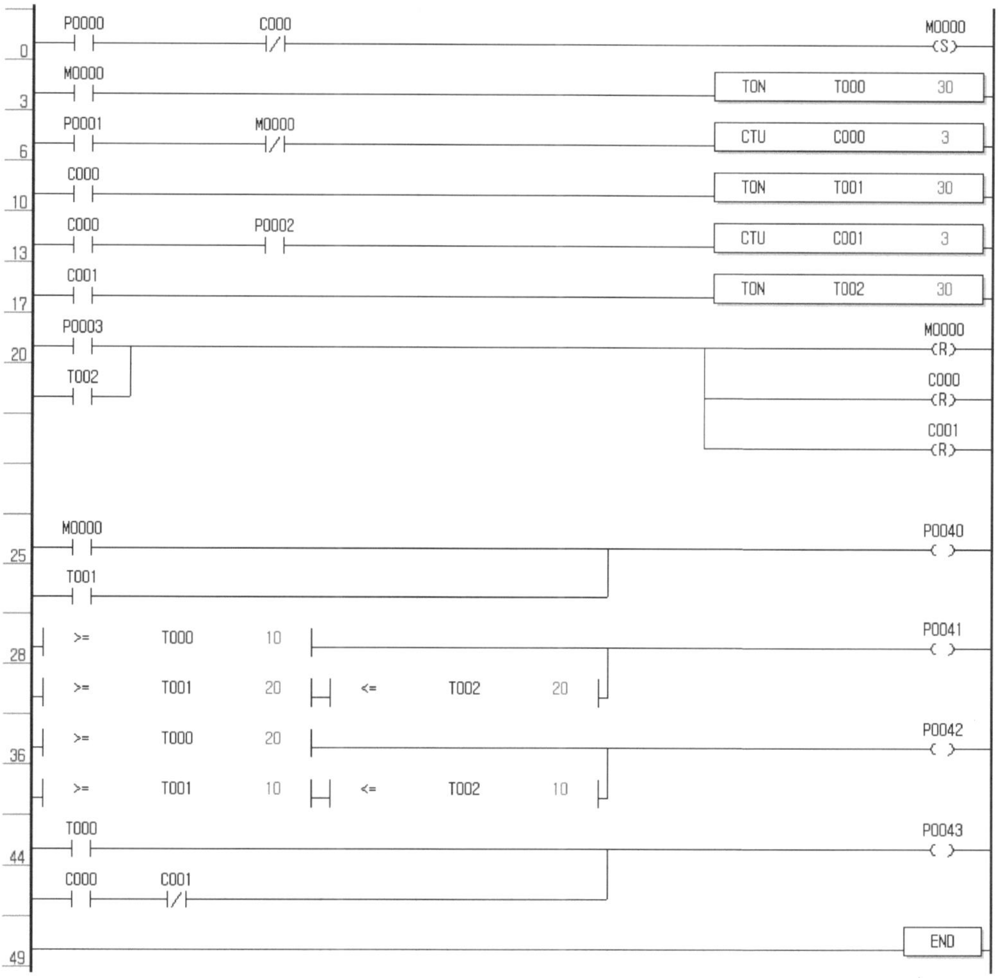

P0000
C000
M0000
(S)
M0000
TON T000 30
P0001
M0000
CTU C000 3
C000
TON T001 30
C000
P0002
CTU C001 3
C001
TON T002 30
P0003
M0000
(R)
T002
C000
(R)
C001
(R)
M0000
P0040
T001
>= T000 10
P0041
>= T001 20
<= T002 20
>= T000 20
P0042
>= T001 10
<= T002 10
T000
P0043
C000
C001
END

68 타이머와 카운터 명령 응용

1) 동작 설명

① PB0(P00)을 눌렀다 떼면,

- PL0(P40) 1초 간격으로 2회 깜박이고,
- PL1(P41) 1초 후 1초 간격으로 2회 깜박이고,
- PL2(P42) 2초 후 1초 간격으로 2회 깜박이고,
- PL3(P43) 0.5초 후 1초 점등, 0.5초 소등을 반복하고
- P44(PL4) 3초 후 점등

② PB1(P01)을 누르면 PL0(P40), PL1(P41), PL2(P42), PL3(P43), P44(PL4) 모두 리셋

③ PB2(P02)를 누르면 PL0(P40), PL1(P41), PL2(P42), PL3(P43), P44(PL4) 모두 소등

2) 타임 차트

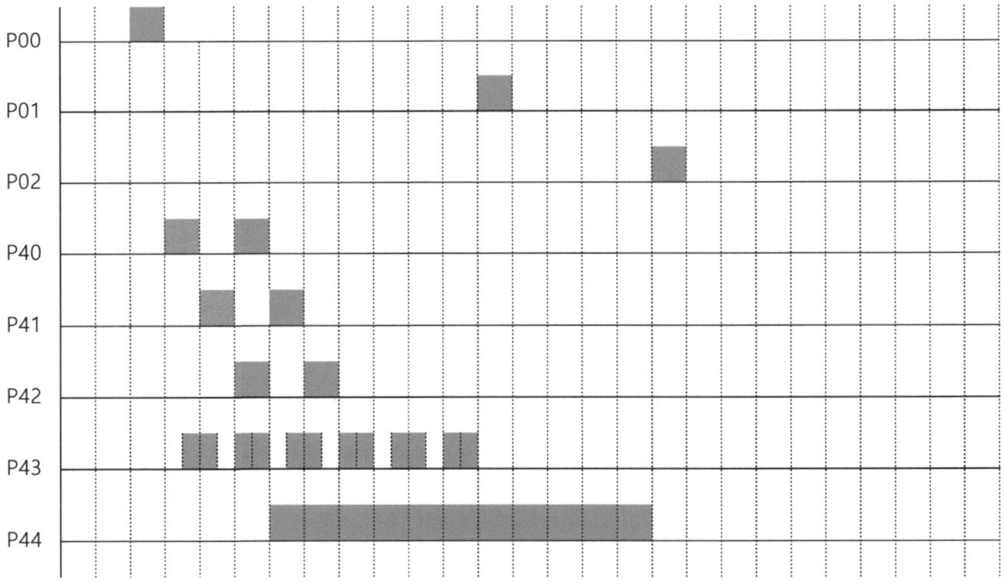

3) PLC 프로그램

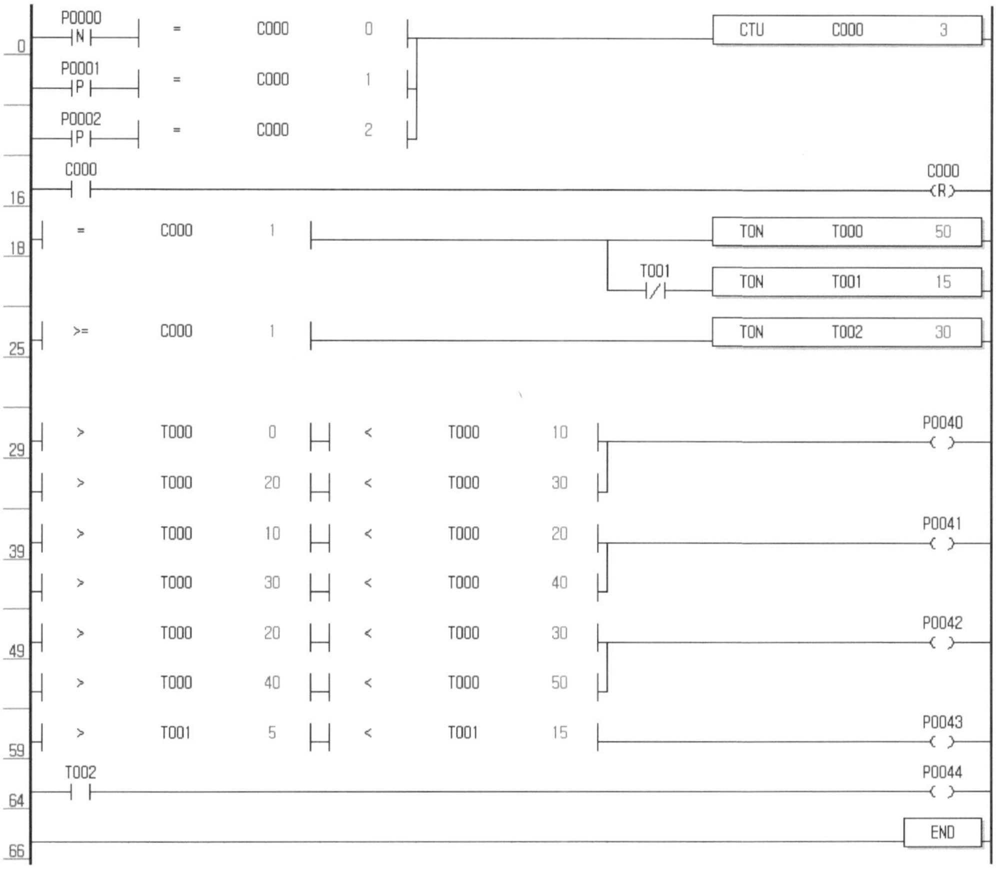

P0000
N
=
C000
0
CTU
C000
3
P0001
P
=
C000
1
P0002
P
=
C000
2
C000
C000
R
=
C000
1
TON
T000
50
T001
TON
T001
15
>=
C000
1
TON
T002
30
>
T000
0
<
T000
10
P0040
>
T000
20
<
T000
30
>
T000
10
<
T000
20
P0041
>
T000
30
<
T000
40
>
T000
20
<
T000
30
P0042
>
T000
40
<
T000
50
>
T001
5
<
T001
15
P0043
T002
P0044
END
0
16
18
25
29
39
49
59
64
66

69 타이머와 카운터 명령 응용회로

1) 동작 설명

① PB0(P00)을 누르면,

- PL0(P40) 점등
- PL1(P41) 1초 간격으로 점멸
- PL2(P42) 1초 후 1초 간격으로 점멸
- PL3(P43) 2초 후 5초 간격 점멸

② PB1(P01)을 누를 때, 뗄 때 각 카운터 1회(총 2회)로 간주하고,

- 카운터 2일 때
  - PL0(P40) 2초 후 5초 간격 점멸
  - PL1(P41) 1초 후 1초 간격 점멸
  - PL2(P42) 1초 간격 점멸
  - PL3(P43) 점등
- 카운터 3일 때
  - PL0(P40), PL1(P41), PL2(P42), PL3(P43) 모두 소등
- 카운터 4일 때
  - PL0(P40), PL1(P41), PL2(P42) 점등
- 카운터 5일 때
  - PL0(P40), PL1(P41), PL2(P42), PL3(P43) 모두 소등
- 카운터 6일 때
  - PL0(P40) (1초 점등, 3초 소등) 반복
  - PL1(P41) 1초 후, (1초 점등, 3초 소등) 반복
  - PL2(P42) 2초 후, (1초 점등, 3초 소등) 반복
  - PL3(P43) 3초 후, (1초 점등, 3초 소등) 반복

③ PB2(P02)를 누르면, 모든 동작 리셋

2) 타임 차트

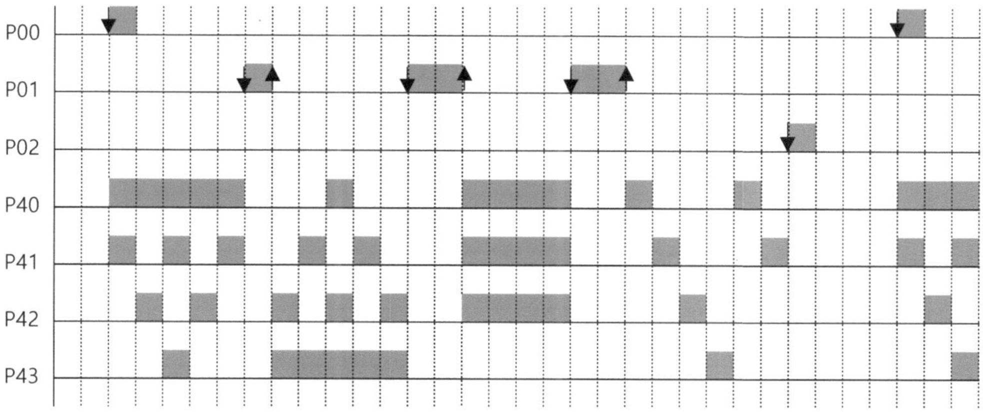

3) PLC 프로그램

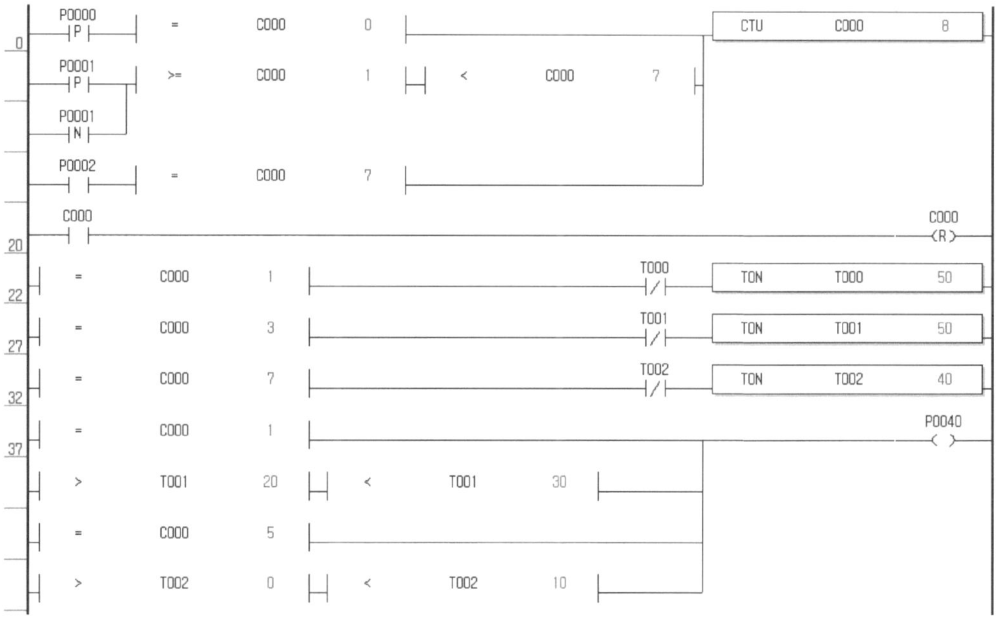

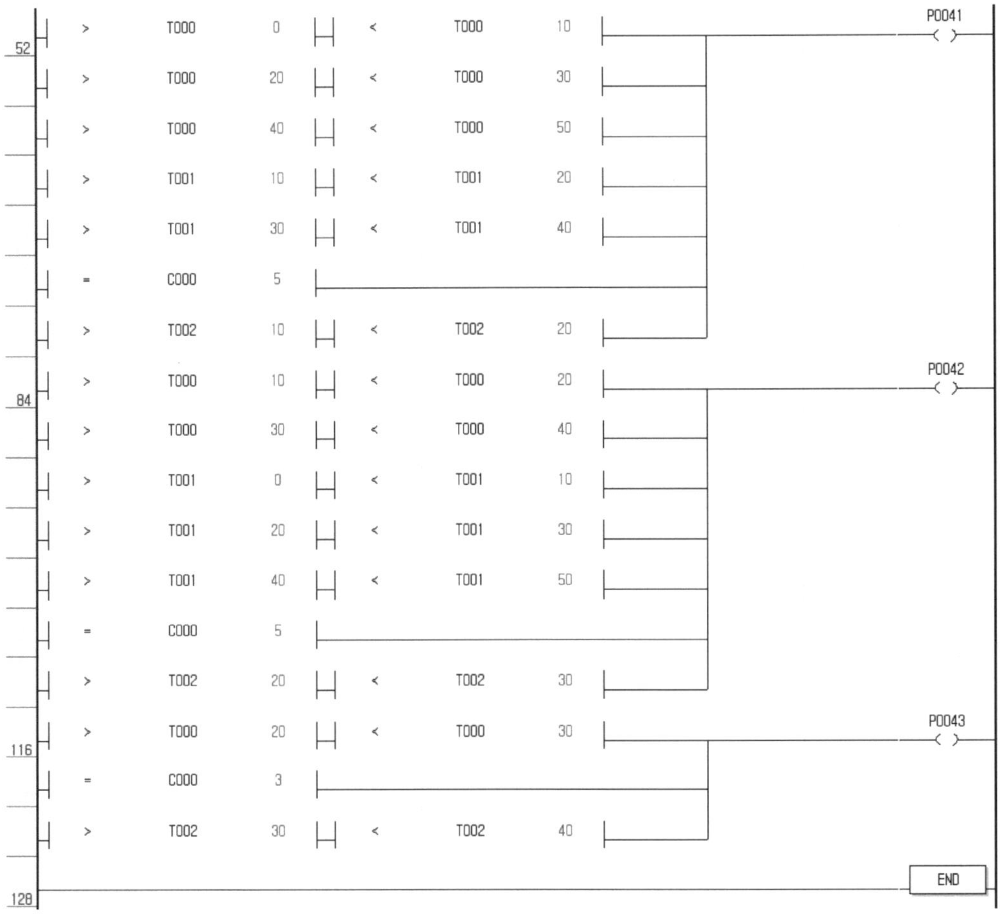
52
> T000 0 < T000 10
> T000 20 < T000 30
> T000 40 < T000 50
> T001 10 < T001 20
> T001 30 < T001 40
= C000 5
> T002 10 < T002 20
P0041
84
> T000 10 < T000 20
> T000 30 < T000 40
> T001 0 < T001 10
> T001 20 < T001 30
> T001 40 < T001 50
= C000 5
> T002 20 < T002 30
P0042
116
> T000 20 < T000 30
= C000 3
> T002 30 < T002 40
P0043
128
END

III 부

PLC 제어 실습장치

PLC 제어 프로그램 작성 실습은 실습장치가 없어도 컴퓨터상에서의 시뮬레이션을 통해서도 가능하다. 그러나 실습장치를 직접 제작한 실습장치를 통해 실습을 진행함으로써 보다 효과적인 실습교육이 가능할 것이다. 다음은 PLC 제어 실습을 위한 실습장치의 제작 과정에 대해 설명한다.

1 PLC 제어 실습장치

[그림 1]은 PLC 제어 실습을 위해 제작하는 실습장치 1의 모습을 나타낸다.

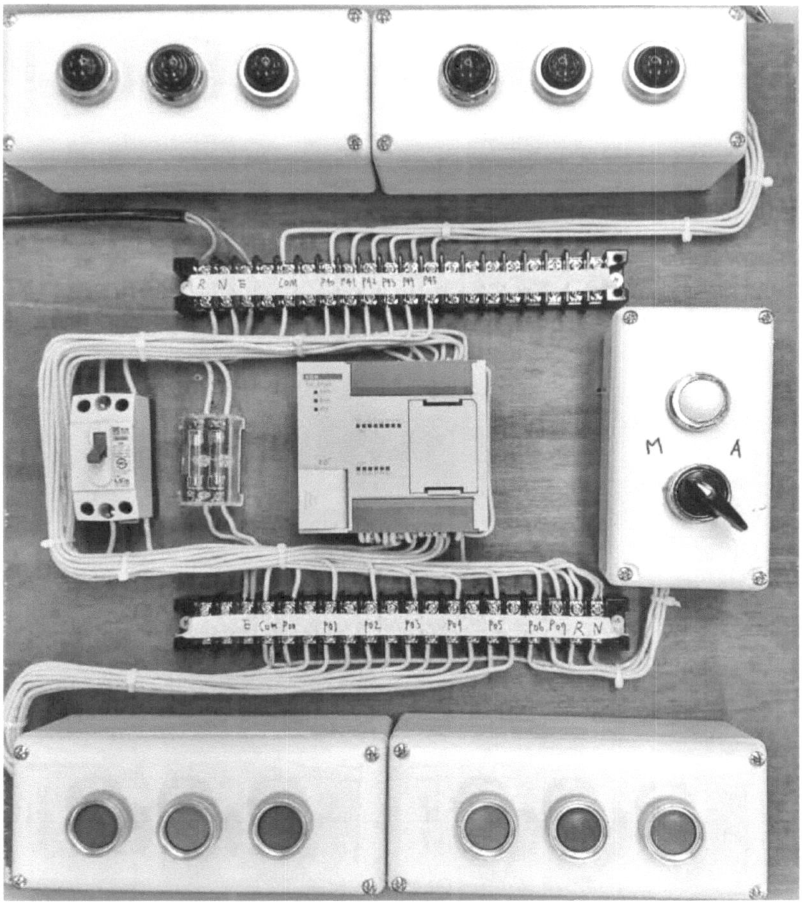

[그림 1] PLC 제어 실습장치 1

[그림 2]는 제작하는 PLC 제어 실습장치 1의 기구 배치도를 나타낸다.

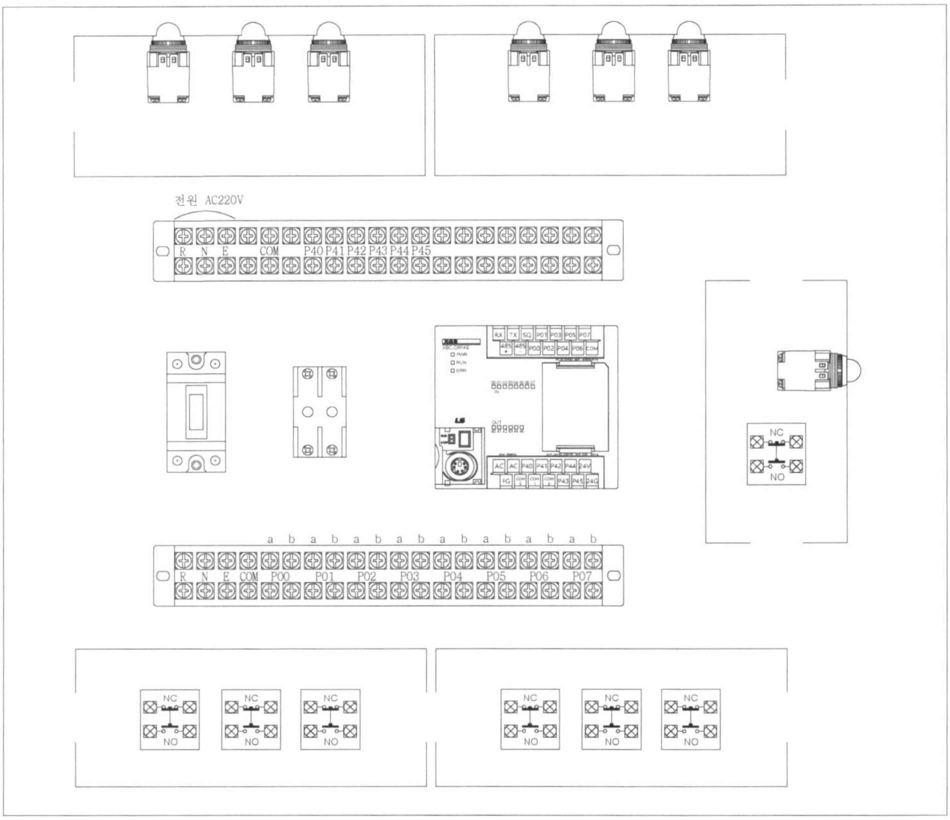

[그림 2] PLC 제어 실습장치 1 기구 배치도

PLC 제어 실습장치 제작에 사용된 재료들의 목록은 다음과 같다

재료명	규격	단위	수량
PLC	LS산전 XGB-DR14E	개	1
합판	450×500×12mm	장	1
단자대	20P AC220V	개	2
콘트롤 박스	∅25 3구	개	4
푸시버튼 스위치	1a1b AV220V ∅25	개	6
셀렉터 스위치	∅25 2단	개	1
파이롯 램프	∅25 AV220V	개	7
유리통퓨즈 및 홀더	250V 20A(박스 2개용)	개	1
배선용차단기	단상용, AC220V, 20A	개	1

PLC 제어 실습장치의 기구 내부 배치도에서 스위치와 램프의 상·하 위치 선정은 램프류는 위쪽, 스위치류는 아래쪽에 배치하는 것이 작동상의 편리성 측면을 고려하면 유리하다고 판단된다. 그러나 실습장치 제작 과정은 배선 작업을 수행하는데 혼돈함이 없이 배선의 편리성 측면을 고려하여 부득이하게 스위치류들은 위쪽, 램프류는 아래쪽에 배치한 실습장치에 대한 내용을 중심으로 설명한다.

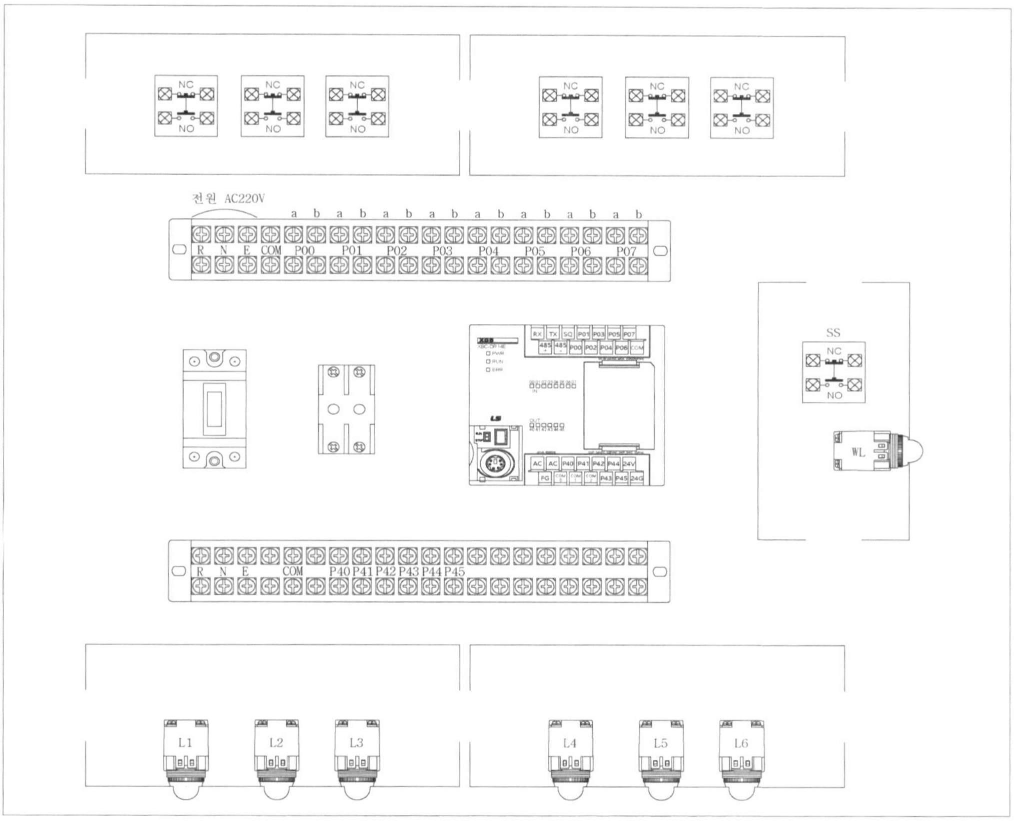

[그림 3] PLC 제어 실습장치 2 기구 배치도

PLC 제어 실습을 위해 입력부와 출력부의 위치를 변경하여 제작한 실습장치의 모습을 나타낸다.

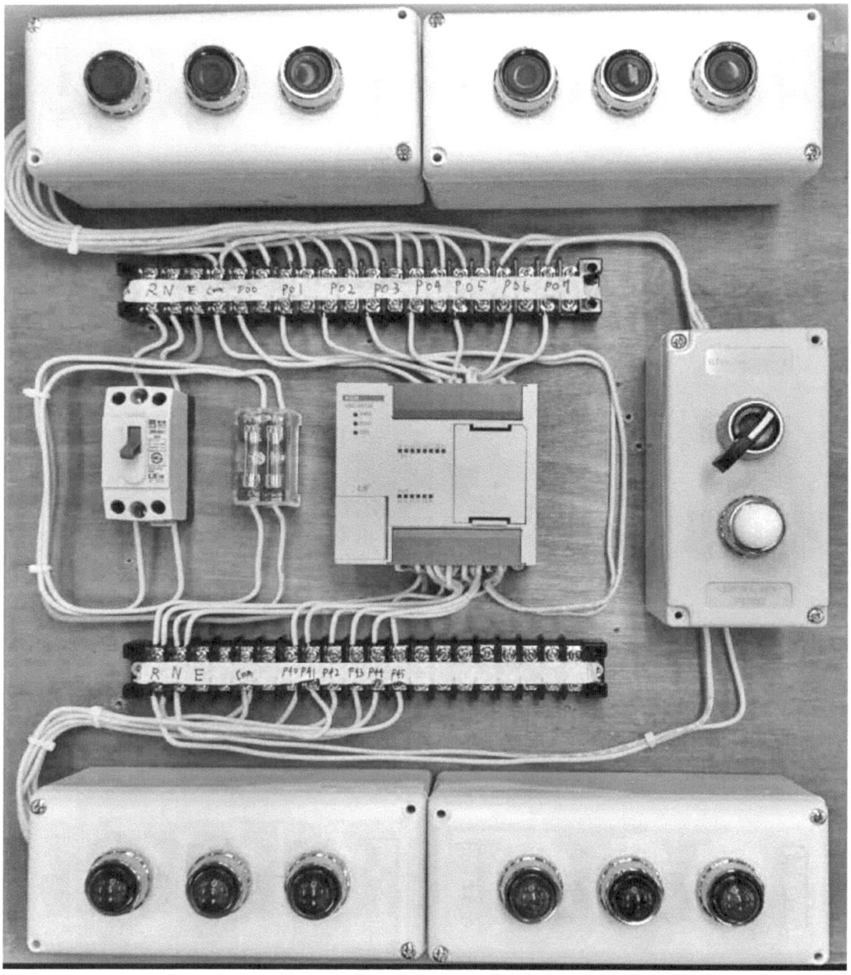

[그림 4] PLC 제어 실습장치 2

2 PLC XGB-DR14E 단자 구성도

LS산전 PLC 모델 중 XGB-DR14E 기기 도면과 PLC 위쪽과 아래쪽 단자들의 명칭을 나타낸다.

RX	TX	SG	P01	P03	P05	P07	
	485+	485-	P00	P02	P04	P06	COM

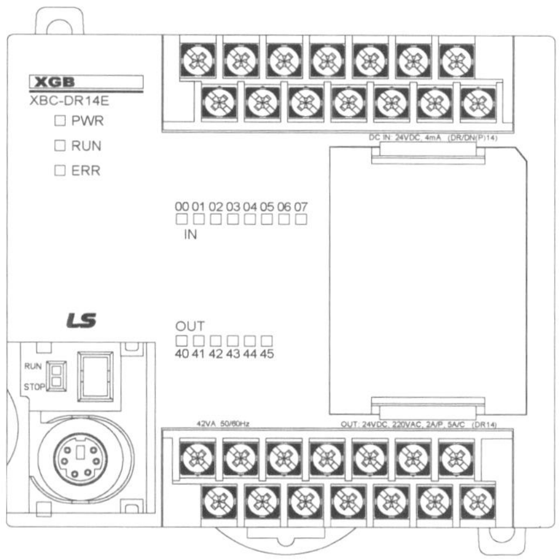

220V	220V	P40	P41	P42	P44	24V	
	FG	COM0	COM1	COM2	P43	P45	24G

3 단자대 명칭 부여

PLC 제어 실습장치에서 PLC, 입력부, 제어부 간의 배선 작업을 원활하게 하기 위해 배치된 위쪽과 아래쪽 제어반 단자대에 부여된 명칭들을 나타낸다. 위쪽 제어반 단자대는 외부전원과 배선의 편리성을 고려하여 PLC 입력 단자들(P00~P07)을 연결한다. 아래쪽 제어반 단자대는 PLC 전원과 PLC 출력 단자들(P40~P45)을 연결한다. 입・출력기기들의 확장성을 고려하여 단자 개수에 여유있는 20P 단자대를 사용한다.

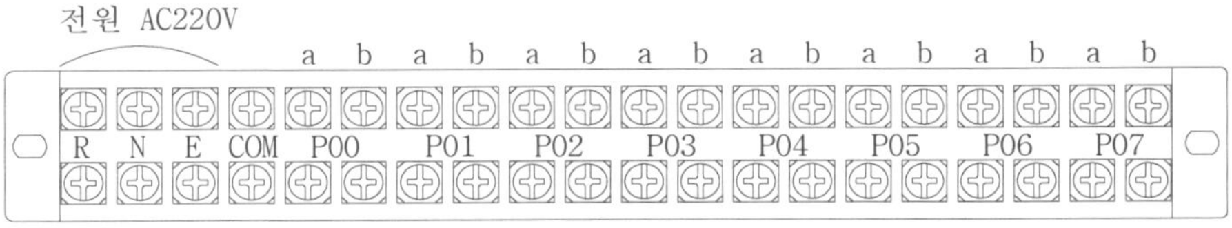

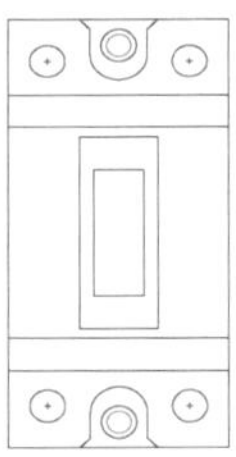

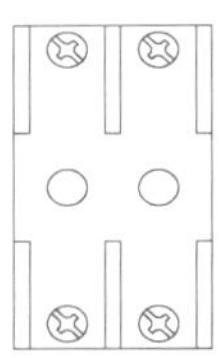

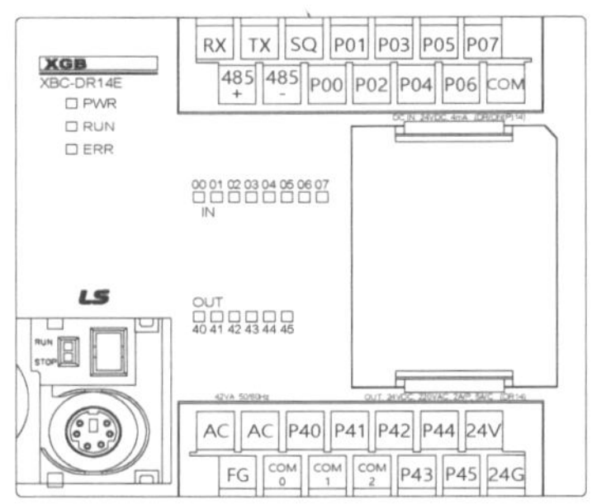

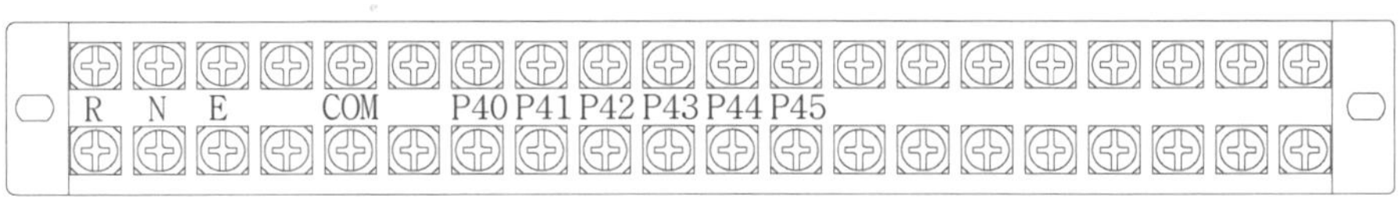

4 PLC 제어 실습장치 배선

1) 전원부 배선 1

외부 전원 AC220[V], MCCB 1차측, 퓨즈, PLC 접지 단자를 연결한다.

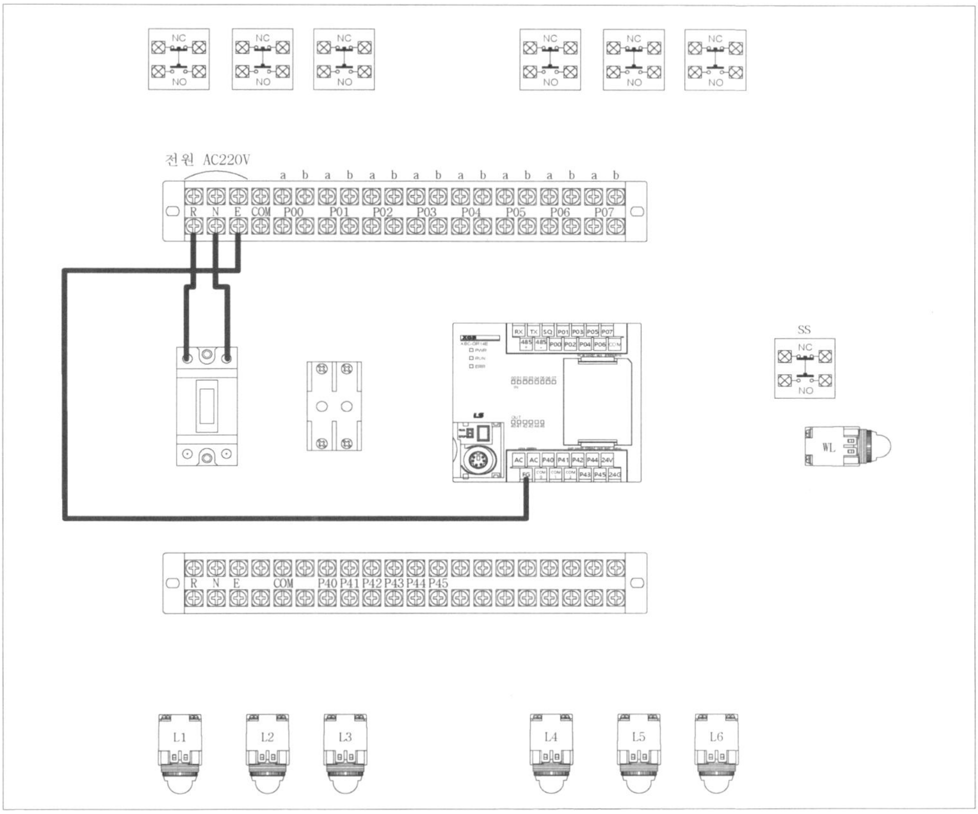

■ 전원부 배선

① 외부전원 AC220[V] R상, N상을 MCCB 입력 측에 연결

② 외부 접지 E를 PLC 접지 단자와 연결

2) 전원부 배선 2

MCCB 2차 측, 퓨즈, 제어반 단자대(아래쪽)를 연결한다.

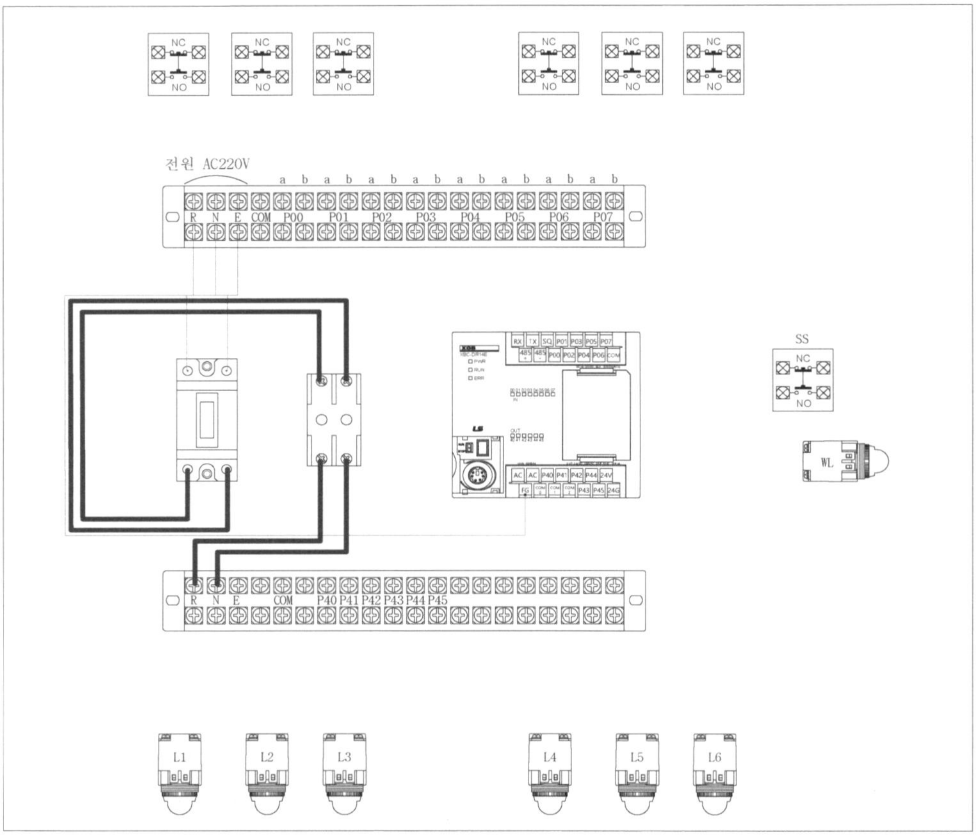

■ 전원부 배선

① MCCB 2차 측 전원을 퓨즈 1차 측 단자에 연결

② 퓨즈 2차 측 전원을 제어반 단자대(아래쪽) R, N에 연결

3) PLC 전원부 배선

PLC 전원부를 연결한다.

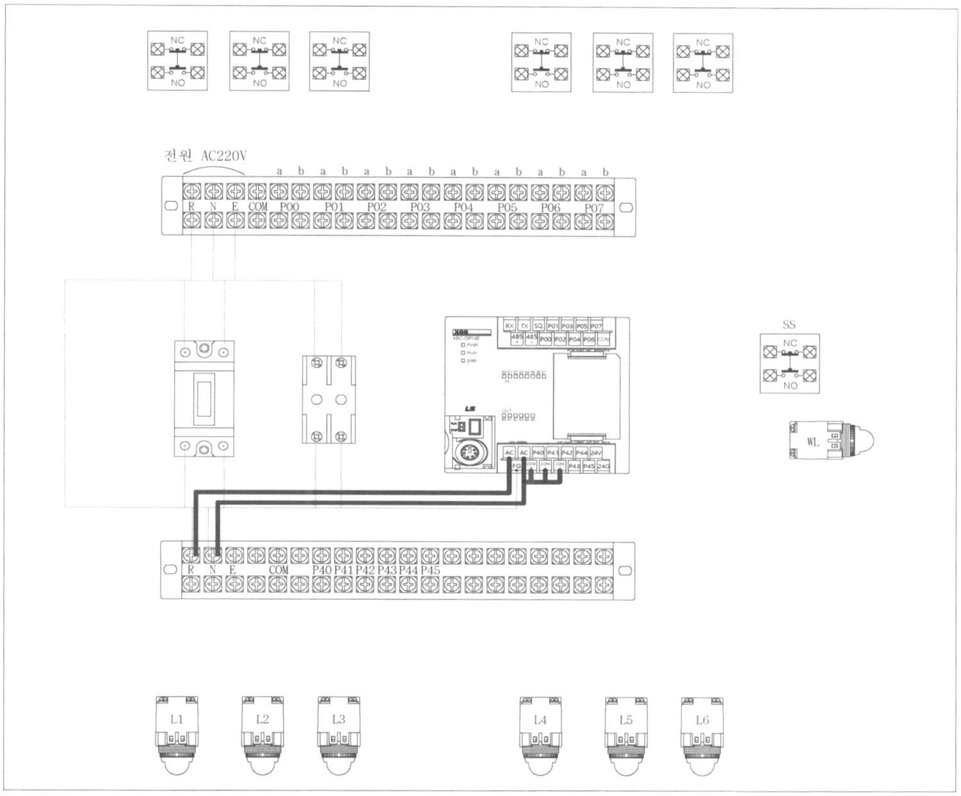

■ PLC 전원부 배선

① 제어반 단자대(아래쪽) 전원 R상과 N상을 PLC 아래쪽 AC 단자에 연결

② PLC COM0~COM2 공통 단자와 전원부 N 상을 모두 함께 연결

4) PLC 입력부 배선 1

PLC 아래쪽 24V, 24G 단자와 PLC 위쪽 COM 단자 및 외부 입력 스위치에 대해 연결한다.

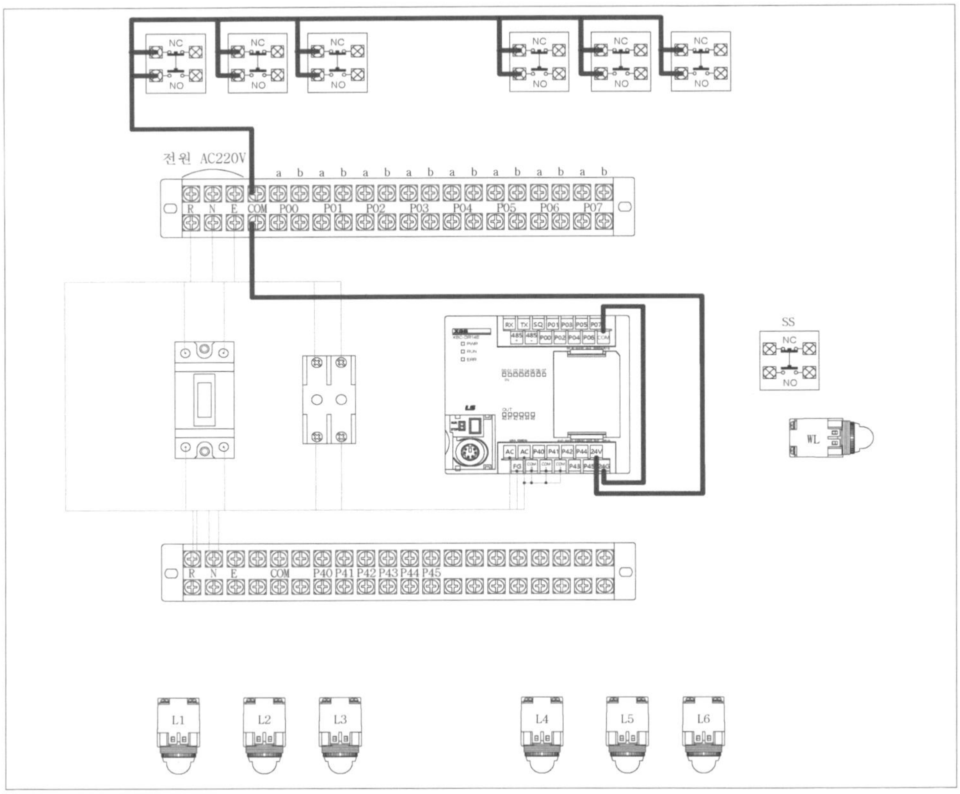

- PLC 입력부 배선
  - ① PLC 아래쪽 24G 단자와 PLC 위쪽 COM 단자를 연결
  - ② PLC 아래쪽 24V 단자와 제어반 단자대(위쪽) COM 단자를 연결
  - ③ 제어반 단자대(위쪽) COM 단자와 외부 입력 스위치들의 NO접점과 NC접점을 공통으로 묶고, 제어반 단자대(위쪽) COM 단자와 연결

5) PLC 입력부 배선 2

PLC 위쪽 P00~P07 입력 단자, 외부 입력 스위치 NO접점(a접점)들을 연결한다.

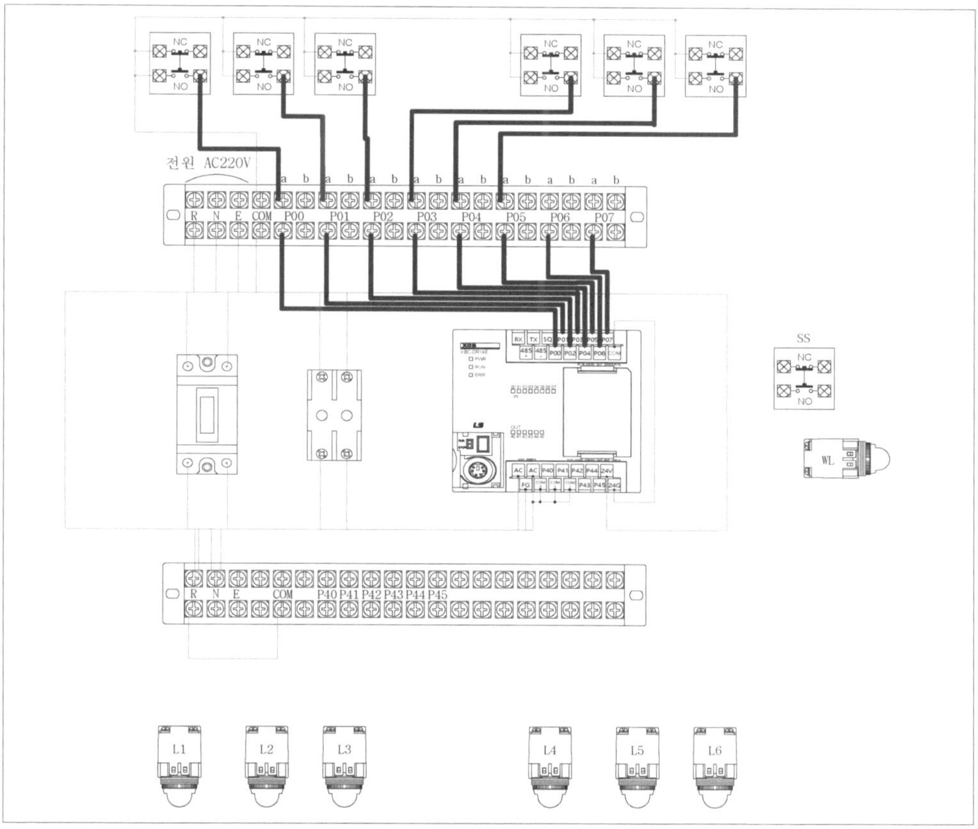

■ PLC 입력부 배선

① PLC 위쪽 P00~P07 입력 단자들과 외부 입력 스위치들의 연결되지 않은 NO접점 한 개씩을 개별적으로 각각 연결

② PLC 위쪽 P00 단자와 외부 입력 첫 번째 스위치 미연결 NO접점 연결

③ PLC 위쪽 P01 단자와 외부 입력 두 번째 스위치 미연결 NO접점 연결

④ 그 외 PLC 위쪽 각각 P02~P05의 단자들과 외부 입력 스위치들(SW3~SW6) 각각 미연결 NO접점 연결

6) PLC 입력부 배선 3

제어반 단자대(위쪽) P00~P05의 b접점 입력 단자와 외부 입력 스위치 NC접점(b접점)들을 각각 연결한다.

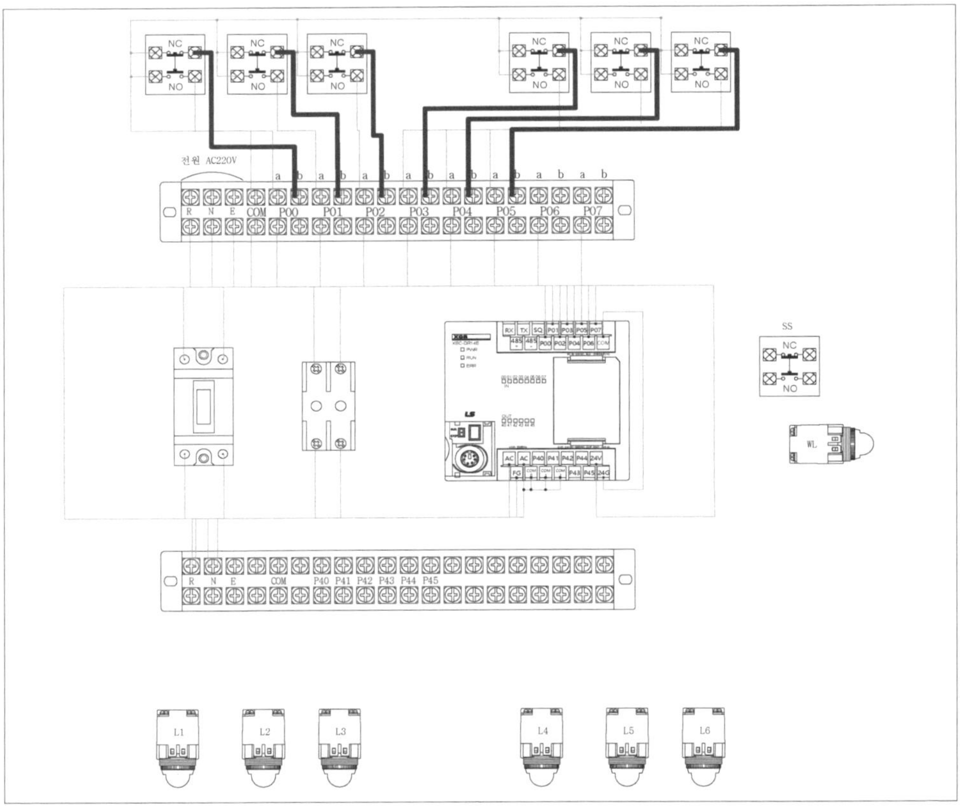

■ PLC 입력부 배선

① 제어반 단자대(위쪽) P00~P07 입력 단자들과 외부 입력 스위치 NC접점 한 개씩을 개별적으로 각각 연결

② 제어반 단자대(위쪽) P00 단자와 외부 입력 첫 번째 스위치 NC접점 연결

③ 제어반 단자대(위쪽) P01 단자와 외부 입력 두 번째 스위치 NC접점 연결

④ 그 외 제어반 단자대(위쪽) 각각 P02~P05의 b접점 입력 단자들과 외부 입력 스위치들(SW3~SW6) 각각 NC접점과 연결

7) PLC 출력부 배선 1

제어반 단자대(아래쪽) 전원 R상, COM 단자, 외부 출력 램프들에 대해 연결한다.

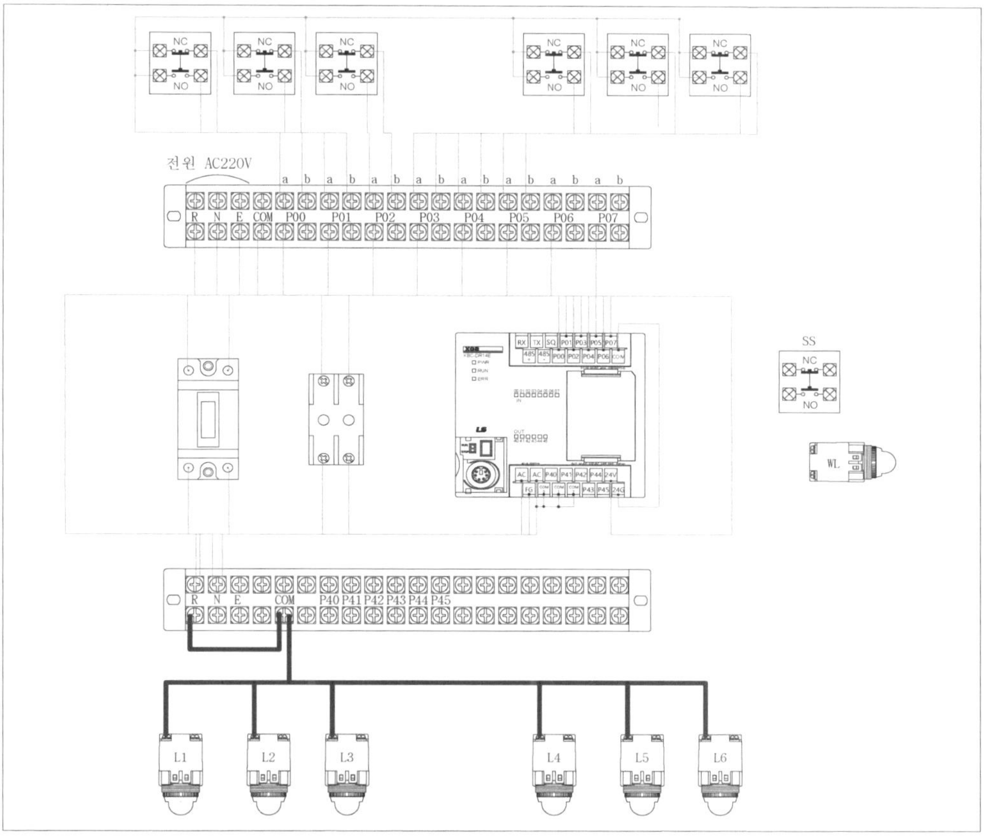

- PLC 출력부 배선
  ① 제어반 단자대(아래쪽) 전원 R 단자와 COM 단자를 연결
  ② 제어반 단자대(아래쪽) COM 단자와 램프들의 한 개 단자씩을 모두 공통으로 묶고 연결

8) PLC 출력부 배선 2

PLC 위쪽 P40~P45 출력 단자, 외부 출력 램프들을 연결한다.

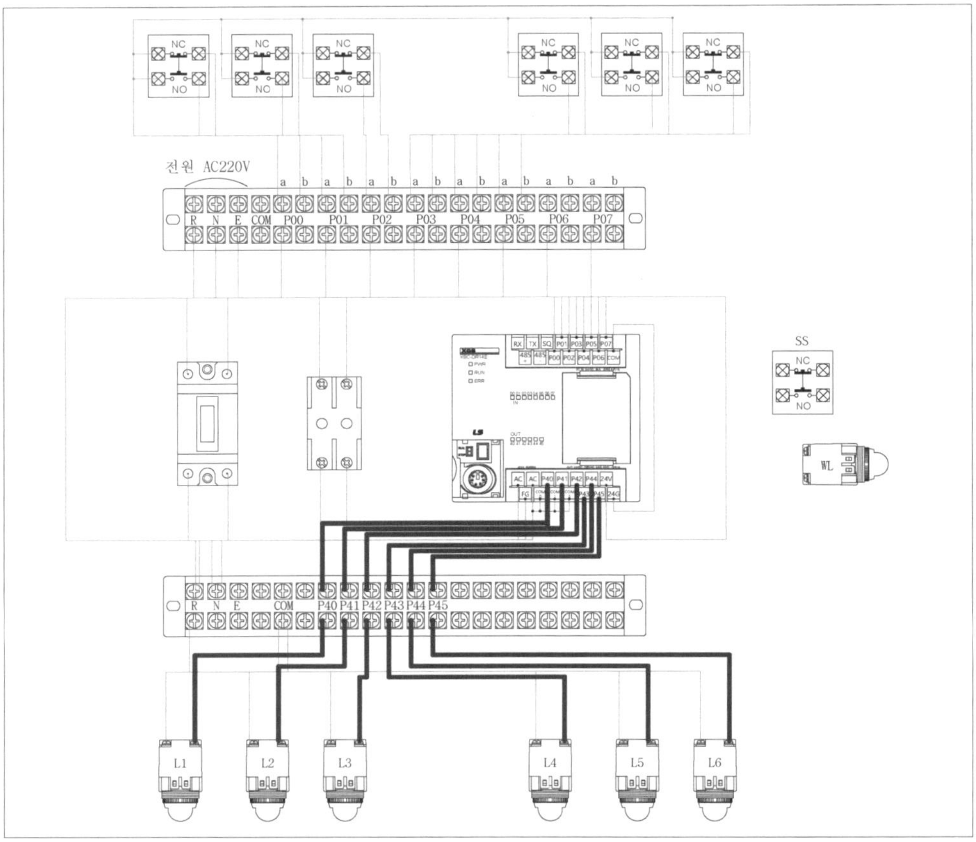

■ PLC 출력부 배선

① PLC 아래쪽 P40~P45 출력 단자들과 외부 출력 램프들의 한 개의 접점들을 개별적으로 각각 연결

② PLC 아래쪽 P40 단자와 외부 출력 첫 번째 램프(L1) 접점과 연결

③ PLC 아래쪽 P41 단자와 외부 출력 두 번째 램프(L2) 접점과 연결

④ 그 외 PLC 아래쪽 각각의 P42~P45 단자들과 외부 출력 램프들(L3~L6) 각각의 접점과 연결

9) 셀렉터 스위치와 표시등 배선

셀렉터 스위치와 전원 표시등 들을 연결한다.

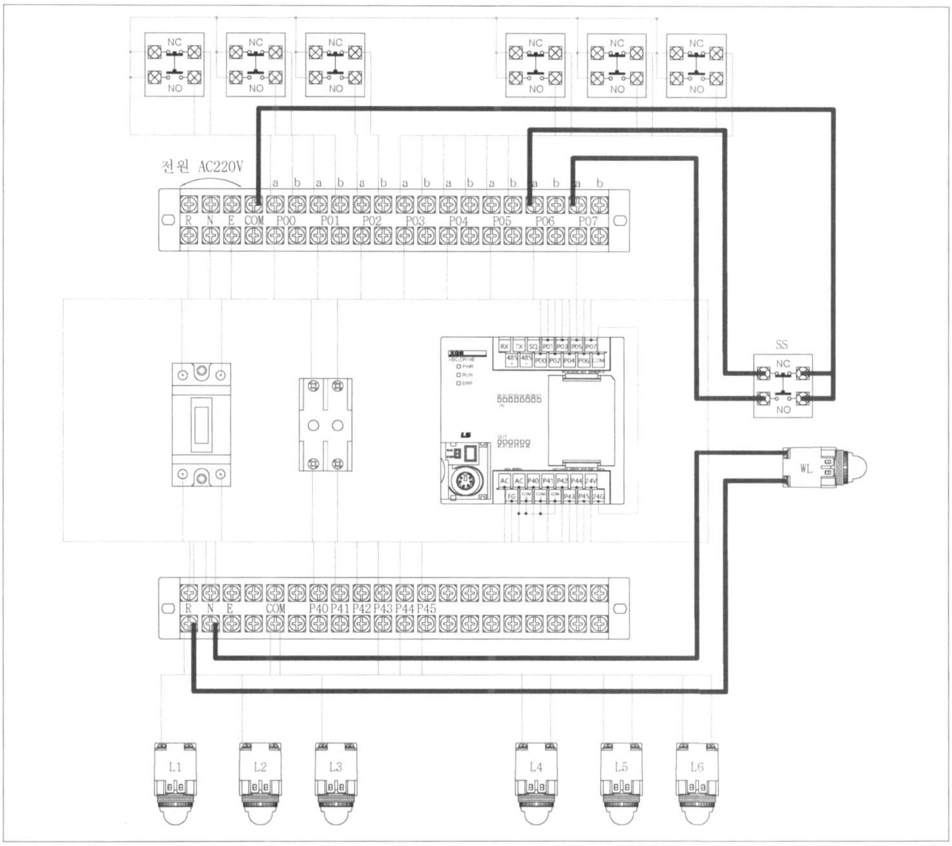

■ 셀렉터 스위치와 표시등 배선

① 제어반 단자대(위쪽) COM 단자와 셀렉터 스위치 NC와 NO접점을 공통으로 하여 연결

② 셀렉터 스위치 나머지 연결되지 않은 NC와 NO접점 각각 한 개씩을 제어반 단자대(위쪽) P06과 P07에 각각 연결

③ 표시등 WL 두 개의 단자들은 제어반 단자대(아래쪽) 전원 R과 N에 각각 연결

■ 참고 문헌

1. LS산전, PLC XGK XGB 명령어집 사용설명서
2. LS산전, PLC XGK 초급
3. LS산전, PLC XG5000 SW 사용설명서
4. LS산전, XP-Builder User Manual
5. 한태환, 실무 시퀀스제어기술, 복두, 2013
6. 최경호, 신석환, 전기기능사실기바이블, 동일, 2016
7. 유인종, 전기기능사실기, 성안당, 2015
8. 임헌찬, 임현수, 자동제어, 동일, 2017
9. 검정연구회, 전기기능장 시험 대비 PLC 완전정복, 이나무, 2019
10. 원규식외3인, PLC제어기술, 동일, 2019
11. 한국산업인력공단, 전기(산업)기사, 전기기능장

최신

시퀀스와 PLC 제어 이론 및 실습

2022년 1월 5일 1판 1쇄 인 쇄
2022년 1월 15일 1판 1쇄 발 행

지은이 : 문 순 환

펴낸이 : 박 정 태

펴낸곳 : **광 문 각**

10881
파주시 파주출판문화도시 광인사길 161
광문각 B/D 4층
등 록 : 1991. 5. 31 제12-484호
전화(代) : 031) 955-8787
팩 스 : 031) 955-3730
E-mail : kwangmk7@hanmail.net
홈페이지 : www.kwangmoonkag.co.kr

• ISBN : 978-89-7093-661-1 93560

값 20,000원

※ 전기기능사, 전기(산업)기사 대비 실기 문제와 PLC 제어 실습 장치 제작 과정(동영상) 부분은 광문각 홈페이지(http://www.kwangmoonkag.co.kr) 자료실에서 다운로드 받을 수 있습니다.